나는 다르게 생각한다

나는 **다르게** 생각한다

초판 1쇄 발행	2011년 1월 11일
초판 5쇄 발행	2021년 7월 14일
지은이	이일훈
펴낸이	김진수
펴낸곳	사문난적
출판등록	2008년 2월 29일 제 313-2008-00041호
주소	경기도 성남시 판교로 210번길 14
전화 팩스	031-707-5344

ⓒ 이일훈, 2011

ISBN 978-89-94122-19-9

나는 **다르게** 생각한다

다른 생각, 그러나 다투어야 할 생각

이일훈 지음

사문난적

세상의 모든, 흔들리는 존재를 위하여

머리말

늪을 건너 숲으로

요즘 세상에선 다양성·창의성·독창성·상상력을 말하지 않으면 어딘가 뒤처진 듯 느껴진다. 각종 분야마다 문화적 다양성으로, 새로운 콘텐츠를 발굴하여 아이디어를 차별화하자고 외친다. 하지만 변화에 민감한 유행을 좇는 일은 또다른 획일화에 지나지 않고, 독창성을 내세우는 경우도 일회성 돌출에 불과한 일이 많다. 이 분야 저 분야마다 창의적 사고를 앞세우지만 본질을 세심히 살피지 않고 외연의 변장에만 관심을 기울인 결과를 많이 본다. 정치·문화·경제·교육·예술 분야 등을 가리지 않고 근사한 포장에만 몰두한다. 상상력 없는 포장의 기술만이 시장에 넘친다. 대단해 보이지만 새길 것 없고, 요란해 보이지만 건질 것 없다. 기발해 보이지만 신통치 않고… 약효가 짧아도 별 신경 안 쓰며 당장의 대중요법만 늘어나는 세상이다. 그러니 더더욱 창의성은 계발되기 어렵고, 본질에 뿌리 둔 독창성은 살아남기 힘들다. 고루한 주장에 형식만 바꾸어놓고는 창의와 독창이라 말한다. 이렇게 이상한 억지와 불통의 시대에서는 낯설어 보이고 다양한 생각들은 더욱 존중받기 어렵다. 나는 이런 시절을 본질적으로 상상력 없는 시대로 진단한다.

왜 이리 세상이 수선스럽기만한 것일까. 그 이유는 다양한 세상이란 다양한 생각에서 이뤄지는 것임을 잊고 말로만 다양하자고 외치는 데서 오는 부작용 때문이 아닐까. 잘해 보자는 취지에서 만든 조형물 중에 집채만한 바위-어디에선가 자연을 훼손하고 캐낸-에 '자연보호'라고 새긴 것들은 진정 자연을 보호하자는 것일까. 세상엔 '바르게살기운동조직육성법'도 있는데 바르기는커녕 왜 더 삐딱하고 살벌하고 흉흉해지는 것일까. 커다란 돌덩어리에 '바르게 살자'고 크고 깊게 새기고는 혹시 다들 '빠르게 살자'로 읽는 것은 아닐까. 이와 유사한 크고 작은 일들이 세상에 넘친다. 나는 그 질긴 오해와 생명력을 집단적 어리석음으로 읽는다.

다양한 사회란 복잡한 세상이 아니라 각기 다른 생각들이 존중되는 세상일 것이다. 다양한 세상이란 거창한 주장으로 만들어지는 것이 아니라 서로 '다르다'는 것을 인정하고 존중하는 지극한 상식에서 출발하는 것이다. 이런 경우에 상식은 어쭙잖은 상상력보다 위대하고 자유로운 복음이다. 숭고하고 존엄한 개체로서의 인간이 서로 '다르다'는 것은 지극히 당연하고 마땅한 일이다. 그런데 왜 다름에 대한 이해와 존중이 어려운 것일까. 우리네 집단적 어리석음 속에서는 '다르다'를 '다투다'로 읽고 있기 때문은 아닐까. '다툼'은 다양한 생각들을 '다르다'고 보지 않고 '틀렸다'고 보는 데서 온다. 세상일은 시험문제 푸는 것이 아닌 바에야 틀린 것이 아니라 다른 것이어야 마땅하다.

'다툼'에서 '다름'으로의 소통을 희원하며 쓴 글들을 묶는다. 숲 가꾸기 활동단체 '생명의 숲'을 응원하는 월간 〈숲〉에 연재된 글들을 조금 고치고 몇 편을 새로 더했다. 특별히 읽어야 할 순서는 아니지만 관심의 언저리를 나눠보았다.

1장은 숲의 둘레다. 숲에 들거나, 숲에 가고 싶을 때, 숲에서 멀어지고 있음을 느낄 때 숲은 내게 왔다. 아니 내가 더 가까이 가려 했다. 그럴 때 숲이 하는 말을 듣고 건진 생각들이다. 숲의 말을 들으면, 같은 종류의 가로수를 일정하게 같은 간격으로만 심지 않아도 되고, 인위적 공원은 좋은 숲이 아니며, 식물원은 식물의 자연생태와 관계가 멀어도 한참 멀고, 자연에서 훔쳐다 수집이라 우기는 소장품을 모아 잘못을 비는 속죄박물관을 만들어야 하며, 숲다운 도시를 가꾸려면 나무를 많이 심는 것이 아니라 인위적 구역과 경계를 없애는 것이다. 분단과 대립의 상징인 비무장지대는 통일이 돼도 개발해야 할 것이 아니라 더욱 잘 보존해야 세계적 자랑거리가 될 것이며, 숲은 행복을 주지만 불편이 따르는 천국이며, 인간의 눈으로 자연을 이해한다는 것이 자칫 많은 오류를 낳고 있다는 것도 숲의 말이다.

2장은 풍경의 둘레다. 산다는 일은 풍경 속을 헤매는 일이다. 풍경은 얼마나 다채로운가. 아름다움과 추함만으로 풍경을 나누는 것은 풍경 밖에서만 머무는 일이다. 삶의 풍경은 그 속으로 들어가봐야 진면목을 만난다. 그 진면목의 속살은 때로는 상처여서 만질수록 아프고 쓰리다. 풍경이 말한다. 세상살이에서 노하우만 찾는 일은 잔꾀일지도 모르며, 노랗게 물든 거리의 은행잎을 진정 좋아하면 똥냄새 나는 도시도 자연스럽게 받아들여야 한다고. 잉크 냄새 풍기며 지저분해 보이는 인쇄골목을 오히려 현대적 콘텐츠가 넘치는 관광 코스로 바꿀 수 있겠다는 생각과, 멋들어진 녹색성장이란 말보다 녹색철학이 더 필요하다는 것도 풍경에서 듣는 말이다. 육상경기에서 승자를 가리는 방식을 결승점에 신체의 일부가 닿는 것이 아니라 신체의 전부가 결승점을 통과하는 것으로 바꾸고, 장애인올림픽을 올림픽보다 먼저 개최하면 좋겠다는 생각도 삶의 풍경에서 건진 것이다. 환경의 품격을 말하는 것보다 생각의 품격이 먼저라는 풍경의 말에 그만 부끄럽다. 삶은 경이로울 때보다 구차할 때가 더 많다. 그 외면할 수 없는 풍경 속에서 건지는 반성의 말, 미안하다 지구여! 미안하다 삶이여!

3장은 건축의 둘레다. 일상공간의 둘레로 이해해도 무방하다. 건축과 일상은 먼 듯하지만 늘 함께 산다. 우리네 삶은 공간과 붙어 있다. 편리함만을 좇으면 탐욕의 공간이 태어나고, 그 욕망의 환경 속에서 나태한 일상이 같이 산다. 욕망만으로 가득찬 변태적 양태가 좋은 환경이라 불리는 시절이니 건축과 생태에 대한 이해도 온전치 않다. 생태 없는 생태건축이 늘어나고, 자연재료의 무늬만 동원한 위선적인 친환경 건물은 얼마나 많은가. 권할 만한 불편을 실천하며 작은 규모의 검소한 건축으로 지구환경의 부담을 줄이려는 사고방식이 오히려 건강한 것이다. 무조건 밤낮없이 밝기만한 도시에서 현대건축 공간이 잃어버린 근원적 어두움에 대해 생각하며 건축의 둘레를 걷는다. 세상에 필요한 새로운 지형을 꿈꾸며 느리게 사라지던 개인적 경험도 같이 적었다. '불편하게, 밖에, 늘려 살기'를 주창하는 나의 설계방법론 '채나눔'에 대해 에둘러 말함은 '편하게만, 안에서만, 좁혀서만' 살려고 하는 숨찬 세상에 다르게 살려는 사람들을 위한 나의 구애다.

문화와 예술의 경계를 나누기 힘들 듯 정치와 경제도 그 영역을 나누기 힘들다. 환경과 생태도 그 구분이 명확치 않다. 모든 사유의 분야와 영역이 그러하니 분법적 사고는 위험하다. 그런 위험으로부터 안전한 방법의 사유란 이리저리 집적거리는 자유로운 산책일 것이다. 숲이 하는 말을 들으며, 일상의 풍경을 째려보다, 건축의 둘레를 서성이며, 다시 일상을 지나 숲을 걷는다. 그 숲은 우리가 사는 세상이 아니던가. 사람의 숲, 건물의 숲, 책의 숲을 거닐며 찬미하고픈 일상은 미움의 늪, 오염의 늪, 거짓의 늪에서 허우적거림과 같이한다. 하늘에서 뚝 떨어지거나 껍데기 색깔만 바뀐 것들이 새로운 것이 아니라 매일 보는 지루한 풍경에서 처음 보이는 것이 진정 새로운 것이리라. 세상을 굴리는 힘이 대단한 것이 아니라 세상과 함께 구르는 사람이 더 대단한 오늘이다.

어제도 오늘도 밉고 싫고를 가리며 나는 세상에 빚지고 사는데, 오히려 세상은 나에게 빚이다.

2011년 새해아침 지벽간(紙壁間)에서
이일훈

1장 | 숲의 둘레

머리말 / 늪을 건너 숲으로 _ 6

숲에서 배우는 지혜로 도시를 생각하자 _ 16
진정 숲을 사랑한다면 _ 26
말만 들어도 반가운 숲 _ 35
총 칼 들고 지킬 세계적 보물 _ 41
이해한다는 것의 오류 _ 50
지혜롭고 불편한 숲으로 가자 _ 59
녹색, 혹은 살아 있는 것에 대한 열망 _ 66
숲을 언뜻 보면 나무만 보인다 _ 71
숲은 옷을 갈아입지 않는다 _ 77
숲에는 거품이 없다 _ 83
숲에선 맞춤법이 틀려도 즐겁다 _ 90
숲에서 숲을 잃다 _ 97
숲에는 등수가 없다 _ 106

차 례

2장 | 풍경의 둘레

노하우만 묻는 일이 좋은 것일까 _ 114
입장 바꿔 생각한다는 것에 대하여 _ 121
똥 냄새나는 도시가 좋은 도시다 _ 127
버리는 쓰레기를 꽃으로 피게 하자 _ 133
풍경의 속내 그 찜찜함에 대하여 _ 139
녹색성장보다 녹색철학이 필요하다 _ 145
풍경과 환경 속의 폭력 _ 151
불가능해 보이는 것이 진정한 꿈이다 _ 158
몸에 닿는 것이 바로 환경이다 _ 167
일상의 모순, 미안하다 지구여 _ 173
이 봄을 실컷 만끽하시길 권합니다 _ 178
일식이 있던 날, 몇 가지를 생각하다 _ 185
시장과 책방 그리고 숲 _ 192
우리가 살 데는 어디인가? _ 200
하나를 보고 열을 안다 _ 207
가짜와 공짜가 판치는 세상 _ 213
매사 품격 있는 생각이 먼저다 _ 219
절규 속에 희망이 꽃일다 _ 225
올림픽은 쇼다 _ 232
정월에서 섣달까지 삼가는 마음으로 _ 239
지리산 둘레길을 응원하며 _ 245

3장 | 건축의 둘레

건축이라 말하기엔 왠지 쑥스러운 _ 254
좋은 집이란 무엇인가? _ 261
생태건축 유감 _ 268
공간에도 어두움이 필요하다 _ 276
다리가 많아질수록 세상의 단절도 심하다 _ 282
물구나무서기를 오래 할 수는 없다 _ 289
느린 기억은 오래 간다 _ 297
새로운 지형을 꿈꾸는 단서, 그 간절함에 대하여 _ 304
'채나눔'으로 건축하기-1 _ 313
'채나눔'으로 건축하기-2 _ 319

1장

숲의 둘레

숲에서 배우는 지혜로 도시를 생각하자
진정 숲을 사랑한다면
말만 들어도 반가운 숲
총 칼 들고 지킬 세계적 보물
이해한다는 것의 오류
지혜롭고 불편한 숲으로 가자
녹색, 혹은 살아 있는 것에 대한 열망
숲을 언뜻 보면 나무만 보인다
숲은 옷을 갈아입지 않는다
숲에는 거품이 없다
숲에선 맞춤법이 틀려도 즐겁다
숲에서 숲을 잃다
숲에는 등수가 없다

숲에서 배우는 지혜로 도시를 생각하자

숲!

생각만 해도 가슴이 들뜨는 말이다. 그렇다. 숲은 단어가 아니라 그 자체로 살아 있는 말이다. 언뜻 한 글자는 말이 아닌 것 같지만 한 글자로 된 말도 분명 말이다. 한 글자 말은 여러 단어가 이루고 꾸미고 할 것도 없이 그 자체로 완성된 세계를 보여준다. 이렇게 짧을 수가. 말은 짧으나 의미는 깊다. 이렇게 힘찰 수가. 세상에 한 글자로 된 말은 그리 흔치 않다.

달·별·해·산·꽃·풀·물·비·불·약·힘·삶·길·술·벗·땅·흙·일·땀·돈·복·말·글·책·붓·몸·뼈·똥·뇌·살·피·밥·넋·잠·옷·집·꿈·살·눈·귀·코·입·혀·이·침·맛·멋·낯·낮·밤·손·발·배·등·볼·뺨·턱·목·팔·간·폐·위·젖·털·숨·힘·키…

한 글자 말들은 다 소중하다. 말은 의식을 드러내는 법. 얼마나 갈고 닦아 한 자만 남았을까. 거기서 숲 또한 빠질 수 없다. 아, 그러고 보니 저들은 서로 또 같이 오래 가야 할 것들이구나. 달과 별이 오래 가고, 풀과 물이 또 살과 피가 같이 가고, 땅과 산도 오래 갈 친구인 것이다. 이때 숲은 그걸 다 아우르는 몸이요 말이다.

아무리 숲이 좋아도 우리 모두가 다 숲에서 살 수는 없다. 숲이 있어야 하는 것처럼 세상엔 공장도 있고 도시도 있어야 한다. 나무가 있어야 하는 것처럼 망치도 있어야 한다. 한 쪽에 쏠림 없이 적정한 균형을 이루며 문제없이 굴러가는 세상, 그것이 아름다운 세상이며 사람이 살 만한 환경인 것이다. 여럿이 자꾸 숲을 말한다면, 그 필요에 반해 현실에선 숲이 없어지고 있거나 부족하다는 얘기일 것이다. 나지막한 소리들일지라도 나는 그것을 경고로 듣는다.

세상엔 숲이 많은 것 같지만 의외로 세상은 숲의 부재와 망실로 가득하다. 아니 숲처럼 보이되 숲 아닌 숲으로 가득하다. 특히 많은 사람이 모여 사는 도시-특히 새로운 터전을 꿈꾸며 만드는 신도시-는 많은 숲을 만들지만 오히려 숲을 잃어간다. 언뜻 나무와 풀만 가득하면 다 숲인 줄 안다. 나무를 아무리 많이 심어도 공원은 숲이 아니다. 식물의 종류와 개체 수가 아무리 많아도 식물원은 숲이 아니다. 철 따라 피는 꽃밭이 눈을 끄는 수목원도 숲이 아니다. 잘 꾸며진 넓은 공원과 근사한 수목원이나 식물원은 오히려 숲의 본질과 거리가 먼 경우가 많다.

숲이란 무릇 관계성이 살아 있어야 숲이다. 식물과 식물의 관계, 동물과 동물의 관계, 식물과 동물의 관계, 사물과 사물의 관계, 생명체와 생명체의 관계, 죽어가는 것들과 살아가는 것들의 관계, 관계 있는 것들과 관계 없는 것들의 관계… 그 모든 관계들이 생명과 자연 현상이라는 큰 테두리 속에 억지스런 부분 없이-그것을 '자연에게 맡기다'쯤으로 이해해도 별 무리 없다-유지되는 시공간, 관계성의 총체가 바로 숲이다. 그 숲이 보여주는 지혜는 얼마나 소중한가. 숲에서 배우는 지혜로 도시를 생각하고 만들 수는 없을까?

도시의 큰 길가엔 가로수를 습관적으로 의례히 심는다. 아마 가로수를 많이 심으면 질적으로 좋은 도시와 거리 환경이 만들어진다고 생각하는 것은 아닐까. 아니면 도시 녹화를 하기에 가로수 심기가 가장 손쉽고 편한 방법이라서 그런 것 같기도 하다. 혹시 가로수를 잔뜩 심어놓기만 하면 시민들 눈에 잘 띄니까 뭔가 행정을 잘하고 있다고 여기는 불순한 정치적 의도가 개입돼 있는 것은 아닐까(가로수를 관리하는 방법을 보면 더욱 한심하다. 형식적인 작태의 절정은 겨울철에 전깃줄을 보호한답시고 잘 자란 줄기를 마구잡이로 톱질하는 것이다. 가로수를 생명 있는 나무로 여기지 않고 독재시절 유니폼 입힌 사병에게 명령하듯 관리한다. 별 생각 없이 심으면 그 방식으로 관리하게 되는 것이 지극히 당연하다). 게다가 무슨 나무이든 가로수는 일정한 간격으로 심어져 있다. 나무의 종류도 같고 크기마저 일정하다. 나는 그 일정함에 숨이 막힌다.

가만히 숲에 있는 나무들을 보라. 그 수많은 나무들끼리 일정하게 거리 맞춰 살고 있는 나무가 한 그루나 있는가 말이다. 비규칙성이야말로 숲의 지혜 중의 하나다. 규칙적이고 획일적인 모든 방법은 시장의 경제 논리가 갖는 생산성을 분명히 증대시키기는 하지만 어디에나 갖다 댈 수단은 아니다. 더욱이 살아 숨쉬는 나무를 다룸에 있어서야 더 말할 필요가 있겠는가. 가로수의 상징성은 길가에 심어진 식재 방식의 규칙성과 일정함이 아니라 나무가 갖는 의미와 기능을 바탕으로 도시 환경에서 어떻게 시민을 위하느냐 하는 것이다. 그것이 가로수를 심기 전에 물어야 할 것이다. 이렇게 가로수를 심으면 어떨까.

가로수끼리의 간격은 서로 가까워도 좋고 멀어도 좋다. 그 간격을 획일적으로 규정하지 말자. 또 정해진 간격과 위치마다 한 그루씩 규칙적

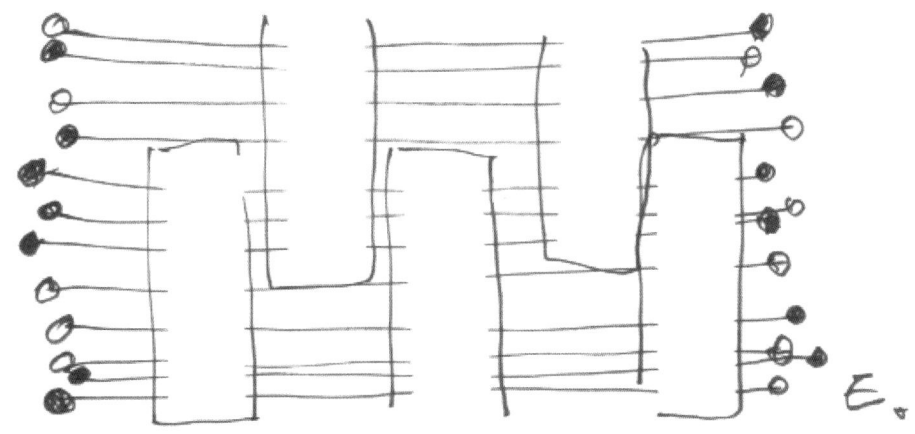

숲의 둘레 19

으로 심을 것이 아니라 어디는 두 그루를 심고 어디는 세 그루를 심는다. 때로는 더 많이 무리를 이루게 심는다. 나무의 종류도 한 종류만 고집할 게 아니라 여러 종류를 섞어서 심는다. 만약 같은 종류가 반복된다면 큰 나무와 작은 나무를 섞어서 심는다.

가로등은 야간에 도로면의 밝기를 균일히 하기 위해 높이와 전등의 밝기가 일정하다. 하지만 가로수는 다르다. 오히려 규칙적이고 획일적인 식재 방식에서 벗어나 불규칙적인 식재 방식을 택하면 도로의 교차로 부분, 길이 휘어진 부분, 언덕의 오르막과 내리막, 도로의 동서남북의 방향성(계절에 따른 바람·햇빛·그늘 등 자연 환경 요소들), 교차하는 도로 폭에 따른 도로의 성격 차이에 따라 적절하고 효과적인 변화의 연출 기법이 무궁하다.

사람이 걷는 인도를 보면 획일성은 극에 달한다. 시작과 끝까지 모두 같은 폭으로 만들어놓고 사람의 길이라니. 무릇 사람이 걷는 길이란 폭이 넓고 좁게 변화하며 어딘가 한구석 느슨한 장치가 있어야 한다. 그것이 가로수의 불규칙성과 어울리면 더욱더 재미 있을 것이다. 인도의 폭이 같은 폭으로 이어지는 것은 몇 차선 도로를 만들까 하는 자동차 위주의 형식적 기계주의의 산물이다. 못된 근대적 사고의 산물 중의 하나다. 자동차는 바퀴로 움직이는 기계이므로 정해진 규격의 도로가 기능적으로 유용하지만, 사람이 걷는 길이란 일정할 이유가 전혀 없는데도 말이다.

숲에 난 길을 보라! 일정함이란 어디에도 없다. 오히려 지형과 지세에 따라 물 흐르듯 생겨난 길들이 좁고 넓게 걷는 재미를 더한다.

가로수 심는 방법과 인도를 만드는 방법에서 더 나아가 동네마다 만드는 작은 숨통도 숲의 지혜를 빌어다 만들 수 있다면 효과는 더 커질 것이다(동네마다 있는 작은 공원의 이름은 재미 없게도 어디서나 근린공원으로 불린다).

재미 없는 놀이기구 몇 개 놓고 어린이 놀이터, 뻔한 나무 몇 그루에 벤치 놓고는 소공원. 그들의 모양은 한결같이 사각형 일색이다. 아마 도시 설계할 때 편하게 구획해서 그럴 것이지만 가로수의 불규칙한 식재 방식과 조응시켜 지형을 존중한 삐뚤삐뚤한 형태로 만들면 어떨까.

위치도 양면이 가로막힌 모퉁이 아니면 3면이 가로막힌 한적한 곳들이 아니라 좁은 땅의 특성을 살리는 위치 아니면 바람이나 햇빛이 통하는 자연의 숨통으로 해석하는 좀더 적극적인 배려가 필요하다. 자투리 땅을 공원으로 지정하는 토지 이용의 형식주의나 큰 길가에서 잘 보이게 공원을 배치하는 전시주의 관점의 위치 선정 방식은 도시의 삶에 크게 공헌하지 못한다. 공원이란 집 짓고 남는 땅에 구색 맞추느라 만드는 것이 아니다. 오히려 공동의 열린 공간을 먼저 만들고 그 남는 곳에서 우리가 사는 것이어야 한다. 더 큰 잘못은 모든 빈터, 공개 공지, 시설 녹지 등의 열린 공간을 자꾸 '공원'이란 이름으로 먼저 확정짓는 것이다.

언어는 모든 것을 규정하는 함정을 지닌다. 열린 공간의 범주엔 지독한 관습의 '공원'만 있는 것이 아니므로 숲을 만들고 싶으면 그곳을 먼저 숲이리 불러야 한다. 멋진 숲은 멋진 부름에서 온다.

요즘 용산 미군기지를 공원으로 만드는 논의가 활발하다. 81만 평의 넓은 땅을 얼마만큼 개발하고 어떤 공원을 만들까 의견이 분분하다. 무엇이든 개발하기 시작하면 온전한 결과를 얻기 힘들다. 먼저 할 일은 논의의 중단이다. 미군이 비우기도 전에 공원이니 개발이니 논의하지 말고 일단 모든 논의를 중단하고, 미군이 기지를 비우면 그 빈 기지를 모든 국민이 다 둘러볼 때까지 기다려야 한다. 해서 무슨 건물은 쓸 만하고, 생태가 온전한 땅은 얼마쯤 되며 오염된 땅은 어떤 지경인지, 보존할 것은 무엇이고 활용할 것은 무엇인지 현황 파악이 우선돼야 한다. 그후 아주 천천히 연구하고 토론하면서 만들어가는 것이 순서일 것이다. 도대체 금단의 영역으로 만들어놓은 채, 속은 어떻게 생겼는지 알지도 못하면서 개발을 먼저 생각하는 성급함이라니… 아무튼 개발론자들은 어찌 말릴 도리가 없다. 소수의 관계자들이 계획을 일단 시작하고 보자는 구시대의 닫힌 의사소통 방식이 답답하게 되풀이된다.

면적이 넓으니 부분적 개발은 허용하자는 의견에도 나는 생각이 다르다. 오히려 가능한 대로 공적 자금을 투입해서 면적을 더 넓혀야 한다. 서울의 위상에 버금가는 21세기의 자연유산이 될 만한 세계적 숲을 만들어야 한다. 그리하여 한강과 북한산을 잇는 거대한 생태 숲의 시작을 용산에서 시작해야 한다.

세계에 자랑하는 초고속 경제 성장을 한강의 기적이라고 표현하는데, 이제 우리는 그 기적의 그늘에 가려진 부끄러운 자연 파괴와 환경오염에 대해 조용히 속죄해야 할 시점에 와 있다. 개발의 논리와 기치 아래 만들 공원이란 조금 세련된 구조물 아니면 유원지가 될 것이 뻔하다. 어떤 개발 방식이나 디자인 방식도 도저한 자연의 힘을 이기진 못하니 이제 우리는 어떻게 가장 자연스런 숲다운 숲을 세계에 보여줄까를 궁리하는 지혜와 배짱을 가져야 한다. 고층건물이 세계 몇 위니, 자동차 수출량이 세계 몇 위니 하는 것은 따지면서 근대 이후 거대 도시에서 만든 세계적인 숲이 서울에 있을 수 있다는 역발상은 왜 안하는 것일까.

고밀도 개발의 도시를 후손에게 물려주었을 때 언젠가는 재개발·재재개발이라는 수렁의 주기를 벗어나기 어렵다. 결국은 재개발의 단계마

숲의 둘레 23

다 밀도는 더욱 증가해야 할 것이고, 그러한 상황이 악순환으로 되풀이될 수밖에 없다는 것은 그간의 우리가 겪은 과정을 통해서도 충분히 예측되는 사실이다. 저출산 노령화 인구 감소 시대에 기를 쓰고 밀도를 높이는 개발 전략이란 어리석기 짝이 없는 것이다. 만약 공적 자금의 부족으로 숲을 만들 수 없다면 그 상태로 대충 손봐 쓰면서 후손들에게 빈터의 잠재력을 남겨두는 것이 성급한 개발보다는 훨씬 현명한 일이다.

　이런 경우도 아쉬움이 많은 숲의 변형을 보여준다. '대한민국을 상징하는 태극 모양의 화합동산, 통일을 상징하는 한반도 형태의 통일동산, 평화를 상징하는 비둘기 형태의 평화동산'이 도라산 평화공원에 만들어질 통일의 숲이라 한다. 화합·통일·평화는 좋은 일이지만, 태극·한반도·비둘기 모양은 숲과 아무 관계가 없는 것이니 또다른 정치적이고 표제적인 이상한 숲이 하나 더 느는 것은 아닌지 모르겠다. 차라리 추상적 명제들은 예술작품으로 만들어 의미를 살리고, 숲은 숲다운 식생과 지형을 만들어 숲을 더 강조하는 것이 좋다. 비둘기·한반도·태극 모양은 그 형태적 상상력이 너무 직설적이며 유치하고 숲과도 관련성을 찾기가 난감하다. 숲은 확정적 형태를 갖지 않는다는 디자인 방법 이전의 교훈도 주고 있지 않는가. 또 숲은 스스로 무엇을 모방치 않으며 서두르는 법이 없으니 그 또한 숲에서 배우는 지혜일 것이다. 혹시 우리는 숲을 만드는 것도 빨리빨리 하려는 것은 아닌가. 나무가 자라는 그 무심함의 느긋함으로 만드는 숲이란 정녕 어려운 일인가.

　탁한 도시의 물정에 떠밀리고 흔들릴 때마다 숲을 생각한다. 숲으로 들어가고 싶다. 그러나 우리는 숲으로 돌아가기 어렵다. 어쩌면 우리가 사는 이 살육적 혼돈의 늪에서 그나마 위안을 얻을 수 있다면, 숲에서 배우는 지혜로 도시에 나무 몇 그루를 심을 수 있다는 기대 아닐까? 가능성은 남아 있다, 아직은.

진정 숲을 사랑한다면

농담 하나. 어느 도시에 근사한 숲을 만들자고 여러 분야 사람들이 모여 아이디어 회의를 하는 중에, 숲을 사랑하고 지키는 사람을 뭐라 이름 하는 게 좋을까, 왁자지껄 의견이 많은 중에 모두들 손뼉 치며 웃은 이름은 숲퍼(골문 지키는 사람을 골키퍼라 하듯 sooper)!

발음이 동네 '수퍼supermarket'하고 비슷하여 쉽고 재밌다. 더구나 가게는 동네마다 있으니 숲 지킴이도 동네마다 있으면 좋겠다는 희망까지 담은 재치가 넘친다.

숲이란 이렇게 생각을 말로 풀어도 즐거운 소재이거늘… 숲의 부흥과 영속을 기대하는 우리, 모두 '숲퍼'가 되자!

많은 이들이 모여 자연이나 숲에 관련된 대화를 나누다보면 사람마다 입장과 생각이 많이 다르다는 걸 경험한다. 숲 관련 분야를 공부한 사람끼리도 물론 다르지만 보통의 사람들끼리는 더욱 다르다. 해서 자연과 숲을 예찬한다고 다 자연을 위하는 것은 아닐지도 모른다는 생각까지 하게 되는 것이다.

있는 그대로의 '자연'을 토론의 대상으로 삼을 때도 물론 다르지만 개인의 해석이나 의지가 개입되면 더더욱 다르다. 특히 조경이나 환경 디자인이라는 이름아래 '자연'을 소재로 다룰 때는 말할 필요가 없다. 그럴 때 기준이 될 수 있는 것은 자연 조건, 물리적 성질, 활용할 자연 소재의 식생이나 생태적 고유성… 등등 객관적 자료는 공동의 이해 범주에 들 것 같으나 디자인이 전제되면 같은 객관적 자료도 의도에 따라 해석 방향이 다를 수밖에 없다.

  디자인은 그것이 무엇을 다루건 새로 '만듦'이라는 전제가 따른다. 무언가를 새로 만들려는 디자이너는 자신의 개인의지를 논리화시키고 뒷받침하기 위해 객관적 자료를 활용하는 것이 당연하다. 해서 객관적 자료를 다르게 해석하는 것을 이해할 수도 있다. 그러나 객관적 자료를 다르게 해석하는 '다름의 기준'은 있는 사실을 무시하거나 불순한 시도를 의미하는 것이 아니라, 있는 사실들의 관계에서 그 동안 발견되지 않았던 사실과 사실 속의 새로운 관계성이나 연관성에서 발견되는 차이·모순·충돌의 요소를 분석하여 얻은 권유할 만한 가치를 찾는 시각을 의미한다. 그리하여 그것을 실천하는 주제가 될 자연스런 모티프motif를 찾아 발전시키는 것을 진정한 디자인이라 볼 수 있을 것이다. 그럴 때 우리는 그것을 새로운 발견 아니면 새로운 디자인이라 말하는 것이다.

  자연의 식물·광물·생물을 소재로 다루되 극단적 입장 차이를 쉽게 볼 수 있는 곳이 바로 숲이라고 이름지워진 공원이다. 숲처럼 꾸며진 공원은 나무가 아무리 많이 심어져 있다 해도 자연 숲과는 거리가 멀다. 자연 숲에는 나무만 있는 것이 아니라 여러 생태적 연결고리가 있어야 하는데 공원의 숲에는 오로지 나무들만 있다. 그런 숲은 결국 생태적 연결고리가 없는, 자연의 관계성이 단절된 이상한 숲인 것이다. 그 이상함을 비집고 각종 편의시설을 이용하려 분수·매점·화장실·운동기구·의자·장식물 등을 놓는다. 큰 나무 밑에 그늘 집을 짓는 우스꽝스런 일이 태연하게 일어난다. 그러니 나무가 숲을 이루는 것이 아니라 아예 장식물로 전락하는 꼴이 된다. 그렇게 만들어놓은 공원을 우리는 태연하게 숲이라 부른다.

공원에선 휴식하며 감상하고 즐기는 것이 꼭 필요하지만 어디 한군데쯤은 사철 사람의 발길이 닿지 않는, 손대지 않는 공간을 확보하는 것이 필요하다. 넓은 면적을 온통 다 시설로 채우고 이 구석 저 구석 손길 발길 다 닿도록 꾸민 공원은 아무리 넓고 나무가 많다 해도 사람 위주의 지독한 욕심만 있는 것이다. 특히 깨끗하고 고급스런 자재를 사용해서 사용하기 편하고 아름답게 꾸며놓은 공원일수록 숲 본연의 자연스러움과는 거리가 멀다. 자연스러운 공원이란 어디 한구석 인간의 욕망이 사라진 공간이 아닐까.

내가 꿈꾸는 공원은 면적이 좁든 넓든, 위치가 시골이든 도시든 무조건 공원 넓이의 절반을 비워놓는 것이다. 100평 공원이면 50평을 비우고 1,000평 공원이면 500평을 비운다. 1만 평 공원이면 비우는 게 5,000평이니 넓은 공원일수록 비워놓은 면적은 더 넓어보인다.

그 비워놓은 곳에는 무조건 사람들이 들어가지 않고 자연에 맡기는 영역을 만드는 것이다. 나무를 심어 숲을 만들어도 좋고, 빗물 받아 연못을 만들어도 좋다. 그냥 비워두고 바람에 날려 온 들풀이 자라도 좋다. 공원이란 무조건 사람들이 많이 모이고 뭔가를 만들어 채우고 설치하고 활용해야 한다는 사고방식을 바꾸어 그냥 자연에 맡겨놓고 생태적 환경에 도움이 될 지표 공간을 먼저 확보하는 방식으로 전환하자는 것이다. 개구리 울고 나비가 춤추길 바라면서 자꾸 대지를 질식시키며 포장된 바닥을 넓히는 짓이라니 얼마나 우스운 꼴인가.

채움의 조급증에서 비움의 느긋함으로, 먼저 생각이 바뀌어야 환경이 바뀌는 법이다.

자연이 파괴된 도시에서 비오톱biotope(도심 속의 인공적 생물 서식 공간)을 일부러 만드는 이유는 단절된 생태계를 이어주는 징검다리 역할 때문인데 모든 공원 면적의 절반을 자연에 맡기는 숨통으로 확보한다면 그 생태적 효과는 엄청날 것이다.

자연과 생태에 공헌하는 공원. 그것은 어설프게 디자인된 불량한 공원보다 훨씬 훌륭하고 개념 있는 공원인 것이다. 선량한 개념의 공원은 예쁘지 않고 좀 못생겨도 괜찮다. 아니 못생긴 것이 아니라 그것이 자연스러운 것이다.

식물원을 보자. 식물원의 시초를 기원 전 16세기의 이집트에서 찾기도 하지만 보다 유사한 것은 르네상스 시대 이후 설치된 식물재배소이고, 16세기 후반부터 지금 보는 식물원이 유럽에서 등장하기 시작한다. 식물원의 목적과 기능은 다양하고 종류도 많다.

연구와 교육, 사원 활용이나 약초원, 산림 또는 산업과 농업용, 기타 특수한 목적을 위한 것들이 있지만 공원이나 유원지에 설치된 것은 대부분 완상용 식물원이다. 완상용은 출발이 감상에 있으므로 보기 좋고 눈에 띄고 희귀한 종류들을 모아놓는다. 그러다보니 열대식물을 위해서는 온실을 만들고 사막식물을 위해서는 사막을 만든다.

온실이라는 장소는 온도·습도·토양조건 등을 다 인위적으로 관리하나 열대의 숲이 아니다. 원래 숲에는 보기 좋은 식물만 있는 것이 아니라 수많은 종류의 온갖 얽히고설킨 연관성이 본질인데 식물원에는 아쉽게도 그러한 연결고리가 빠져 있다. 오로지 한 종씩의 개체성만 강조된다. 식물과 자연을 앞세우되 철저하게 인간의 완상과 애완을 위해 존재하는 지독히 반자연적인 장소인 것이다.

단편적 시각의 관용구로 통하는 '나무만 보고 숲은 보지 못한다'는 말은 식물원에 딱 맞는 말이다. 식물원을 견학하는 어린이들이 행여 숲을 보지 못할까 걱정스럽다.

숲이 주는 총체적이고 전체적인 연결망의 관계라는 사실이 소거된 것은 동물원도 마찬가지다. 오로지 개체성만을 존재 방식으로 삼는 식물원과 동물원을 생각하면 매우 우울해진다.

달리 보아 식물원·동물원은 공공 목적과 사회적인 이유도 있기에 그나마 이해할 수 있다. 하지만 철저하게 개인적인 소유욕으로 이루어지면서도 자연을 예찬하는 이율배반의 취미가 있으니 바로 분재(盆栽)다.

분재는 한마디로 분에 작은 나무를 심어 기르며 정취와 심미를 즐기는 것인데 오래된 큰 나무의 형태를 지닐수록 근사한 품격에 든다. 축소된 자연을 감상하는 방법으로 당나라 시대까지 거슬러 오르는 완상문화의 하나다. 싹 틔우기에서 나무 모양 만들기까지 분재용으로 기르는 것이 원칙인데 간혹 깊은 산 속에서 자라는 귀한 나무를 몰래 채취하는 것은 아주 나쁜 일이다. 분재거리로 좋은 것은 보기에 좋고 귀한 나무들인데 저 혼자 즐겨 보려는 욕심으로 몰래 캐 가다니 어이없는 일이다.

수석(壽石) 또한 모순의 영역이다. 수석은 한마디로 자연적인 돌에 새겨진 여러 형태를 통해 자연·산수·풍경·형상의 기묘함, 색채·질감의 회화성·의미 등을 즐기는 것이다. 워낙 오래된 역사를 갖기에 종류, 채집 방법, 감상법 등이 무수하다. 또 수석을 주제로 승화된 예술작업-문학·회화·사진-도 많다. 하지만 교육이나 공공 이익을 위한 문화적 차원은 드물다. 절대 다수의 수석 애호가들은 순전히 개인 차원의 감상과 소유 목적으로 산·강·바다·들판의 자연 상태를 망가뜨리며 캐 가지고 오는 것이니 자연 파괴가 불가피하다.

어떤 이는 자신이 갖고 있는 수석을 캐지 않고 샀다거나 옛날부터 내려오던 것이라고 강변하기도 하지만, 수석의 절대적 조건이 자연석이라는 전제이니 누군가 자연 상태에서 채취한 것임이 분명하다. 자연을 헤집어놓고 자연을 예찬한다? 어딘가 앞뒤가 안 맞는다. 모피 코트 입고 동물 보호 목청 높이는 꼴이다.

수석 애호가 몇이 각자의 수장량과 탐석 경험을 펼치는데 마치 무용담을 듣는 듯하여 수석 감상에서 오는 광물성의 초연함, 식물성의 담백함은 간데없고 비싼 수석을 시골구석 어딘가에서 힘들게 몰래 캐왔다는 동물성의 탐욕만 잔뜩 묻어나 듣기 민망한 적이 있었다. 감상하기 위해 소유하는 것이 아니라 소유하기 위해 감상하는 척하는 뻔한 속들이 이제 그만 보였으면 좋겠다.

나는 전국의 시장 군수들과 모든 애호가들에게 제안한다.

문화적 욕망이 있는 지방이라면 어서 '속죄 박물관'을 건립하라! 그리고 불법 채취의 경험이 있는 애호가들은 자신의 소장품을 속죄하는 마음으로 기증하라!

분재·화석·괴석·수석 등을 모아놓은 여러가지 이름의 전시 시설이 이미 있으나 모든 수장품을 '속죄'라는 주제로 기증받아 꾸민 박물관은 없다. 만약 '속죄 박물관'이 만들어진다면 자연에 해를 끼치며 만들고 수집한 모든 것을 종류 가리지 말고 다 기증받아서 전시하라.

동식물성의 표본 박제 가공품, 장식품에서 광물 표본까지 종류는 헤아릴 수 없을 지경이니 전시품목의 다양성은 저절로 확보될 것이다. 아마 그런 공간이 만들어진다면 자신이 불법을 저지르지 않고 구입하거나 대물림 받아 온전한 선의로 취미를 즐겨온 여러 분야 애호가들의 자발적 기증도 이어질 것이다. 자신이 불법을 저지르지 않았어도 자연에서 취한 것이면 모두 기증받겠다 하면 취지에 공감할 애호가들이 많을 것이다.

모든 컬렉션collection은 수량이 많아지면 체계적 관리가 필요하다. 개인은 모으고 즐길 수는 있어도 영속적인 연구와 관리까지 하기는 매우 어렵다. 그걸 박물관이 대신해 주니 사회적 문화자산이 증가하는 유익한 일이다.

평생 모은 공예품·책·그림·지도 등을 노년에 박물관에 기증하는 분들이 있는데 기증 이유 중에 영속적인 보관과 연구의 한계가 첫째고, 둘째가 의미 있는 사회 환원이다.

장사꾼 아닌 모든 수집가들은 자신의 노력과 시간과 돈을 쏟아부은 자신의 소장품들이 곱게 간직되고 두고두고 아낌을 받길 원한다. 그 중에서 자연으로부터 온 것들만을 대상으로 하는 박물관을 만드는 것이야말로 시대적인 속죄인 동시에 새로운 문화적 생산이 아니겠는가. 그것도 자발적 기증으로 말이다.

많은 박물관들이 소장품 구입에 적지않은 예산을 쓰는데 반대로 '속죄 박물관'에는 돈을 주고 구입한 소장품이 한 점도 없다는 것도 특이한 자랑거리가 될 것이다. 돈을 주고 구입하는 것을 동물성 소장 방법으로

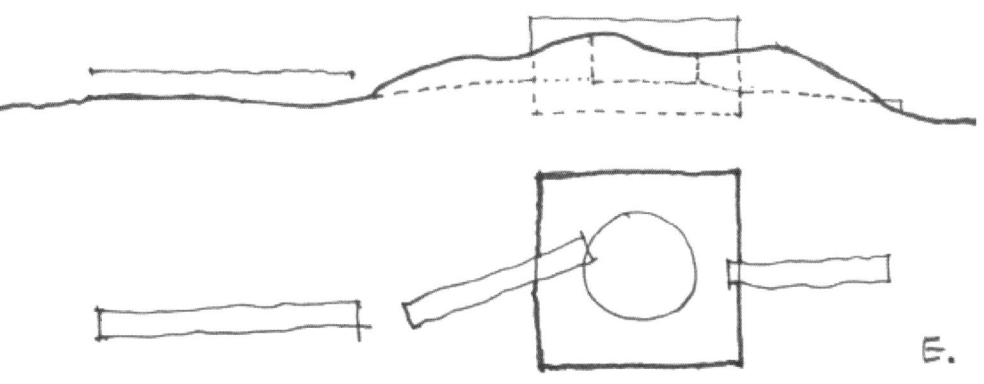

숲의 둘레 33

본다면 기증받는 것은 식물성 소장 방법이 아니겠는가.

'속죄 박물관'은 환경과 자연의 순화를 꿈꾸는, 그리하여 인류 미래를 위해 과거와 현재를 반성하는 세상에 단 하나밖에 없는 박물관이 될 것이다.

아, 다시 숲으로 가자. 세상에 숲이 소중한 이유는 숲 자체의 존재가 아니라 숲이 주는 말을 듣기 위해서다. 숲이 말하는 대로 집을 짓고, 숲이 보여주는 대로 공원을 만들고, 숲이 속삭이는 대로 박물관을 만들고, 숲이 움직이는 대로 살아가자. 숲이 살아가는 대로 숲을 놔두자. 그것이 이루어지기 어려우므로 더욱 우리는 숲의 말을 들어야 한다. 모두 '숲 퍼'가 되자.

말만 들어도 반가운 숲

어느 성당을 새로 지으며 작은 방을 도서관으로 꾸몄다. 시간이 지나면서 새로운 책이 늘어난다. 점점 책이 늘어나는 도서관은 마치 살아 있는 생명체처럼 흥미롭다. 도서관의 책이 늘어난다는 것은 책을 읽는 사람이 많다는 것이니 괜히 기분이 좋아진다. 그 도서관의 이름을 보았다. '빈숲'이었다. 도서관 이름으로 잘 어울린다. 공간의 이름을 누가 지었을까. 도서관 이름을 '빈숲'이라 지은 이는 마음이 활짝 열려 누구라도 받아들이는 숲의 마음을 닮았을 것이다. 책을 찾는 이들의 마음을 표현한 '빈숲'의 의미도 좋지만, '숲' 자가 들어가면 괜히 싱그럽고 풍요로운 느낌이 든다. 왜 그럴까. 숲은 이미지 자체로 누구에게나 자연스럽게 편안함을 주기 때문일 것이다. 그래서 숲은 말만 들어도 반가운 존재다. 아니 '숲' 자가 들어간 간판을 보아도 기분이 좋다. 하물며 숲을 닮은 사람을 만나는 일이야 얼마나 즐거운가.

한동안 '산소 같은 여자'를 앞세운 화장품 광고가 크게 유행한 적이 있었다. 나는 그 광고의 성공 이유는 모델이 아름다운 것보다 '산소'를 앞세운 것에 있다고 본다. 산소는 지구상에 존재하는 원소 중에 가

숲의 둘레 35

장 양이 많다. 가장 많다는 것은 가장 흔하다는 것. 그렇게 흔한 산소지만 광고 영상 속에서 예쁜 여자 얼굴과 함께 산소를 앞세우니 마치 새로운 '발견'처럼 폭발적 반응을 일으킨 것이다. 숨 쉬는 데 꼭 필요한 것이 산소이니 얼마나 중요한가. 아, 산소는 매우 중요하다. 그런 상식을 슬쩍 상기시키며 깨끗한 이미지를 앞세운 화장품 광고는 그야말로 대박이었다. 당연한 것을 잊고 있을 때 당연한 지적은 새로운 '발견'이 되는 것이다. 원래 발견이란 보이지 않던 것을 보는 것이니 당연함 속에 잊히고 묻혔던 것을 보이게 하는 것도 발견 아닌가. 아마 '산소 같은 여자'의 화장품을 구입한 소비자들은 화장품이 아니라 잊었던 산소를 샀는지도 모른다.

산 속에서 장수를 꿈꾸며 자연의학과 호흡법을 수련하는 도인에게 어떻게 하면 장수할 수 있냐고 물었더니 '오래 살면 된다'는 대답을 들었다고 한다. 그렇지, 당연하지. 오래 살면 장수하는 것이니 너무 당연한 답이지만 어떻게 해야 오래 사는지는 여전히 미궁이다. 당연함이란 늘 미궁과 새로움 사이를 맴돌며 일상과 같이 한다. 일상은 당연하고 새로운 자극의 원천이다. 그 당연함을 자극으로 삼아야 할 일이 또 있다. 산소를 만들어내는 공장은 바로 숲이라는 사실 말이다. 큰 나무 한 그루가 대략 두 사람이 숨 쉬는 몫의 산소를 만들어낸다니 숲은 가히 산소 샘이다. 바로 생명의 숲이다. 그러니 숲은 우리에게 당연하고도 새로운 발견이어야 한다. 늘.

최근 수도권 인접 지역에 들어서는 아파트 분양 광고는 아예 아파트 대신 숲의 이미지를 판다. 광릉수목원 근처에 들어서는 입지의 특성을 살려 아예 '왕의 숲'에서 살라고 광고한다. 주거환경·교통·교육환경,

부동산 가격 상승 전망 등등을 다 따져도 '왕의 숲'만한 광고 주제가 없었다는 얘기다. 아니면 소비자들이 다른 조건보다 숲이나 자연 이미지를 더 선호한다는 판단일 수도 있다. 왕의 숲에서 살라는 광고는 왕의 숲을 사라는 유혹이다. 어디 그뿐인가. 숲의 상업적 유혹은 거기서 그치지 않는다. 모든 아파트 분양 광고에 들어 있는 단지 조감도를 보면 단지 속에 정원과 나무가 있는 것이 아니라 아예 숲 속에 아파트가 들어가 있는 것처럼 그려져 있다.

조감도란 높은 위치에서 높은 시점으로 보고 그린 투시도를 말하는데, 그런 연유로 마치 새가 공중에 떠서 본 것과 같다 하여 조감도(鳥瞰圖)에 새 조(鳥) 자가 들어간다. 조감도의 영어 단어는 bird's-eye view로서 역시 새bird가 들어간다. 하늘을 날며 아파트 단지를 내려다보는 새의 입장에서도 우거진 숲이 얼마나 멋있을 것인가. 사실은 지하 주차장 만들고 그 위를 얇게 흙으로 덮은 인공 지반 위에 심은 나무들이지만 그림으로 그려진 숲은 근사하다. 아파트 단지 내 인공 지반 위에 심은 나무라도 생활 환경과 휴식에 도움이 되는 것은 분명하다. 식재 환경이 얼마나 자연 생태적이냐 하는 숲의 질적 문제는 별개로 하고, 인공 지반 위에도 그럴듯한 나무를 심어 숲을 만드는 것은 바람직한 일이다.

인공 지반 위에 조성한 그야말로 인공 정원이나 인공 숲의 대표적인 것이 건물의 맨 꼭대기 층을 이용한 옥상 정원이다. 도심에 만든 옥상 정원은 이용자들의 휴식에도 좋지만 새나 곤충들의 징검다리 서식처가 된다. 도심에는 자연 숲이 적어 곤충과 조류들이 날아들기 힘들다. 그런데 옥상 정원을 만들어놓으면 산과 산, 공원과 공원, 숲과 숲을 이어주는 생태의 징검다리가 되어 도심 속까지 많은 새들이 날아오게 되는 것이다. 곤충과 새들도 생명 있는 존재들이라서 콘크리트 벽면 위에 그려진 숲의 그림 속으로는 날아들지 않지만 옥상 정원에는 볼품이 없더라도 자연 요소가 있기에 날아드는 것이다. 자연 친화적인 옥상 정원이라면 사람을 위한 볼품보다 새들을 위한 흙과 물기와 벌레가 더 중요한 것이다. 볼품보다 생리! 그것이 자연 생태 순환의 핵심이다.

자연의 생리를 담은 생태적인 도시와 건축을 만들 수는 없을까? 답은 없다! 단 비슷하게는 만들 수는 있겠다. 비슷하다는 것은 생태적 요소가 존중되고 있다는 것일 뿐 생태 그 자체와는 거리가 있음을 말한다. 친환경이니 생태적이니 하는 표현 속의 '친~' '~적' 하는 것은 목표하는 그 무엇과 같지 않고 다만 비슷하다는 고백 아니던가. 눈에 보이는 자연 요소 몇 가지가 있다고 생태도시 또는 생태건축이라고 볼 수는 없다. 녹지 많은 도시라고 다 생태도시는 아닐 뿐더러 자연재료(목재·황토)로 마감했다고 생태건축은 더욱 아니다. 가시적인 요소 몇 가지로 이루어질 생태도시, 생태건축이라면 생태 아닌 게 세상에 어디 있으며 무슨 걱정이 있겠는가.

문득 숲과, 숲 닮은 도시와 건축을 생각해 본다. 숲에는 나무와 나무 사이 지형이 일궈내는 현상이 존재하고, 도시는 건물과 건물 사이 삶의 인위적 행위가 발생한다. 숲이 전체를 의미한다면 도시도 전체로 볼 수 있겠다. 숲의 나무가 부분적 개체라면 건물 하나를 도시의 부분적 개체로 볼 수도 있겠다. 그럼 사람은 숲의 동물에 해당될 터이다. 숲에 나는 것과 기는 것이 있으니 도시의 사람도 나는 사람 기는 사람이 있는가보다. 숲의 둥지는 인간의 집에 비유될 수 있겠다. 하지만 자연 숲의 생리를 인위적 도시에 재현시키는 것은 아무래도 억지다. 스스로 생명을 가지는 나무를 흉내 낸다고 스스로 자라나는 건축물을 짓기란 애당초 불

가능한 것이고, 한 번 쓰고 버리는 둥지를 좇아 일회용 집을 지을 수도 없는 일이다. 생태도시를 꿈꾸면 생태가 성립되는 조건, 즉 자연적 순환 구조를 도시에 도입하는 것이 바람직하고, 생태건축을 꿈꾸면 생태의 바탕이 되는 유기적 요소들을 반영한 건축 공간을 만드는 것이 중요하다. 생태건축이란 에너지를 아끼고 환경을 해치지 않으며 자연 환기에 자연 채광이 기본인데, 자연 재료로 마감하고 에너지를 낭비하며 많은 쓰레기를 발생시킨다면 무슨 의미가 있겠는가. 생태의 본질을 존중하고 채택한 건축물이라면 강철로 짓든 콘크리트로 짓든 재료는 그 다음의 문제다. 자꾸 겉모습만을 생태적으로 보이게 하려니까 되지도 않는 억지가 생기는 것이다.

생태도시도 마찬가지. 근본적 지속 가능성을 염두에 둔 에너지와 쓰레기 처리 등의 문제는 제쳐두고 공원에 나무만 많이 심는다고 절대로 친환경 도시나 생태도시가 될 수는 없는 것이다.

숲 닮은 도시를 꿈꾸려면 이미지로 그려진 숲의 환상에서 깨어나야 한다. 우리는 도시의 환경이 마음대로 그려진다는 환상을 가지고 있으니 말이다. 그린다고 다 그림이 아니듯 물 있다고 다 하천이 아니다. 청계천은 그 환상 중에 하나다. 우울함이 극에 달한다.

숲 닮은 도시가 갖춰야 할 최소한의 덕목은 '경계'를 없애는 일이다. '영역' '구획'으로 이해해도 좋겠다. 숲에는 어떤 변화가 일어나도 자연 공간의 경계가 생기지 않는다. 나무와 바위 사이에도, 계곡과 능선 사이에도 경계가 없다. 숲이 숲으로 살아가는 이유는 그 경계 없는 자연 공간들이 바로 숨통이기 때문이다. 모든 흐르고 지나는 것들이 그 경계 없는 사이에서 작용하고 존재하므로 숲과 나무와 동물들을 살게 하는 것이다. 그럼 도시는? 그 반대다. 경계를 확보하려 혈안이다. 영역 표시를 하지 않으면 불안하다. 구획을 지어야 마음을 놓는다. 개체의 구획이 전체를 죽인다. 건물과 건물 사이의 구획된 경계는 불통의 공간이 된다. 건물이 두 채면 불통의 공간도 두 배가 된다. 그 사이를 허물어 나무 심고 사람이 다니면 그게 바로 소통이다. 숲은 자연이 소통되는 상태다. 숲 닮은 도시를 꿈꾼다면 모든 것을 통하게 하라. 그러면 아무도 콘크리트 숲을 욕하지 않으리.

숲이 말한다. 경계를 없애야 숲이 된다고.
도시에 묻는다. 우리는 오늘 몇 배의 불통을 참고 있는가.

총 칼 들고 지킬 세계적 보물

　삶의 흔적은 대지 위에 남는다. 삶의 주체가 인간이니 흔적 또한 인간의 전유물이다. 인간은 흔적을 오래 남기려 하는 존재, 그 노력. 그것은 각기 다른 방식으로 대지를 점유하며 물리적 형태로 나타난다. 집을 지어도 오래 가게 만들고 농사를 지어도 계속 지을 궁리를 한다. 쓰지 않을 자신의 둥지를 여러 개 만들고 대를 물려 지키려 용쓰는 존재도 인간뿐이다. 덕분에 역사는 대지 위에 새겨진다는 명문이 나온다. 그러나 자연에 대한 소유권은 사회적·정치적 장치로 보호될 뿐 자연적 본성과 현상 앞에 직면할 때 인간은 왜소한 존재다. 기회만 되면 숲길·산길 가리지 않고 넓혀보려는 심리는 혹시 자연 앞에서 그 왜소함을 감추려 하는 동물적 본능은 아닐까.

　한 사람이 점유하는 공간의 크기는 얼마나 될까. 땅을 밟는 발의 크기는 커야 30cm를 넘지 않고 혼자 앉는 의자 폭은 아무리 넓어도 50cm를 넘지 않는다. 극장같이 많은 사람이 줄 맞추어 앉아 있는 공간은 더 좁혀서 앉기도 한다. 여러 사람이 다니는 복도의 너비도 한 사람의 어깨 폭을 60cm 정도로 보고 계산한다. 세 사람이 걸어다니려면 180cm 정도면 가능하지만 조금 여유를 두느라고 2m 정도로 만든다. 세상 모든 시설을 만들 때 무조건 여유가 있으면 좋지만 뭘 만들든지 경제적 형편을 생각하지 않을 수 없다. 넓으면 좋지만 경비가 많이 들고, 좁히고 싶지만 너무 좁으면 생활하기 힘드니 적절하게 만드는 것이다. 적절함이란 다분히 개인적이고 경험적이며 주관적이다. 어떤 상태가 넓은 것이고 어떤 상태가 좁은 것인가.

'대궐 같다'는 호화로움을 이르기도 하지만 넓디넓은 공간의 점유 상태를 이르는 말이다. 왕의 집무 공간은 권위를 위하여 참으로 넓었을 것이니 얼마나 적절한 표현인가(공간이 권위의 상징인 것은 현대에도 마찬가지다. 어떤 조직이든 계급이 높으면 공간의 점유 면적이 넓다. 특히 사용하지 않고 비워두는 면적이 많을수록 권위를 강조하는 효과를 얻는다. 공간의 비효율은 더욱 권위를 부추긴다. 반면 효율 중시의 필요한 면적만 있는 경우는 하위계급임을 나타낸다. 하급자의 공간에서 여유란 찾아보기 어렵다).

반대로 좁은 면적에 많은 사람이 빽빽하게 들어찬 모습을 '입추의 여지가 없다'고 하는데 이때 추는 송곳 추(錐)를 일컬어 송곳 하나 꽂을 틈이 없다는 뜻이다. 혼잡한 지하철 속이나 광란의 도가니라면 모를까 일상의 공간이 그리 좁아서는 살 수가 없다.

사적인 공간의 좁고 넓음이야 개인적인 빈부 차이로 돌릴 수 있지만 공공 오픈 스페이스open-space 확보는 사회적 삶의 수준을 보여주는 지표다. 그것은 때론 사유라 할지라도 사회적으로 공유의 성격을 지닌다. 어쨌든 오픈 스페이스가 적은 환경의 사회란 만원 버스를 타고 흔들리며 일생을 사는 것과 같다. 그래서 인구 밀도가 높은 국가일수록 오히려 공공·공동·공유·상생을 위한 오픈 스페이스를 확장하려 하는 것이다. 대궐같이 넓은 오픈 스페이스는 정치적 권위가 아니라 삶의 품격인 것이다.

대전 지방의 어느 기업인이 지역 사회를 위해 사재 100억 원을 들여 시민의 숲을 만들어 기증한다는 소식이 있었다. 그 면적이 5만7,592㎡. 사방 240m, 즉 1만7,421평이다. 얼마나 넓을까.

1평(坪)은 3.3058㎡. 사방 181.818590908… cm × 181.818590908… cm. 건설현장에선 그냥 6자 사방이라 하기도 한다. 한 사람이 뒹굴거나 눕거나 움직이는 최소 넓이다. −공식적으로 평 단위는 행정 서류에는 사용하지 못하도록 법제화되어 있다. 아, 그러나 평의 목숨은 참 질기다. 아직도 땅이나 집의 넓이를 이를 때는 제곱미터나 평방미터보다 평을 많이 쓴다. 아마 미터법 교육을 받은 사람들이 할아버지가 되도록 세월이 지나야 평이 사라질 것이다. −사람이 죽어 묻히는 데 한 평이면 족하고 살아서 큰 대(大) 자로 누워 팔 벌린 사방 길이가 한 평이다.

세계축구연맹에서 정한 축구장 규격은 105m×68m, 7,140㎡ 즉 2,160평이다.

축구장 넓이는 30평짜리 아파트 72세대의 면적을 펼친 것이다. 한 층에 두 세대씩 구성하면 36층의 거대한 탑이 된다. 한 집에 네 식구를 가정하면 288명이 살 수 있는 면적이다. 8평짜리 원룸one-room(정체불명의 영어 표기다)이라면 270개가 들어간다. 그것은 바닥 면적의 평면적 비교일 뿐이고, 그만한 대지에 아파트를 건축한다면 실제로는 두 배는 더 지을 수 있다. 도시라면 더욱 악착같이 고층화시킬 것이니 축구장만한 땅은 수백 명이 더 살 수 있는 잠재력을 지니는 넓이가 된다.

동네 근린공원이나 어린이 놀이터 넓이는 어느 정도일까. 20m×20m 크기는 121평이고 30m×30m 크기면 272평이다. 그러니까 축구장 하나면 동네 어린이 놀이터를 열 개 이상을 만들 수 있는 면적이다. 축구장 하나는 그만큼 넓은 면적이다.

운동장은 넓다는 이유 하나로 시원스런 느낌을 주는데 초록의 잔디로 덮여 있다면 그 느낌은 배가 된다. 나아가 그 넓이가 울창한 숲이라면 생각만 하여도 즐겁지 아니한가. 그러한 숲이 동네마다 있다면 참으로 살기 좋은 환경일 것이다. 대전에 새로 생기는 시민의 숲 면적은 축구장 8개 면적이다. 숲이 생긴다는 소식은 언제 들어도 월드컵 4강보다 더 기분이 좋다.

몇년 전 서울 성미산에서는 숲을 지키려는 동네사람들과 산 정상에 배수지를 건설하고 아파트를 짓겠다는 입장이 맞서다 결국 주민들의 요구대로 개발 계획이 취소되었다. 성미산은 큰 산이 아니고 그야말로 동네 뒷산 정도이고 생태환경도 훌륭한 편은 아니지만 개발 가치보다 보존 가치를 중시하는 주민들 입장이 관철된 경우다.

만약 성미산이 개발된다면 아파트 단지만 늘어나고 지역사회의 녹지와 열린 자연공간이 사라져 결국 주거환경이 열악해질 것이라는 주민들의 우려가 많은 공감을 얻어 개발 반대의 목소리가 높았던 것이다. 앞으로는 그러한 개발 반대의 목소리가 더욱 거세질 것이다. 말이란 참 묘하다. 개발 반대라니? 표현을 바꿔 '보존 찬성'이라 하면 어떨까? 그것이 의미를 더 짙게 한다.

미군이 있던 자리에 만들 용산공원도 정부의 개발론이 후퇴하여 개발 면적과 가능성을 조금이나마 줄이고 81만 평을 공원으로 조성한다. 그나마 다행이라는 사람도 있지만 나는 개발을 원천 봉쇄하고 오히려 공원 면적을 더 늘려야 한다고 주장한다.

미래를 생각하면 공원·숲·녹지 가리지 않고 공공의 오픈 스페이스를 만드는 일은 정말 백년대계를 꿈꿔야 한다는 것이다. 그러자면 백년 뒤에 만드는 것보다 지금 만드는 것이 훨씬 경제적이고 효과적일 것임은 자명한 일이다.

국토가 좁으니 개발을 많이 해서 토지 이용률을 높이자는 것이 개발론자들의 상투적 논리인데, 거꾸로 국토가 좁으니까 녹지를 많이 만들어 국토 보존가치를 높이고 최소한의 면적만을 고밀도·고효율로 활용하는 방향으로 의식을 전환해야 한다. 좁은 국토의 땅값은 계속 오를 것이니 10년 후에 많은 돈 들여 건물 부수고 녹지 만드는 것보다 지금 만드는 것이 훨씬 현명한 일이라는 것이다. 남산 제모습 찾기를 위해 철거한 외인아파트나 복개했던 도로를 걷어내고 복원한 청계천처럼, 시행착오로 한바탕 난리법석을 겪었으면 얻는 교훈이 있어야 할 것 아닌가. 좌우지간 공공녹지 만들기는 이를수록, 넓을수록, 많을수록 미래를 위해 좋은 것이다.

다시 축구장으로 가자. 이 세상 어딘가에 축구장 14만 개 분량의 엄청난 면적이 있다면 당신은 어떤 생각이 드는가. 그 광활한 대지가 아무런 용도 없이 그냥 방치되어 있다면, 그래서 앞으로 무한한 가능성을 예비하고 있다면 무슨 생각이 드는가. 그것도 한반도에 말이다. 한술 더 떠 자연생태 공간으로 있다면… 놀라지 마시라. 이 땅에 분명히 있다. 보라!

아, 그곳이 바로 비무장지대DMZ:demilitarized zone이다.

이념의 전쟁 그리고 휴전과 냉전, 그 피투성이의 아픈 상처가 그대로 남은 비무장지대. 반 백년이 더 지났어도 동족상잔의 비극은 지워지지 않는다. 비무장지대를 떠도는 혼령들은 아직도 서럽다. 전쟁이 남긴 비무장지대는 한반도 허리를 가로지르며 산하만 경계 짓는 것이 아니라 정치·경제·문화·역사… 나아가 한반도의 삶 전체를 왜곡 편도시키며 무수한 가능성을 소멸, 단절시킨다. 그것이 우리의 우울한 현실이다. 하지만 언젠가는 통일의 그날이 오지 않을까? 이제 힘 모아 통일을 준비할 때다.

그렇다면 통일 이후 비무장지대를 어떻게 할 것인가. 아니면 남북이 평화적 관계를 유지한다 전제하고 비무장지대 접경을 어떻게 활용할 것인가. 각양각색의 제안들이 많다. 그것들은 몇 가지 공통점을 지닌다.

첫째, 대부분의 제안들은 어떻게든 '개발'을 전제한다는 것이다. 시류에 맞는 주제로 자연 생태환경을 앞세워 친환경적 개발, 소극적 개발, 제한적 개발 등 표현을 달리해서 뭘 해보자는 것인데, 결국 '개발'이라는 전제가 따른다. 왜 개발해야 하는가의 논리는 전국 어디서나 통하는 시장경제의 그것과 별 차이가 없다. 관광이니 생태체험이니 세계적 관광자원이니 말하지만 어디서 많이 듣던 개발지상주의, 아니 장사꾼의 논리와 별반 다르지 않다. 비무장지대 또는 비무장지대 접경이라는 역사적 장소성이 갖는 의미에 접근하지 못하고 있다.

둘째, 일방적으로 정치적 희망사항에 치우쳐 있다는 것이다. 평화도시 건설, 이산가족 만남의 집, 남북 화해의 전당 공동개발 제안 등의 계획은 뜻은 좋을지 몰라도 반드시 남북이 합의하기 전에는 이루어지지도 않을 뿐더러, 일방적 추진으로 이루어진다 해도 반쪽의 성과가 아름다울 리 없다. 결국 정치적 화제를 생산한 것에 불과한 것이라면 달갑지 않은 일이다. 비무장지대의 탄생이 정치적 비극인데 또다시 정치적 제안의 마당이 된다는 게 마음 한구석을 무겁게 누른다.

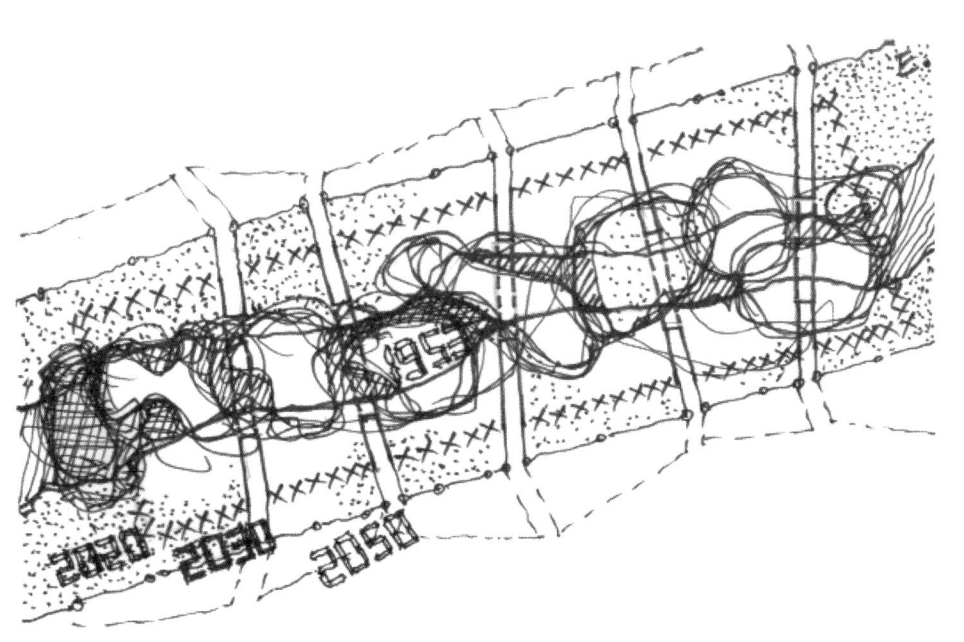

숲의 둘레 47

셋째, 빠른 기간에 완성과 사용을 전제한다는 것이다. 무엇을 하든 사회적 시설은 건설 과정과 추진 일정이 있어야 함이 당연하다. 하지만 비무장지대와 그 접경 지역을 대상으로 하는 모든 계획들은 접근 개념이 달라야 한다. 반 백년 넘은 특수한 상황을 몇 년 안에 구상하고 완성하고 사용하겠다는 의식 자체가 성급한 안목과 철학 없음을 보여준다. 철학 없는 개발 계획이란 항상 근시안적이고 졸렬하기 마련이다. 앞으로 나올 비무장지대 관련 모든 계획에는 구체적이고 물리적 접근에 앞서 보다 근본적인 가치와 철학이 배경 아닌 목표가 되어야 할 것이다.

비무장지대는 한반도에 있지만 실질 의미에 있어 세계사적 존재라는 인식이 전제되어야 한다. 그것은 무엇을 꿈꾸든 세계적 프로젝트이어야 한다는 것을 암시한다(물론 세계 몇 위 따위를 셈하는 물량적 과시주의의 편협한 사고는 그야말로 세계적 웃음거리가 될 것이니 조심할 일이지만).

비무장지대 안에는 여러 군사시설이 들어가 있어 사실상 무장상태다. 초소·화기·지뢰 등 위험요소도 많을 뿐더러 군부대가 주둔한다는 것 자체가 자연 산악을 훼손한다는 지적도 있다. 그럼에도 오랜 세월 자연 상태를 유지한 탓에 자연 생태의 보고가 된 것이다. 이런 상황은 가히 세계적이다.

나는 통일 이후 어떠한 이유로도 비무장지대를 '개발'하는 것에 반대한다. 비무장지대를 '비개발지대'로 하자는 말이다. 만약 개발할 일이 있다면 비무장지대 밖의 접경 지역에 한정해야 한다. 비무장지대는 오히려 많은 경비와 노력을 들여 위험한 군사시설과 지뢰를 제거하는 모습을 전세계에 보여 전쟁과 평화를 웅변하는 땅으로 유지해야 할 것이다. 역사적 흔적을 기록에 의해 복원-기록이 없으면 복원하지 않아야 한다. 기록 없이 복원하는 것은 역사적 만행이다—보존하고 전쟁의 상처를 치유하는 자연 그대로의 비개발지대를 만들면 생태·자연·환경 등은 말하지 않아도 저절로 만들어지는 것이다. 한반도의 허파이며 세계적 오픈 스페이스, 말하자면 20세기 분단의 상징에서 철학과 지혜의 상징 숲으로 변신시키자는 말이다.

통일의 비무장지대는 비개발의 화두를 필요로 한다. 언뜻 비무장지대를 평화공원으로 생각할 수도 있겠으나 평화는 입에 발린 전쟁의 반대말로서보다, 인류 상생에 공헌하며 미래의 꿈과 지혜의 산물이어야 더 의미 있는 것이다. 비무장의 꿈을 위해 총을 들고 있는 비극을 보상하려면 비개발의 큰 그림을 위해 개발의 욕망을 버리자. 그래서 우리 모두 그날이 오면 세계를 향해 이렇게 말할 수 있게 준비하자.

"우리가 수십 년 동안 총을 들고 있었던 이유는, 동족을 죽이기 위해서가 아니라 자연을 지키기 위해서였다!"

이해한다는 것의 오류

　인적 드문 산을 걷다가 타르륵 탁탁 타다닥 치는 소리를 들었다. 딱따구리가 나무를 파는 소리임에 틀림없다. 소리 죽이며 들어가니 숲은 점점 깊어진다. 어디 있을까. 마침내 그림같이 화려한 새 한 마리. 오색딱다구리가 굵은 나무줄기를 정신 없이 파고 있다. 썩어 푸석한 곳을 샅샅이 쑤시는 것을 보니 둥지를 만드는 것이 아니라 먹이를 찾는 모습이다. 한참을 숨어 보는데 흘낏 나를 쳐다보더니 안중에 없다는 듯 계속 제 할일에 열중이다. 딱따구리가 나무 속을 쪼는 걸 한참 보면서 가만히 들으니 여러가지 소리가 다르다. 언뜻 들으면 기계적인 반복음 같은데 들을수록 다르다. 푸석한 부분과 단단한 부분, 부리가 깊이 들어갈 때와 얕게 쫄 때, 쪼는 순간과 멈추는 사이의 간격, 들리는 소리마다 다르다. 중간 중간 나무에 부리를 부딪쳐 나는 소리 중에 먹이 찾는 행동과 관계 없어 보이는 소리도 나는데 왜 그런지는 알지 못하겠다. 들을수록 모르겠다.

　새가 노래한다. 새가 지저귄다. 새가 우짖는다. 우리가 흔히 쓰는 표현들이다. 글쎄… 새들이 노래한다? 지저귄다? 우짖는다? 글쎄다.

숲 속을 걷는 사람은 늘 사람 위주다. 새는 늘 새 위주로 소리 내는데 노랜지, 우는지, 지저귀는지 과연 어떻게 알 수 있단 말인가. 모이로 훈련시킨 애완조라면 혹시 모를까. 제 스스로 날며 먹이를 구하는 숲 속의 어떤 새도 인간과 소통하려고 하지 않는다. 숲에 든 사람을 보고 새가 갖은 소리를 내는 것은 반갑다는 인사가 아니라 좀 다른 동물이 나타났음을 경계하는 것 그 이상도 이하도 아닐 것이다. 그리 인간에게 무심한 새들을 위하여 우리가 해줄 수 있는 것은 서로 무심하게 대하는 것이리라. 극도로 유심(?)하게 대하는 짓은 몸보신하려고 새를 잡는 짓이고 무심함의 최고의 경지는 그들의 터전을 해치지 않도록 자연과 숲을 보전하는 것이리라. 원시림이란 인간 의지가 개입되지 않음이니 그야말로 무심한 상태를 이름인데 아마 새들이 제일 좋아하는 숲일 게다. 어디 새뿐이랴.

새들을 위한다고 하면서 새들을 기쁘게 하지 못하는 일 중 하나가 새집 달아주기다. 사람의 발길이 빈번한 곳에 새집을 달아놓으면 새들이 살지도 않을 뿐더러 본시 야생 조류는 스스로 둥지를 트는 것이니 오히려 둥지를 틀 수 있게끔 숲을 보호하고 발길을 줄이는 일이 새를 위해 좋은 일이다(그런 면에서 산에 들어가 새를 보고 즐거워한 나도 새의 입장에서 보면 달갑지 않을 일이다. 새와 나무에게 미안하다). 새집 달아주기 행사는 대부분 사진 찍고 끝나는데 새집 모양이 고깔지붕으로 사람 사는 집처럼 생겨 먹은 게 생각할수록 우스꽝스럽다. 들판이나 숲에 사는 야생 조류 둥지가 그리 생긴 게 어디 있단 말인가. 생전 새집 한번 보지 못한 이가 개집 만들 듯하여 웃음이 나온다.

야성 잃은 가축이나 애완견은 사람이 만들어주는 우리에서 살지만 야생 조류는 생리가 전혀 다르다. 각종 새들의 둥지를 보면 잔가지·지푸라기 등으로 모양을 만들고 안에는 마른 풀, 털, 마른 이끼 등을 깔아서 알 낳고 부화하는 동안 편안하고 요긴하게 만드는 지혜가 대단하다. 새둥지는 인간이 규정하는 '건축'의 범주에 들지 않는다. 그럼에도 집 짓는 방식을 보면 음미해야 할 교훈이 많다.

인간의 건축은 괜한 미학 철학—대부분 개똥철학인 경우가 많긴 하지만—경제적 계산에 정치적 예측까지 개입되어 그 건축 본령의 순수함을 보기가 매우 어렵다. 하지만 새집은 재료 선택과 활용이 보여주는 구조적 담백함이 감탄을 자아낸다.

새둥지의 최고 미덕은 딱 필요한 만큼의 크기만 짓고 그 모양과 쓰임에 허위가 전혀 없다는 점이다. 인간이 만드는 건축물은 그 허위와 가식을 형태니 폼이니 장식이니 상징이니 하는 말로 수식하며 존재감을 얻으려 한다(존재 의미를 잊은 상태에서 자꾸만 존재성을 찾으려 하니 점점 존재의 본질과 멀어진다. 그 깊은 모순의 몸부림. 그래서 인간의 건축은 대부분 불행하다. 아니 불순하다. 순수한 건축에 대한 찬사는 인간의 미덕이다. 새집은 인간의 건축에 들지 않지만 불순치 않다는 이유 하나로 경건하다). 새집은 상징성 없어도 순수하고 아름답기 그지없다. 아마 새들이 내 말을 알아듣는다면 아름답다는 말에 기분 나빠할지 모른다. 아름답게 보이려고 둥지를 만드는 새는 없으니 말이다. 새들은 자신의 둥지를 만들 때 최선을 다해 상황에 적응하며 본능으로 만들 뿐이다.

인공 새집을 달아준다고 모든 새가 이용하는 것은 아니다. 바위 틈, 나무 구멍, 구조물 틈에서 사는 동고비·박새·곤줄박이·쇠딱따구리·찌르레기·솔부엉이 등이 이용한다. 재료는 원목이나 통나무 등으로 만들어 나무 구멍의 질감과 형태가 자연 상태와 비슷할수록 좋다. 그러한 속

성을 무시하고 사람들이 달아주는 새집은 무성의하기 짝이 없게 마치 포장용 상자를 만들 듯한다. 심지어는 합성수지나 시멘트로 만든 것, 합판에 페인트칠한 것도 있다. 그리 만들면 제대로 달기라도 해야 하건만 살아 있는 나무에 못질까지 하니 도대체 무슨 생각을 하고 다는지 기가 찰 노릇이다.

인공 새집은 최소한 3m 이상 높게 다는 게 좋다. 낮고 어린 나무에 달면 새들이 드나들지 않는다. 묵은 새집은 똥·먼지 등을 깨끗하게 치워주어야 새들이 이용한다. 다는 시기는 번식기에 맞추어 3월 이전에 달아주는 것이 좋다. 아무 때나 아무렇게나 우르르 몰려다니며 새집 달아주는 것은 오히려 새를 못살게 하는 일이다. 새들과의 의사소통이 어렵듯이 인공 새집 달아주기도 자칫 새와의 불통 행위일 수도 있는 것이다. 말하자면 이해한다는 것의 오류 아니면 오해라 할 것이다.

새들을 진정 위하는 일이란 조심스런 소통, 즉 있는 그대로를 잘 살펴 생태적 연결고리를 살리는 것이 무엇보다 중요하고 그것이 결국은 사람이 자연의 덕을 오래오래 보는 일이다. 무심한 경지의 수준 높은 자연 돌보기는 아주 섬세한 이해가 먼저다.

간접경험을 돕는 많은 다큐멘터리가 있다. 다큐멘터리는 교육적이며 재미 있는 이야기로 가득하다. 모든 다큐멘터리는 사실에 입각한 기록성으로 설득력을 지닌다. 하지만 다큐멘터리는 사실을 기록하고 사실에 근거하되 사실 아닌 주장이 개입할 여지가 있다는 것이 최대의 함정이다. 특히 정치·사회·역사적 관점의 의미 전복이나 해석을 달리하는 수단으로 다큐멘터리가 택해질 때 그러한 작의가 드러난다. 다큐멘터리는 사실이므로 작의가 없을 것 같지만 얼마든지 연출 의도가 개입할 여지가 있다는 말이다. 그것은 영상예술을 통한 표현의 자유 영역에 속하는 것이므로 보장되어야 하고 권장될 일이다. 언제나 사건과 현상은 장소·시간·행위에서 한정적이다. 누구나 접하기 어렵거나 기회가 드물다. 그래서 다큐멘터리가 있는 것이다. 좋은 다큐멘터리는 사실보다 더 위대하다. 접할 수 없는 사실을 기록하며 이해하게 해주는 다큐멘터리야말로 사실보다 더 사실답게 기능하는 것이 아니겠는가. 사실보다 더 사실다운 아니 사실을 초월하는 또 다른 사실, 다큐멘터리 만세. 모든 작품의 연출이란 주제의 전달 효과를 위해 갖은 장치와 방법을 구사하기 마련이다. 그러다보니 내용 전달 의도가 지나쳐 어떤 경우에는 주제와 대상에 대해 예측 못한 오해를 불러오기도 한다.

자연을 주제로 한 다큐멘터리도 그러한 위험성을 갖는다. 치밀한 계획과 촬영 작업 이후 편집된 영상에 각종 음향이 더해진다. 제아무리 잘 찍은 뛰어난 영상도 보는 이가 이해하지 못한다면 무슨 소용이랴. 벙어리같이 말이 없는 자연 다큐멘터리 화면은 상상만 하여도 답답하다(무성영화 시절 변사의 존재는 소리 없는 영상을 해설하는 역할보다는 답답함을 참지 못해 쩔쩔매는 관객의 안타까움을 보여준다).

이젠 배경 음향/음악 없는 자연 다큐멘터리는 상상할 수도 없다. 싱거웠을 장면이 적설한 음악과 어울려 엄청난 효과를 얻으니 그것이 바로 효과 음향, 아니 음향 효과다. 자연 다큐멘터리는 시답잖은 예술영화보다 훨씬 감동적이다. 그 힘은 작의를 빙자하여 자칫 졸렬함을 주는 예술작품(?)과 달리 있는 그대로의 기록이 갖는 진정성에서 우러나는 것이다. 있는 그대로 기록된 자연 현상, 생태 변화, 동식물의 본능 습성, 먹이사슬의 관계, 보이지 않는 구조의 미세함과 거대함, 시간에 따른 변화의 반복성… 등등 자연 다큐멘터리의 소재와 이야기는 무궁무진하다. 그런 자연의 이야기가 재미 있다는 것은 거꾸로 우리가 자연을 그만큼 모른다는 것을 확인시켜준다. 이미 아는 것을 보고 듣는 것은 뻔한 일이지만 듣고 보고 아는 것 같은데 볼수록 모르는 내용은 지적 흥미를 돋운다.

인간이 안다는 자연이란 지극히 부분적이고 단편적이다. 전체와 관계 없이 한 부분의 절름발이 지식으로 자연을 알고 있다는 말이다. 다큐멘터리는 그 부분을 집중 공략한다. 자연 다큐멘터리를 잘 만든 작가는 숲의 정황을, 나아가 자연의 그 자연스러움을 아는 사람일 것이 분명하다. 나는 훌륭한 자연 다큐멘터리를 볼 때마다 고생하고 만든 이에 박수치며 나 자신이 한없이 초라 미미한 존재임을 알게 하는 자연의 경이로움에 무릎 꿇는다.

다큐멘터리의 역기능 한 가지. 내레이션. 이야기 전개를 위해서 꼭 필요한 것이 해설이니 내레이션 자체를 탓할 수는 없다. 있는 그대로 객관적 사실을 설명하는 해설은 이해를 편케 한다. 영상기록으로 담을 수 없는 사실을 해설하는 것은 오히려 화면보다 더 흥미롭고 후경은 전경보다 의미 있다. 그러나 동물과 동물, 동물과 인간, 동물과 식물, 식물과 식물, 식물과 인간 사이의 각종 관계성을 설명하기 위한 방법으로 의인화시켜 대화하듯 하는 내레이션은 참으로 이해하기 어렵다. 아니 바람직하지 않다.

영역을 침범하여 마주친 짐승끼리 서로 으르렁거릴 때 마치 사람이 싸울 때의 말투로 대화를 한다든지, 종이 다른 동물들이 서로 싸우지 않는 장면을 마치 평화의 상징처럼 설명한다든지, 개미나 벌을 다룰 때 집단생활의 질서를 인간사회의 질서나 규범의 모범으로 간주한다든지 하는 시각은, 과연 그럴까? 나는 그렇게 생각하지 않는다.

같은 종의 동물이 으르렁거리는 것은 먹이를 놓고 다투거나 발정기의 교미 상대를 차지하거나 하는 것이지 인간처럼 부의 축적을 위해 영역을 소유하려는 것이 아니다. 인간은 교묘한 정치적 계산을 하는 탓에 매사 복선이 깔린다. 겉으로 웃으며 복수를 꿈꾸기도 하고 속으론 좋은데 부러 화난 척하는 쥐알봉수가 인간의 특징이다. 동물은 그렇지 않다. 그러니 감정 이입하고 의인화시킨 동물이 사람의 말로 소통하는 식의 내레이션은 오히려 동물을 지독히 오해하게 만드는 것이다.

종이 다른 짐승들끼리 싸우지 않는 이유도 인간이 추구하는 평화의 개념과는 몹시 다르다. 인간이 추구하는 평화는 투쟁·정복·약탈·지배·소유욕을 참으며 일궈내는 이성과 지성의 완성이지만 동물들은 단지 무관심한 평온일 뿐 인간사회의 평화 모델이 되기엔 적절치 않다.

개미와 벌의 협동과 질서도 마찬가지다. 인간의 자율적 사회성과 질서로 비교하기엔 많은 억지가 따른다. 그러므로 동물을 의인화시킨 내레이션은 이해와 흥미를 돕기 위한 방법이지만 오히려 동물에 대한 오해를 낳을 수도 있다.

〈동물의 왕국〉을 보면서 어떤 아버지가 아들에게 하는 말. "동물의 세계에는 불변의 법칙이 있다. 잘 보거라. 약한 놈은 잡혀 먹힌다. 인간 사회도 똑같다. 그것이 약육강식이다."

이렇게 가르치는 것이 과연 옳은 일일까. 그런 아버지는 '우리를 슬프게 한다.' 학교에선 약한 자를 돌보라고 가르치고 교회에선 약한 자를 위하여 기도하자고 한다. 그럼에도 우린 약육강식을 선의의 경쟁이라는 인간의 방식으로 정당화시킨다. 혹자는 적자생존이라 달리 부르기도 한다. 약한 자를 배려하는 것이 인간의 특징이어야 하건만 현실은 반대다.

자연의 존재 중 인간만이 오류를 범한다. 아무도 오류라 말하지 않는 시간이 지나 그것은 당연한 세월이 되었다. 인간의 숲에는 오류의 강이 흐른다.

지혜롭고 불편한 숲으로 가자

여름! 더위에 땀 흘리며 일하기는 싫지만 놀고먹는 것은 즐겁다. 휴가를 떠난다. 휴가는 살던 이곳에서 노는 저곳으로 이동하는 것이다. 여행이란 머무는 장소의 바뀜. 장소가 바뀌면 공간·시간·인간의 관계가 다 바뀐다. 익숙한 공간에서 낯선 공간으로, 반복적인 습관에서 새로운 경험으로, 자주 보던 얼굴보다 처음 보는 사람이 많고 새로운 풍경이 펼쳐진다. 휴가와 여행은 결국 낯선 풍경을 체험하는 것이다. 여행은 낯설고 새롭고 즐겁다. 즐거움은 되풀이하고 싶은 법, 다시 보고 싶고, 가고 싶고, 더 하고 싶다. 그것이 여행의 마력이다. 여행을 통해 추억을 재생하든, 사색하든, 재충전하든, 공부하든, 휴식하든, 놀고먹든 목적은 각자 다르지만 다시 하고 싶다는 충동은 모두의 바람이다. 그럼 어디로 가는가. 도시에서 시골로, 일터에서 관광지로, 인구 많은 곳에서 사람 적은 곳으로, 복잡한 곳에서 한적한 곳으로 간다면 그것은 결국 '자연'을 찾아가는 것이다.

'자연'이란 단어의 의미는 여러가지. 사람의 손길이 닿지 않고 스스로 있거나 저절로 생겨난 존재나 상태, 또는 산·강·바다·식물·동물 등을 이르거나 저절로 생겨난 지리 지형의 물리적 환경, 사물의 본성, 본질. 철학적으로는 의식하거나 경험하는 대상의 전체. 상식적으로는 사회에 대립되는 자연 일반을 말함. 아 복잡하다. 그렇다. 자연은 원래 복잡하다. 만약 자연은 단순한 것이라고 말하는 이가 있다면 자연의 복잡한 순환 이치를 깨쳐 단순화시켰거나 자연을 생판 모르거나 둘 중 하나다. 언어로서의 자연만 복잡한 것이 아니고 자연계의 '자연'은 더욱 복잡하다. 복잡함을 헤치면 점점 더 복잡해지고 무심하게 보면 점점 더 무심하게 보이는 것이 자연이다. 자연이란 말조차도 '자연'을 다 담지 못한다.

자연이란 말의 의미 중에 가장 마음에 드는 것은 '사람의 힘이 더해지지 않고 저절로 이루어진 무엇'이라는 정의(定義)이다. '~이 자연스럽게 이루어진다' '~이 자연스레 다가왔다' 하는 자연스러움은 역시 사랑의 묘사에 제격이다. 하는 이도 모르게 저절로 맺어지는 사랑이 있는가 하면 찜·설득·도전·쟁취의 사랑도 있다. 저절로 이루어진 사랑이 자연 숲이라면 계획된 작전 같은 사랑은 인공 숲이다. 모든 사랑이 다 소중하듯이 숲도 자연이든 인공이든 다 나름의 가치를 지닌다.

자연 숲의 존재는 점점 귀해지고 인공 숲이 느는 것도 사랑의 양태 변화와 비슷하다. 오직 순수한 열정으로 버티는 사랑은 귀해지고, 사랑도 결혼도 선택과 비즈니스라는 의식이 느는 것도 숲의 변화와 비슷하다. 자연 숲은 있는 그대로 자연의 가치가 우선하니 경제성만을 따질 수 없지만 인공 숲은 경제성·기능성·효용성을 먼저 따진다. 인공 숲은 말하자면 비즈니스의 정치적 결과인 셈이다.

인공 숲은 뭐든 새로 만들고 새로 심는 것이니 신도시를 닮았다. 조용한 벌판을 순식간에 밀어붙여 몇년 사이에 수십만 명이 사는 거대 도시를 만든다. 난민촌 건설의 속도와 다름없으나 경제적 이익이 따르므로 누구나 침을 질질 흘린다. 경제적 효과만이 검토될 뿐 환경이나 인간적·자연적 가치는 뒷전이다. 아, 더 큰 경제적 효과를 위장하느라 팔아먹는 상품-상가나 아파트-앞에 친환경·생태라 적은 가짜 웰빙 깃발을 앞세운다. 빨리 만드는 인공 숲의 조림 방식과 꼭 닮았다. 숲은 숲이되 필요한 나무 쓸모 있는 나무만을 골라 심는다. 쓸모에서 처지는 것은 자연이든 나무든 바로 퇴출이다. 한눈에 그럴듯한 모습을 갖추지만 총체적 생태 균형의 숲이라 볼 수 없다. 삶의 속도도 자본의 흐름만을 따른다. 자본은 밤에도 잠들지 않는 법이니 도시는 밤에도 잠들지 않고 오히려 더 큰 유혹으로 다가온다. 자본과 소비의 유혹이다. 화려하고 근사한 인공 숲이 언제나 이용자를 유혹하는 것과 비슷하다. 식생은 단조롭고 생태 또한 다양치 않지만 사용하긴 편리하다. 각종 편의시설이 설치되어도 환경 파괴니 자연 훼손이니 따질 게 없다. 어차피 새로 만드는 것이니 편하게 만드는 필요성만 우선된다.

전통마을은 오래된 숲을 닮았다. 오래된 마을길과 집의 관계는 자연 지형과 방향을 따져 배치되어 있다. 사람이 죽고 사는 것처럼 천천히 오래두고 집짓고 고치고 늘리고… 집이 자연인지 자연이 집인지 호흡이 척척 맞는다. 마을과 붙은 논과 밭도 흡사 자연처럼 보인다. 사실 논과 밭은 인간의 노동으로 개척된 인위적 산물이지만 자연 지형을 존중하며 일구어진 탓으로 아주 자연스럽다. 아무리 장수한 사람도 마을 역사에 비하면 아이에 불과하다. 삶의 속도는 해 뜨고 달 지는 자연 리듬에 맞추어지고 지형의 변화 속도가 느리다. 자연 숲과 오래된 마을은 그래서 마치 움직이지 않는 것 같다. 하지만 숲의 식생은 다양하고 생태 또한 다채롭다.

　자연 숲에는 쓸모없고 못생긴 나무가 많다. 원래의 '자연'이 중심이기 때문이다. 그런 곳에서의 휴가는 깊은 성찰거리는 많지만 육체는 불편하고 심정은 무료하다. 그 이유는 자연 숲에서 편리함을 찾고 신도시에서 역사를 찾으려 하는 방향 바뀐 잘못에서 오는 것이지 자연 숲이 재미없다는 뜻이 아니다. 휴가를 마치고 녹초가 된 경우는 휴가를 마치 일 해치우듯 바쁘게 정신없이 치른 경우다. 정신 없는 기계처럼 바삐 돌던 일상의 육체는 오히려 느리고 심심하고 불편한 환경에서 위안받는다. 인공 숲/도시의 유형이든 자연 숲/전통마을의 유형이든 휴가는 재생산의 기회이며 선택이다. 여름 휴가를 불편한 자연 속에 맡겨보면 어떨까. 불편한 숲으로 가자.

　숲은 특정한 지역을 한정하지 않는다. 산에도 숲이 있고 평야에도 숲이 있고 바닷가에도 숲이 있다. 도시에도 숲이 있다. 우리가 숲을 사랑하고 숲으로 가길 원한다면 숲의 생리를 알고 존중해야 하리. 숲 속에서 인간이 편하면 숲의 생리가 불편하다. 자, 그럼 숲의 기운이 살아 있는 불편한 숲을 만들고 다시 그 숲으로 가자. 불편함이 숲을 구원하리니.

　관광안내 지도를 펼친다. 온천·유원지·관광지·사찰·박물관·테마파크가 가득하고 고속도로·국도·지방도로 온갖 길이 무성하다. 볼거리가 많고 이동이 편하다는 이야기는 개발이 많이 됐다는 것인데, 그건 반대로 한반도가 그만큼 많이 훼손됐다는 뜻이다. 훼손의 대가로 편리함을 얻지만 국토 백년대계로 보면 그리 좋은 일이 아니다. 개발 이익은 소수의 기업—본질은 업자—이 갖고 대중은 편리를 얻는다지만 훼손된 국토의 회복 의무는 다 같이 짊어져야 한다. 난 아직 훼손된 자연이 개발 정책이나 업자에 의해 근사하게 복원됐다는 말을 듣지 못했다. 국토 경관은 공공의 자산이며 민족의 역사 유산이다. 국토풍경·자연경관에 대한 관리는 많은 부분이 '원님 행차 뒤에 나발 부는' 꼴이다. 모든 자연의 개발/훼손은 쉽지만 치유/회복은 매우 어렵다. 개발보다 더 많은 돈이 든다. 지금의 졸속 개발의 치유는 먼 훗날 후손들의 어깨를 짓누르며 우리를 부끄럽게 할 것이다.

지도에 그려진 해안선을 보자. 바다와 육지가 만나는 경계면을 유심히 살펴보면 동해안과 서해안이 많이 다르다. 서해안은 꼬불꼬불한 곡선이고 동해안은 밋밋한 직선으로 보인다. 우리는 무의식중에 곡선은 자연에 가깝고 직선은 인공의 산물이라고 여긴다. 그래서 서해안이 더 자연스럽게 보인다. 하지만 자연은 원래 곡선이다 직선이다 하는 구분이 없다. 서해안은 원래의 해안 지형이 복잡해서 언뜻 자연스러워 보이지만 동해안에 비해서 훨씬 인공의 흔적이 많고 자연 상태가 적다. 반면 동해안은 직선처럼 보이지만 인공의 흔적이 그나마 적고 자연 상태가 서해안보다 많다. 자연 훼손이 덜 됐다는 뜻이다. 서해안은 염전, 어업용 시설, 포구·항구·간척지·방파제·관광지·해수욕장·공업단지·해안도로 등의 개발로 실제 인공 구간이 많다. 이에 비해 동해안은 가파른 절벽이나 항구 개설의 난점 등으로 개발에 부담이 큰 것이 오히려 자연보호 입장에선 유리한 셈이다. 지자체마다 도로 확장에 열을 올리는데 동해안은 천혜의 자연을 고속 아닌 저속도로와 결합시켜 천천히 이동하는 관광이 더 바람직하다. 고속도로가 지나는 곳은 사실 관광객이 머물지 않고 스쳐가기만 하므로 별 수입이 없다. 뭐든 지형을 살피면 해법이 보이는 법이다.

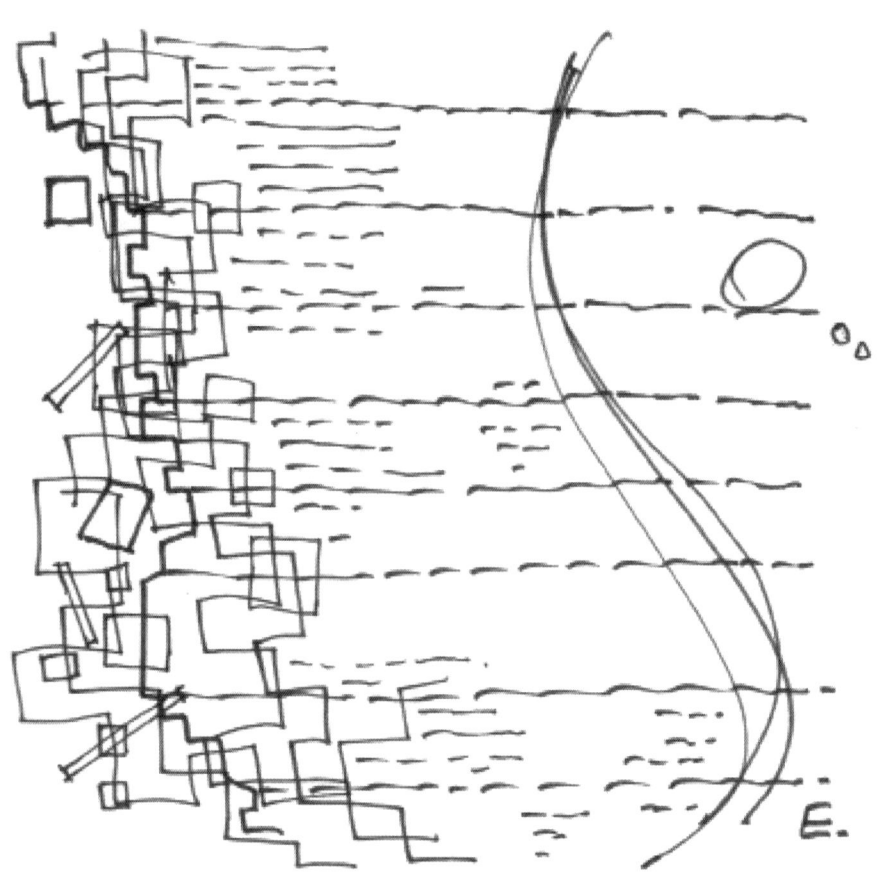

손때 묻은 서해안을 따라 남쪽으로 가다보면 새로운 말썽쟁이를 만난다. 새만금이다. 막느니 못 막느니 하더니 결국 막혀 간척지와 담수호가 생긴다. 간척지에 무엇을 할 것인가. 농지·공장·골프장·테마파크·해상도시… 하자, 안 된다, 말도 많고 다툼도 많다. 어차피 만든 새 땅이라면 유익하고 지혜로워야 할 것이다. 누구에게 유익한가 늘 입장을 가른다. 환경론자들은 개발은 항상 파괴적이고 근시안적 이익에 몰두한다고 탓하고, 개발론자들은 환경을 존중하며 개발한다고 둘러댄다. 원래 환경 보존과 개발은 한배를 타기가 몹시 어렵다. 양쪽을 다 아우르는 해법은 없을까? 있다.

그것은 바다 메워서 남은 돈 전부를 공공의 목적에 재투자하는 것이다. 말하자면 새만금에서 번 돈을 다시 새만금에 쏟아붓는 것이다. 방법은 매립 원가에 해당하는 만큼만 분양/개발하고 나머지는 공공의 땅을 만드는 것. 이름하여 새만금 숲 만들기! 매립의 무모함을 거대한 '지혜의 숲' 조성으로 속죄하는 것이다. 천천히 꾸준히 새로운 지형을 만들 꿈을 이루자. 새로운 숲을 만들면 우리 후손들이 말할 것이다. 21세기 초의 조상들은 훌륭했다고. 가자 새만금 숲으로! 가자 지혜의 숲으로! 불편한 숲으로 가자!

녹색, 혹은 살아 있는 것에 대한 열망

#1 : 세검정 근처 홍지문을 지나는 넓은 길가에 콘크리트로 만든 난간 받침대가 이어져 있다. 아스팔트 도로 옆의 자동차 추락방지 콘크리트 구조물. 그 틈을 비집고 족제비싸리나무 몇 그루가 한 무리로 자라고 있다. 흙·거름·물기는커녕 나무가 좋아할 만한 것은 눈을 씻고 봐도 없다. 콘크리트 덩어리가 전부다. 자동차의 빠른 속도에 먼지와 소음이 더해진다. 자동차 길이라서 나무를 해칠 사람이 없다는 건 그나마 다행이다. 그 틈새에서 나무가 자란 지 10년은 넘었을 게다. 내리는 눈비와 먼지에 묻어 있는 양분이 섭생 조건의 전부다. 그렇게 열악한 환경을 이기고 해마다 싹 돋고 낙엽이 진다. 밑동도 굵어 제법 나이 먹은 티가 난다. 도로 관리하는 곳에서 본다면 즉시 뽑아버릴 것 같은 불안한 느낌이다. 아무리 작은 나무라 해도 콘크리트 구조물의 균열을 가중시킬 것이니 말이다. 그곳을 지날 때마다 혹시 누가 해치지는 않았는지 유심히 살펴본다. 그 족제비싸리는 이 계절도 잘 버티고 있다.

#2 : 작년 여름 어느 날 해거름에 동네 주차장 담벼락 너머에서 붉은색이 환하게 솟고 있었다. 매일 다니는 곳에서 처음 보는 색이라니. 무

얼까. 처음엔 누군가 버린 유리조각이 석양빛을 되비치는 줄 알았다. 가까이 가보고서는 깜짝 놀랐다. 그 붉은 색은 잘 익은 빨간 고추가 뿜어내는 것이었다. 도둑고양이나 겨우 다닐 좁고 그늘지고 시멘트로 발라진 바닥 틈새에서 한 그루 고추가 기세 있게 자라 때깔 좋게 익었던 것이다. 마치 척박함을 스스로 태우듯 빛나던 빨간 고추!

#3 : 손바닥만한 마당 한귀퉁이, 버리지도 쓰기에도 뭣해서 방치해둔 내 게으름과 꼭 닮은 화분이 몇년 동안 눈비 맞고 바람 타더니 어느 해 봄날 망초가 솟았다. 그것도 개망초. 흙 속에 묻혀 있던 마른 뿌리에서 움튼 건지, 바람에 실려 온 씨앗이 싹튼 건지 알 수 없지만 계절을 건너뛰며 꽃을 피우고 말라비틀어질 때까지 줄기는 더 억세고 곧다. 별 쓸모없는 풀일수록 생명은 더 질겨보인다. 그 질긴 섭리 속에는 필경 우리가 모르는 이유가 있을 것이다.

강인한 생명력이 동물의 특장인 것 같지만 식물의 생명력 또한 그러하다. 의외의 장소와 예상 못한 환경에서 자라는 풀이나 나무를 보면 그것은 신비롭기까지 하다. 사실 생명의 탄생이란 모두 자연에서 기인하는 것이다.−견해에 따라 그것을 필연/우연으로 보는 시각도 있지만 자연은 그 둘을 다 넘는다.−신화를 빼고는 탄생의 주체가 스스로 선택하는 생명이란 존재하지 않는다. 생명은 물리적 조건에서 시작하는 반응의 총화다. 숲은 그러한 조건이 저절로 이루어지고 소멸하는 순환의 장이다. 숲에서 살아가는 모든 생명의 순환 고리는 그래서 자연스럽다. 너무나 자연스러운 탓일까. 숲의 뭇생명은 편안하고 원래부터 그렇게 있었던 것으로 보인다. 모두가 태평하다. 반면 경이를 느끼는 것은 오히려 도저히 살지 못할 것 같은 열악한 조건에서 피어난 생명의 존재들이다. 고장 난 경운기 적재함의 철판을 대지 삼아 뿌리내리고 엔진과 바퀴를 뒤덮고 자라는 담쟁이, 버려진 냉장고 속에 몇년 째 둥지를 틀고 새끼를 친다는 어느 지방의 딱새, 나무젓가락·철사·플라스틱·빨대 등을 물어다 둥지를 짓는 도심의 까치, 레미콘 공장에서 콘크리트 반죽을 물어다 집을 지은 제비 등의 사례는 산업화시대의 달라진 생존 조건에 맞추어 적응하려는 처절한 생명 있는 존재의 본능을 확인케 한다.

그 앞에서 동식물의 구분은 의미를 잃는다. 시대의 구분도 의미가 없이 생명의 존귀함만 흐를 뿐. 그 살아 있음의 존재들은 고구려·백제·신라를 건너고 중세와 르네상스를 건너 오늘을 사는 것이다. 아, 생명은 얼마나 질기고 질긴가. 무엇이 그보다 도저할 것인가. 위태롭고 불안하고 예측 못한 생명의 모습과 직면할 때 나는 거꾸로 매사 조심스럽고 까닭 없이 부끄럽다.

무의식적으로 인간이 가장 선호하는 자연경관은 사바나 풍경이라고 한다. 초원의 평화로움과 원시적 향수에 끌리는 탓일 게다. 멋있는 초원을 만들려고 하는 심리는 혹시 초원으로 돌아가고픈 유전적 기억에서 비롯되는 것인지도 모른다. 골프장의 넓은 잔디 구릉은 언뜻 사바나 초원을 연상시킨다. 멋있는 그림 같다. 그럼 잔디밭은 초원의 환경으로서 좋은 것일까? 아니다.

잔디밭은, 사실은 자연적 생태와의 관련성이 적을 뿐 아니라 환경적으로도 훌륭한 것이 못 된다. 잔디는 운동·휴식·조경 등의 목적과 토사 유출 방지, 지형 유지 등의 기능으로 유용하다. 하지만 오로지 한 종만을 가꾸고 있는 넓은 잔디밭은 생태적으로는 단조로운 애완식물의 사막이다. 잔디밭에선 대부분의 동식물이 살 수가 없다. 이러저런 열매도 없고 둥지를 틀기에도 적절치 않다. 동물이 먹이 구하고 숨어살기엔 너무도 황량한 벌판이다. 잔디 아닌 식물은 뿌리내리면 바로 뽑힌다. 잔디 관리를 위해 비료나 약제라도 쓰게 되면 토양도 엉망이 된다. 토양 미생물의 분포도 다양할 수가 없다. 그림 같은 잔디밭에선 오로지 잔디만을 살리기 위해 다른 것들은 다 죽어야 한다. 어디 잔디뿐인가. 세상의 현실도 그렇다. 한 쪽의 입장만 고려되는 정치·경제·사회의 모든 현상과 제도는 보기에만 그럴듯한 쓸모 적은 환경과 무엇이 다르랴. 무엇이든 한 가지로만 채워져 있는 것은 억지스럽다. 아, 억지의 숲!

  길의 풍경도 마찬가지. 똑같은 장면이 연속될 때 얼마나 지루한가. 어디 멀미에 배멀미·물멀미·사람멀미만 있으랴. 봄날의 드넓은 유채꽃밭도, 길게 난 벚꽃 길도 다 꽃멀미를 일으킨다. 그렇게 단조롭게 심으니 벚꽃놀이도 단조롭다. 벚꽃놀이란 벚나무 아래서 벚꽃과 함께 흐르는 봄의 시간 속 찬란한 생명과 호흡하며 운치를 즐겨야 하건만 행렬 속에 끼어서 소란을 즐긴다. 행렬처럼 나무를 심으니 놀이의 유형도 행진이 될 수밖에. 대지에 나무 한그루 심는 것도 참으로 소중한 건축 행위인데 그냥 규칙적으로만 심는다. 내게 벚꽃 길을 디자인하라면 벚나무 죽 심다가 가끔 살구나무도 심고, 몇 그루 무더기로 심었다가 빈 데는 그냥 비워두기도 하고 아, 꽃 안 피는 나무도 끼어 있도록 한다. 그래야 제격이다. 벚꽃 진 뒤에 능청스럽게 지각한 듯 엉뚱하게 피는 종류도 한 그루 숨겨놓으리. 꾸미지 않은 듯 꾸미는 것이 살아 있는 자연에서 배우는 꾸밈의 방식 아니던가. 뭐든 가꾸려 하는 욕망이 과하면 수가 낮아보인다. 숲이 말한다. 나는 억지가 싫어요!

옥상 슬래브, 대문 지붕이나 옆, 편편한 담장 위 가리지 않고 여름이면 무성한 녹색의 잔치가 벌어진다. 다름아닌 이동식 재활용 농장. 과일이나 생선을 담았던 스티로폴 상자에 흙을 담고 고추·상추·배추 등의 푸성귀를 심는다. 아침저녁으로 물 주며 도시에서 농사를 짓는다. 흙 담은 상자가 많아서 마치 텃밭을 방불케 하는 욕심쟁이도 있다. 욕심마저 웃음이 나온다. 버리는 상자의 재활용, 용도의 재발견이다. 재사용은 발견에 버금가는 미덕. 스티로폼 상자는 화분보다 궁핍하나 진정성으로 가득하고, 자라는 푸성귀는 화분의 꽃보다 화려하지 않으나 훨씬 삶에 가깝다. 원예가가 가꾸는 정원보다 푸근하다.

스티로폼 상자에 연신 물 주는 것을 보면 본래 사람이란 무언가를 살리려고 노력하는 존재가 아닌가 싶다. 단지 먹기 위해서라면 그것은 왠지 초라하고 궁하고 누추하다. 고단한 삶의 갈증이 스티로폼 상자에서 자라는 상추 몇 잎과 방울토마토 몇 개로 해갈될 리 만무하지만 뭔가를 심고 살리고 가꾸는 녹색의 의미가 대단하다. 먹어야 맛이 아니라 살리는 맛이다. 스티로폼 상자는 화려한 건물 앞에 전시용으로 비치된 완상용 화분보다 위대하다. 아니 스티로폼 상자에서 무엇을 가꾸는 손길은 안타깝고 애처로운 살아 있는 일상 그 자체다. 그래서 성스럽다. 살아 있다는 갈망으로 더 엄숙하다. 예측 못한 곳에서 자라는 풀 한 포기는 숲으로, 흙 담긴 스티로폼 상자는 대지로 이어진 사색의 통로다.

스티로폼은 가벼우나 의미는 무겁다. 아, 본래 인간이란 살림의 존재가 아니던가. 너무 많은 것을 소비하고 버리고 죽이며 사는 이 시대, 우리는 혹 스티로폼보다도 가볍지 않은가.

숲을 언뜻 보면 나무만 보인다

'숲만 보고 나무를 보지 못한다'거나 '나무만 보고 숲을 보지 못한다'는 말을 자주 쓴다. 어느 경우든 전체와 부분, 집단과 개인, 거시와 미시, 명분과 실익, 미래와 현실, 수단과 방법, 주장과 입장이 다를 때 사용하는 속담이다. 한마디로 안목이 시원찮다는 뜻. 숲은 전체를, 나무는 부분을 의미하지만 대체로 이 속담은 입장의 옳고 그름을 떠나 먼저 쓰는 사람이 유리하다. 왜냐하면 어떤 주장과 토론에서 자신의 협량을 드러내려는 사람은 아무도 없기에 상대의 견해를 부분으로 몰려면 자신의 견해를 전체의 위치로 격상시켜야 하기 때문이다. 그럴 땐 숲을 먼저 말하는 사람이 임자다. 먼저 말하는 입장을 강화시키는 경우에 동원된 '숲'과 '나무'를 보면 숲도 나무도 참 불행하다는 생각이 든다. 숲에는 나무만 있지 않고 또 나무만 모여 숲을 이루는 것이 아니니 숲과 나무가 반의적으로 사용될 이유가 없기 때문이다. 숲과 나무, 나무와 숲은 늘 같이 길항하는 총체적 관계를 이루어야 하는 것인데 그러한 경우가 세상사에 드문 탓에 속담이 죽질 않는다.

얼마 전 '지구를 살리자'는 환경 콘서트가 열렸다. 지구 온난화 현상이 전지구적으로 심각한 지경이란 것을 알리고 환경 문제를 같이 고민하고 동참해야 한다는 것이 주목적이다. 얼마나 좋은 의미와 주제란 말인가. 하지만 중계방송을 보면서 답답한 마음이 들었다. 환경이라는 분명한 주제가 있음에도 불구하고 여느 콘서트와 한구석도 다르지 않았다. 지구 온난화의 큰 원인이 에너지의 지나친 사용이란 것은 누구나 다 안다. 그 대책은 에너지 소비의 총량을 줄이고 대체 에너지를 사용하는 일이다. 콘서트의 주제가 환경이라면 그러한 환경 문제와 대책에 대한 의식이 전체 진행 방식과 프로그램에 반영되어야 한다. 환경 콘서트라면 최소한 에너지—무대장치·시설물·조명·음향, 각종 설치물 등—를 절약하려는 노력이 보여야 할텐데 여전히 화려한 장면 일색일 뿐 지구를 살리자는 주제에 맞닿는 내용은 찾을 수 없었다. 전력을 아껴 덜 밝은 조명 하에 콘서트를 진행할 수도 있고, 상투적 무대의상 아닌 평상복 입고도 노래할 수 있으며, 무대 자체를 환경을 주제로 한 설치작품으로 만들 수도 있다. 에너지 절약과 친환경을 보여주는 프로그램은 얼마든지 가능한 것인데 생각의 흔적이 없다는 것이 문제다.

　콘서트가 숲이라면 세부 프로그램은 나무일 터. 역시 숲은 보지 못하고 나무만 보여주는 그렇고 그런 쇼가 되고 말았다. 그나마 그것도 숲과 아무 관계 없는 나무의 멋없고 요란한 그저 그렇고 그런 쇼. 혹시 이 사회의 환경에 대한 의식이 '강 건너 불 보듯' 그렇고 그렇다는 것을 보여주려고 그리 한 것은 아니었을까.

　방송 이야기 하나 더. 불우이웃 돕는다는 취지의 〈체험 삶의 현장〉이란 프로그램이 있다. 이러저런 직업과 노동의 현장을 다니며 유명인이 직접 일터에서 겪는 경험을 재미를 섞어 전달하고 번 돈을 모아 불우이

옷에 쓴다. 좋고 잘하는 일이라고 여기면서도 마음 한구석이 찜찜하다. 같이 현장에서 일하는 것은 좋지만 노동을 무의식 속에 희화시키고 있다는 우려가 생긴다. 탤런트가 연탄을 나르거나 공사판에서 막일을 하는 것은 한 번 촬영으로 끝나지만 그 일이 생업인 사람들이야 어디 그런가. 즐겁게 웃으며 일하는 것은 좋지만 시종일관 농담반 진담반 장난치듯 일하는 것은 보기 거북하다. 노동은 희화의 대상이 아니다. 특히 노동을 통해 먹고 사는 이들 앞에서는 더욱 조심할 일이다.

학교에선 직업에 귀천이 없다고 가르치지만 그건 위선이다. 귀천이 극명하게 드러나는 것이 직업이며 노동이 동반되는 것은 누구나 힘들어한다. 힘들고 천한 일일수록 희화는 안 될 말이다. 출연자들은 다른 노동과 다른 직업의 체험을 앞세우지만 노동의 수익과 효율은 매우 낮다(출연자들이 일한 것보다 많은 일당을 받았다면 그것 또한 비효율이다). 차라리 유명인의 직업과 능력을 살려 불우이웃돕기를 한다면 훨씬 효과적일 것이다. 유명 연사는 유료 강연회, 연예인이라면 유료 공연으로 수익금을 모은다면 훨씬 많은 액수를 모을 수 있을 것이다(그럼 재미가 없다고? 아니지. 강연회나 공연을 재밌게 하면 되지). 그 자체가 프로그램의 내용이 되니 진정성은 '떼놓은 당상' 아닌가. 만약 체험노동을 통한 모금 방법을 꼭 원하는 출연자라면 그리 할 일이다. 불우이웃돕기에도 다양한 방법이 있다는 것을 보여주는 것, 그것이 더 의미 있지 않을까.

숲의 생리가 다양한 것을 모든 일의 구성에 참고하면 좋겠지만 화려해 보이는 세상은 점점 뻣뻣하게 굳은 나무를 닮아간다. 어찌 그것이 방송에만 그칠까. 보이는 것들의 겉만을 중시하는 게 요즘의 풍조다. 이상하다.

세상은 문화의 시대니 다양성의 시대니 하면서도 의식은 점점 엉뚱하게 낮아지고 있다. 녹지 공간을 만들 때 옮겨 심는 나무는 뿌리가 내릴 때까지 흔들리지 않게 버팀목을 받친다. 큰 나무일수록 버팀목이 커야 안전하다. 그런데 아기 팔뚝만큼 가느다란 나무를 심어놓고는 어른 장딴지만한 버팀목을 세우는 경우가 많다. 배보다 배꼽이 큰 경우다. 그렇게 버팀목을 세우는 곳은 필시 조경 공사도 '눈 가리고 아웅하듯' 형식적이라 버팀목이 제대로 서 있지도 않다. 바람이 불 때마다 흔들리는 어린나무가 넘어진 버팀목의 무게까지 감당하느라 진땀을 흘린다. 5년생 나무 심어놓고 10년생 나무 베어다 버팀목으로 쓰다니 참 알다가도 모를 일이다.

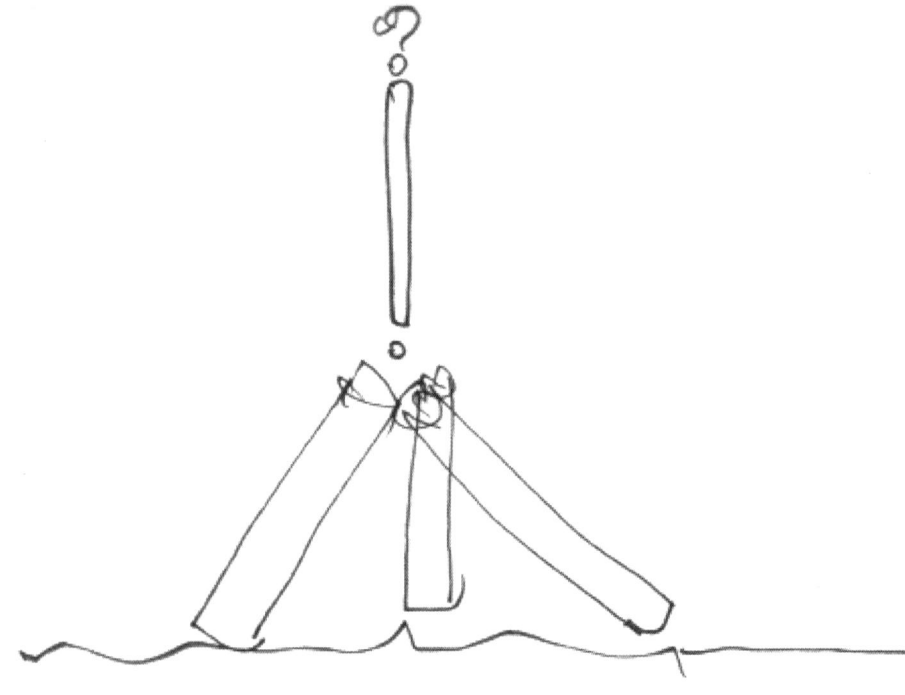

세상에 진짜보다 더 진짜 같은 것을 꼽으라면 단연 조화일 것이다. 생화를 모방한 조화는 예부터 있었다. 조화는 가짜 꽃을 이르는 말이지만, 비슷한 경우로 나무·풀·돌 등을 모방한 모조품 만들기는 전시산업의 중요한 분야이기도 하다. 필요한 공간에 조화를 설치하면 장식 효과에 비해 관리의 부담이 적다는 것이 최대의 매력이다. 살아 있는 것과 달리 물 안 줘도 말라죽을 우려가 없고 분갈이할 필요도 없다. 언제든지 이동, 재설치도 가능하고 수명도 오래 간다. 하지만 종류와 형태에 따라 그 가격이 만만치 않다. 작은 화병에 꽃 몇 송이 꽂는 것이야 푼돈이지만 대형 조화의 가격은 의외로 비싸다. 시장의 거래는 늘 싼 것은 비지떡의 함정이 있고 비싼 것은 폭리의 위험성이 따른다. 값 비싼 대형 조화는 제작의 부도덕성이 추가된다. 멋있는 진짜 나무를 잘라 조화의 뼈대로 쓰는 수가 많다. 병들어 죽은 나무를 곱게 말리고 보관하다가 쓰는 일은 드물다. 주로 세부모사 제작이 복잡하거나 큰 줄기를 세우기가 어려우면 생목을 잘라 쓴다(생산성이니 경제성이니 하는 말은 부도덕한 제작업자도 쓸 것이다). 소나무로 예를 들면 두꺼운 껍질이 겹쳐져 트고 휘어진, 굵고 나이 먹은 줄기는 진짜 소나무이고 솔잎과 가는 줄기는 조화라는 말이다. 아마 고가의 주문 제작이라면 더 희귀한 나무도 마다않고 자를 것이다. 한마디로 돈이 된다 하여 그리 하는 것인데 가짜 나무 만들려고 진짜 나무 죽이는 것이니 가히 이 시대 뭐든 만들면 된다는 무지함에 대적할 양식이 없다.

콘크리트 표면에 나뭇결 무늬를 그린 공원의 벤치나 파고라는 유치하기는 하지만 진짜 나무를 해치지는 않는다. 값싼 제품인데 그럴듯한 천연의 무늬를 새기는 것은 생활용품에선 흔한 일이다. 언뜻 천연 대리석인지 자연 목재인지 모를 정도로 정교한 벽지나 합판 가구도 주변에

널려 있다. 아마 소비자 입장에선 싸게 천연 재료의 분위기를 즐길 수 있다는 것이 최대의 매력이고 판매자 입장에선 그런 취향에 편승하여 돈을 벌 수 있으니 '누이 좋고 매부 좋은' 일일 수도 있겠다. 하지만 비닐로 만들면 비닐의 특성을 살리고 콘크리트로 만들면 콘크리트의 특성을 살려 디자인할 수 있는 방법이 얼마든지 있는 것이다. 철·유리도 쓰기에 따라 좋은 재료다. 꼭 나무나 대리석만이 좋은 것은 아니다.

고유한 재료의 물성을 활용하여 디자인하고 생산, 활용하는 것이 좋은 디자인의 출발이다. 아무리 인조 무늬 열심히 그리고 찍어봐야 명품이 되기는 애당초 그른 일이다. 좋은 디자인은 삶을 행복하게 한다. 나무 무늬 그려넣은 콘크리트 벤치를 보면 앉고 싶기는커녕 오히려 불쾌하다. 잘못된 디자인은 삶을 불쾌하게 만든다. 컴퓨터그래픽으로 근사하게 그린 상상의 숲을 배경으로 하는 상품 광고가 많다. 기업들도 숲의 이미지에 상품만 끼워 팔지 말고 숲 만들기에 나섰으면 좋겠다. 좋은 숲은 사회를 행복하게 할 것이므로.

숲은 옷을 갈아입지 않는다

　초등학교 때 배우는 동요 속의 금강산은 "~철 따라 고운 옷 갈아입는"다. 철 따라 갈아입는 고운 옷은 그야말로 볼수록 아름답고 신기하다. 금강산을 절경으로 만드는 것 중 하나는 바로 단풍이다. 금강산의 가을 이름인 풍악은 단풍든 산을 뜻한다. 어디 금강뿐이랴. 모든 산이 가을엔 단풍 산이 되니 신기하고 아름답다.
　가을철 단풍 고운 산을 놓고 주변의 지인이 엄청난 과장법으로 예찬했다. 그 말은 내가 지금껏 들은 자연 예찬 중에 최고의 과장이었는데 얼마나 감동적인지 지금까지 믿고 있다. 아니 계속 믿고 싶다.

　"어느 가을, 단풍을 찍으러 촬영 장비 한 짐 갖추어 설악산엘 갔다. 새벽부터 촬영하려고 산 속에서 밤을 지새웠다. 이윽고 동이 트기 시작했다. 장관이었다. 미치도록 아름다웠다. 처음 보는 장면의 연속이었다. 빛은 점점 밝아지고 단풍은 점점 붉어졌다. 햇빛과 단풍이 시시각각 춤추며 색깔이 변하는데 그 속도가 너무 빨랐다. 1초도 길게 느껴졌다. 단풍의 색은 1초 동안에도 무수히 변하고 있었다. 새벽부터 아침 지나 저녁까지 어찌나 다채로운지 같은 장면이 한순간도 없었다. 그 변화무쌍

한 단풍의 바다에서 도저히 헤어나올 수 없었다. 순간 순간 이어지는 미세한 변화를 지켜보느라 단풍에서 눈을 떼지 못했다. 그렇게 변하는 단풍을 보는 게 얼마나 바쁘고 숨찬지 셔터를 누를 틈이 없었다. 결국 한 장의 사진도 찍질 못했다."

꽃이 화훼의 전체가 아니지만 눈길을 사로잡듯, 단풍도 나무의 전부가 아니지만 마음을 사로잡는다. 단풍의 색채가 인상적이기 때문이다. 인상적이란 말은 이미지에 치우친 표현, 즉 사람 중심적 시선이다. 사람 입장에서 보고 있다는 말이다. 그러나 나무 입장에서 보면 단풍은 외양을 잘 보이려고 옷을 갈아입는 것이 아니라 그저 나무가 살아가는 과정의 한 양태일 뿐이다. 아무 일도 아니게 그저 겨울나기를 위해 물기 말리고 잎 지우는 것뿐이다. 나무는 덤덤한데 단풍에 끌린 사람들이 수선스럽다.

어디 단풍뿐이랴. 세상 모든 일이 인상에 끌리고 치우치는 일이 많다. '이미지의 시대'라는 말이 모든 것을 함축하고 있다. 이미지란 보이는 것과 보이지 않는 것을 두루 아우르는 의미지만 단순하게 이해하는 방향으로 쏠리는 대중적 인식을 어쩔 수가 없다. 그러다보니 이미지란 보이는 것으로, 보이는 것은 영상 또는 그림이라고 한정적으로 이해한다.

숲도 한정적 이미지에 끌려다니기 일쑤다. 멀리서 보는 숲은 평화롭지만 숲의 생태계는 먹이사슬의 전쟁터에 다름아니고, 사진으로 보는 숲은 눕고 싶을 정도로 안락하지만 실제의 숲에선 맨살은커녕 옷을 입고도 거칠고 불편하다. 울창한 숲에 빗살처럼 스며드는 달빛은 그림처럼 환상적이지만 실제 어둠으로 덮인 숲은 공포와 위험으로 가득하다.

우리 사는 도시도 그렇다. 항공 사진으로 보는 도시는 근사하게 구성된 회화작품을 연상시키지만 실제 삶의 도시는 예술과는 거리가 먼 동물적 생존의 싸움터다. 도시를 소개하는 천연색 사진 속의 가로 풍경은 멋들어지지만 건물 뒤편 골목엔 습기와 굶주림의 절규가 흐른다.

시각적 이미지는 한 장면으로 모든 걸 보여주기도 하지만 한 장면으로 모든 걸 감추기도 한다. 이미지는 한마디로 믿을 게 못 된다. 이미지와 실상 사이의 오해를 좁히는—이해를 넓히는—방법은 매우 간단하다. 여러 방향에서 보는 것이다.

나무를 그리라면 대체로 서 있는 모습을 그린다. 세로 선 줄기에 좌우로 뻗친 나뭇가지 모습이 전형적 나무 그림이다. 집을 그리라면 사각형 벽면에 창문 하나 그리고 박공 지붕이 올라간다.

사람을 나타낼 때도 서 있는 모습을 가장 많이 그린다. 들어가면 다 쭈그리고 앉는 화장실의 이미지도 서 있는 사람으로 나타낸다. 뭐든 서 있는 모습이 가장 일반적이고 상징적이다. 하지만 그것이 전체를 보여주진 않는다.

나무는 옆에서 보는 것보다 밑에서 위로 올려다볼 때 줄기와 가지의 연결과 생김이 잘 드러나고 높은 곳에서 내려다보면 서 있는 모습과 전혀 다르게 보인다. 나무 전체를 볼라치면 위와 아래, 사방에서 이리저리 본 뒤에나 가능한 일이다.

건축물도 마찬가지. 속을 살펴야 하건만 우리는 대체로 건축물의 정면만을 본다. 그래서 많은 건물들은 정면에 엄청난 힘을 준다. 온갖 상징·장식·의미를 정면에 쏟아붓는다. 그러다보니 앞은 욕망의 과잉인데 뒷면은 의지의 결핍으로 어딘가 모르게 어색하다. 그런 건물을 보면 마치 앞만 멀쩡하고 뒤편 가지는 생육이 부실한 나무 같아서 씁쓸하다.

가을은 단풍의 계절. 단풍 구경하면 주마간산이 떠오른다. 산 전체가 물들고 계곡과 능선에 색이 흐르는 장관은 멀리서 보는 맛이 좋다. 멀리서 넓게 많이, 편하게 보려니 주마간산이 적당하다. 말(자동차) 타고 달리며 산하를 훑자니 막상 풍경의 깊은 속을 보지 못한다. 빠르게 스치며 보는 장면은 늘 한 면만을 보게 된다. 단풍을 찾든 관광을 가든 주마간산이 별난 형식으로 자리잡는 것 같다. 오래된 역사 도시도 멀리서만 보고, 훌륭한 건축물도 겉만 본다.

역사가 깊은 도시를 살피려면 눌러 머물지는 못해도 최소한 천천히 걸어야 한다. 길 따라 담 따라 골목 좇아 걷고 마당에선 서성이며 잠시 숨을 고르고 멈추어야 한다. 흘러간 시간이 공간에 녹아 있는 도시에선 걸음도 생각도 느려야 한다. 그래야 느낌이 온다. 깊은 배경을 뛰면서 느낄 수는 없으니 말이다.

역사 없는 신도시는 어떨까. 신도시도 구경하려면 걸어야 제맛이다. 하지만 옛 도시와 신도시는 도시 구성과 구조가 많이 다르다. 발로 걷기보다는 자동차로 이동하기 편하게 만든다. 자동차 중심의 신도시를 걷는다는 것은 힘들고 피곤한 일이다. 걷기에 좋은 길은 골목길인데 신도시엔 좁은 골목의 지저귐 대신 자동차를 위한 큰길의 소음이 지배한다. 길이 넓으니 속도도 빠르다. 빠른 속도에 맞추어 걷기는 어려운 일이다. 신도시를 구경하는 방식엔 주마간산이 적당할지 모르겠다.

어디를 가든 구경거리의 절반은 건축물이다. 산에 가면 절집이 있고 도시에 가면 궁궐이 눈에 띠는데 그 또한 건축물이다. 해외도 마찬가지여서 유명한 관광지는 유명한 건축물이 중심이다. 그런 곳엘 가면 무조건 건축물 안에 들어가보는 것이 좋은 구경 방법이다. 전문가들은 공개하지 않는 경우도 양해를 구해 가능한 내부 공간을 살펴보려 한다. 내부 공간을 보지 않고 겉만 보고서는 어떤 건축의 형태와 공간을 올바로 이해할 수 없기 때문이다. 내부 공간을 감상하려면 속도는 더욱 느리고 시간은 더디 간다.

빛과 관계하는 모든 것을 제대로 느끼려면 자연의 속도와 시간에 따라야 한다. 해 뜨고 지는 동안에 시시각각 밝기와 방향이 다르니 같은 장소와 공간도 다른 풍광을 연출한다. 아, 풍광이란 바람과 빛이 아니던가.

물든 빛이 질까봐 인간의 시간에 맞추어 서두르는 단풍놀이는, 주마간산의 유혹으로 산과 숲의 겉만 보고 속을 놓치는 일은 아닐까 하는 아쉬움이 드는 것이다. 산과 숲 같은 자연 풍경에는 해찰하며 봐도 좋을 은밀한 내면이 많은데 말이다.

주마간산보다 더 바쁜 도시에 사는 사람들을 위해 이런 장소를 한군데 만들면 어떨까. 자동차를 타고 들어가는 도심 속 단풍 숲 말이다. 자동차 타고 영화 보고, 자동차 탄 채로 음식 사는 드라이브인 시대이니 단풍놀이도 도시에서 드라이브인 방식으로 즐기면 어떨까. 이왕 만들 드라이브인 단풍 숲이라면 도시의 상징이 될 수 있을 만큼 넓으면 좋겠다. 위치는 도심 중에서도 중심! 도시 계획적 측면에선 도시의 중심을 텅 비운다는 것은 낯선 일이다. 그냥 비우는 게 아니라 숲으로 채우는 것이니 파격이다. 그 도시의 모든 가로수는 단풍나무 종류로 심고, 시의 상징 나무도 단풍나무로 하자. 단풍나무 말고도 홍단풍·중국단풍·당단풍·신나무·고로쇠나무·시닥나무·복자기 등 각종 단풍드는 나무를 심으면 어떤가. 각종 상점의 옥호도 가을이나 단풍을 연상시키는 것으로 연계시키면 그야말로 단풍의 이미지를 종합적으로 활용하는 것이리라.

가을철에 단풍이 좋은 숲은 여름엔 그늘이 좋은 법이니 평소엔 시민들의 휴식처로도 좋을 것이다. 도시의 중심이 휴식 장소인 도시. 봄에 벚꽃 축제 여는 도시가 있듯이 가을에 단풍 축제 열리는 도시 하나쯤 있으면 어떨까. 도시의 중심에서 축제가 열리는 도시. 아, 단풍 숲을 중심에 품은 도시!

그런 숲 중심 도시가 만들어진다면 입구에 시민들 스스로 이런 현수막을 걸지 않을까.

'숲은 자동차를 싫어하니 걸어 다닙시다!'

숲에는 거품이 없다

해마다 돌아오는 연말연시와 명절에는 짝을 이루는 언론 보도가 있다. 교통 체증 소식과 상품 과대포장 고발이 그것이다.

명절에 고속도로가 막히는 일은 몇십 년 동안의 반복 현상인데 해마다 당국은 별 대책도 없고 방송은 그저 막히는 상황을 중계하느라 바쁘다. 길을 넓혀봤자 차가 불어나니 늘 그 타령이다. 교통 대책은 실시간 중계방송으로는 해결이 되지 않을 사회적 문제임이 분명하지만 그때만 요란할 뿐 명절 지나면 바로 잊는다. 차량 정체 행렬이 금방 풀리면 오히려 이상할 지경이다. 정체의 거품이 사라지면 잊어버린다.

고향을 찾는 행렬 속에 선물 꾸러미가 가득하다. 너도 나도 들고 가는 선물 세트에도 해마다 되풀이 지적되는 거품 현상의 문제가 숨어 있다. 선물 세트의 과대포장! 상품의 과대포장은 시장에 늘 있는 문제지만 명절대목이 되면 더 극성을 떤다. 과대포장은 단순한 상술의 문제를 넘어 여러 사회적 문제를 야기하기에 '제품의 포장 방법 및 포장재의 재질 등의 기준에 관한 규칙'이 환경부령으로 마련되어 있다.

최근 보도에 의하면 주류·의약외품·화장품·선물 세트 등을 조사한 결과 조사 대상의 80%를 넘는 대부분 제품이 포장 공간의 기준을 크게 위반하고 있다 한다. 말하자면 내용보다 근사하게 보이려고 보이지 않는 상자 속 공간을 키워 그럴듯하게 포장했다는 말이다. 경제에만 거품이 있는 것이 아니라 포장에도 거품이 있다. 과대포장은 그야말로 거품을 포장한 것이다. 과대포장은 상품을 팔아 생기는 이익은 생산자가 갖지만 여러가지 부작용을 사회가 떠안아야 한다는 문제를 낳는다. 과대포장은 쓰레기 처리와 환경 문제에도 과도한 부담을 유발시킨다. 결국 지나친 상품 포장은 쓰레기를 많이 만드는 원흉임에도 그것이 고쳐지질 않는다.

과대포장 문제를 고칠 수 있는 방법은 단 한가지밖에 없다. 소비자가 과대포장 제품을 사지 않는 것! 과대포장이 팔리지 않으면 어떤 생산자가 과대포장을 하겠는가 말이다. 말하자면 소비자의 현명한 선택이 과대포장 풍조를 없애는 유일한 방법인데 아, 그것은 참으로 요원한 희망사항이다. 상품이 많이 팔리기를 기대하는 생산자의 속셈만큼 소비자도 과대포장을 원하는 것은 아닐까. 선물을 전할 때 내용의 실속보다는 포장의 과장이 더 선호되는데 어찌 과대포장이 사라지겠는가. 과대포장의 원인은 바로 거품을 찾는 소비자에게 있는 것이다.

모든 상품·제품·물품·용품의 포장을 잘하는 것은 매우 중요한 일이다. 포장의 첫째 기능은 내용물을 보호하는 것이다. 내용물이 귀할수록 포장은 더욱 충실한 기능을 필요로 한다. 비싼 내용물이 훼손되면 큰일이니 말이다. 포장이란 속보다 겉을 먼저 보게 되니 이왕이면 창덕궁이라고 눈에 끌리는 것을 어쩔 수가 없다. 그래서 패키지 디자인은 자본주의 시장의 꽃 중의 꽃이라 할만하다. 꽃이 그 화려함으로 눈길을 잡듯 패키지 디자인도 보는 순간에 고객의 눈을 끌기 위해 혈안이다. 무수한 상품의 밀림에서 살아남으려니 거품포장도 마다하지 않는 것이다. 차분한 디자인 가지고는 눈길을 잡을 수 없다는 강박관념이 거품을 낳는 것이다. 한마디로 과대포장은 거품포장으로 눈속임하는 것이고 디자인은 그 하수인으로 전락하는 것이다. 말도 되지 않는 정치 선전용 선거공약도 일종의 과대포장이고, 부실한 내용으로 부풀려 만드는 행사나 방송 프로그램도 일종의 과대포장이다. 이 사회 전체가 온통 거품의 허례와 허식으로 채워져 있다. 그럴 때마다 나는 숲이 떠오른다.

숲은 거품 없이 솔직하니 마음이 편하다. 나무 한 그루 풀 한 포기도 과장된 가짜가 없고 온갖 열매와 껍질의 관계에도 이유 없는 과장이 없다. 숲에 있는 것은 다 이유가 있다. 숲은 그야말로 솔직한 디자인의 보물창고다. 세상의 모든 디자인은 이유에서 출발한다. 이유 없는 디자인은 어딘가 신통치 않다. 오랫동안 사랑받는 좋은 디자인을 가만히 보면 다 명쾌한 이유가 보인다. 디자인 과정에서 보이지 않는 근원적 이유를 찾아내서 디자인의 근거로 삼고 발전시킨 것들이 좋은 평판을 듣는 것이다. 디자인은 이유다!

숲을 걸으며 살펴보자. 계곡과 물줄기도 다 이유가 있다. 물은 높은 데서 낮은 곳으로 흐른다는 지극히 당연한 물리적 이유와, 바위·돌·자갈·모래·흙의 단단하고 푸석한 성질을 따라 흐르면서 계곡의 생김에 영향을 준다. 가만히 보라. 어디 거꾸로 오르는 폭포가 있는가. 그렇게 물리적 성질과 흐름을 살피고 디자인한다면 과대포장은 아예 없을 것이다.

산골마을에 길 넓혀 포장하고 하천은 곧게 펴 둑을 쌓았는데, 그만 장마철에 큰물이 들어 다 쓸려가고 말았다. 황폐하게 변한 모습을 보고 마을 어르신이 '예전 물길대로 복원됐다'고 했다는 얘기를 들은 적 있다. 수백 년 계속된 자연의 물 흐름을 섬세하게 고려하지 않고 만든 새 물길이 결국 이유 없는 것이었음을 보여주는 일화다.

사람 발길이 잦으면 오솔길이 넓어지는 것을 어쩔 수 없다. 사람들은 산길마저 편한 길을 좋아하지만 산이나 숲의 오솔길은 좁고 불편해야 자연의 이유를 존중하는 것인데 반대로 등산객들의 편의를 위해 일부러 길을 넓히고 계단을 놓기도 한다. 걷는 데 방해가 된다고 멀쩡한 나무 베고 바위를 들어낸다. 마치 도시의 도로 공사 하듯이 산길을 만든다. 산에도 이러저런 이유로 길이 필요하지만 산길·숲길은 자연 속에 있는 길이라는 근본적 인식이 있어야 한다.

등산객이 많다고 길 넓히는 관점은 자연 보호는커녕 자연 관리의 근본이 틀린 것이다. 산길이 넓어지면 자꾸 좁히는 공사를 해야 하고, 사람 발길로 능선 길 옆의 나무가 죽으면 오히려 더 심고, 흙이 패이면 돋우고 자꾸자꾸 원형에 가깝게 관리해야 한다. 좁은 길에 등산객이 몰려오기 불편하다는 이유로 산길을 넓히는데, 그 정도의 참을성도 없는 사람들이라면 아예 산에 가질 말아야한다.

울퉁불퉁한 산길은 불편한 것이 아니라 자연스러운 것이다. 그것을 즐길 생각은 않고 자꾸 파괴해서 편하게 만들려는 생각 또한 과대포장이나 억지 디자인의 모습과 비슷하다.

숲에 있는 모든 것은 다 자연스런 이유가 있다. 휘어진 나무도 벼랑 위의 바위도 다 자연스런 이유가 있다. 휘어지는 것과 부러지는 것도 다 자연스런 이유가 있다. 이유가 자연스러우니 결과도 자연스럽다. 더하

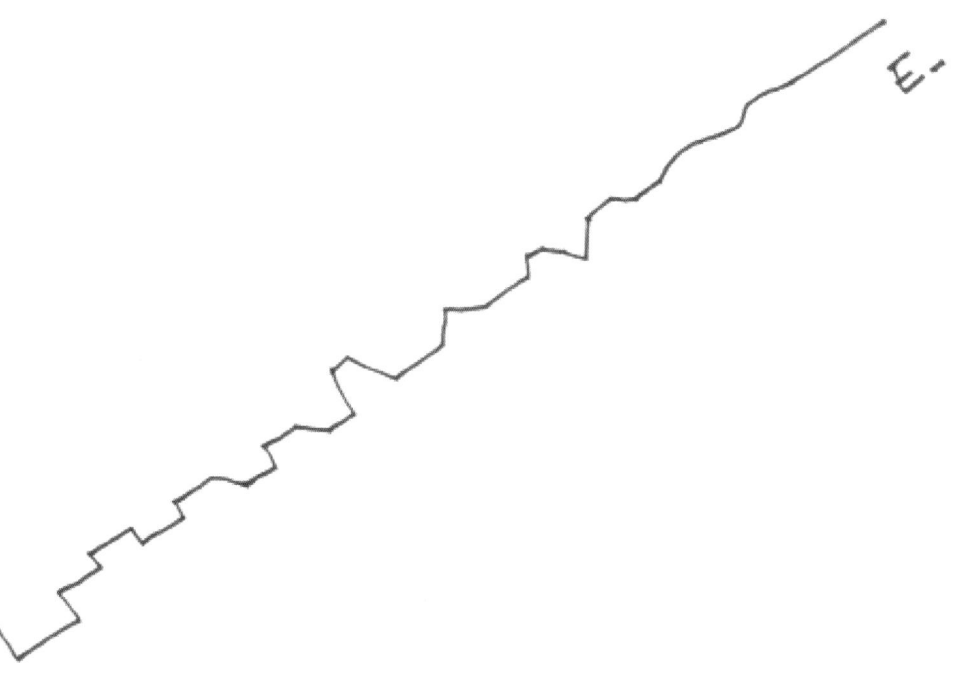

고 뺄 것이 자연 스스로에는 없는 것이다. 존재 자체가 이유이며 이유 자체가 존재다. 숲에 한 가지 없는 게 있으니 그것은 과대포장이다. 과대포장은 눈속임인 동시에 자연스런 이유가 없다는 것이다. 자연스런 이유가 없으니 모든 게 억지다. 내용보다 크게 보이려니 상자도 커지고, 내용보다 화려하게 보이려니 쓸데없는 돈이 더 들어가고, 내용보다 세련되게 보이려니 요상한 형태의 디자인이 된다. 디자인은 껍데기만 다루는 것이 아닌데도 과대한 욕망은 껍데기에 치중한다. 숲에는 그런 과대한 허식과 허위가 없다.

권한다. 정치인들은 숲으로 가라! 숲에 가서 배워라. 허위와 가식이 숲에 없음을 배워라. 그리고 실천하라.

디자이너들은 숲으로 가라! 숲을 관찰하며 살피라. 모든 사물과 현상에 이유 있음을 배워라. 이유 없이 멋있다고 우기며 개념이 다르다는 억지 주장이 디자인이 아님을 알게 될 것이니.

종교인들은 숲으로 가라! 숲에 살며 느껴라. 하찮은 것들이 두루 어울려 이루는 다양성 속에 독선이 없음을 배우고 실천하라.

예술가들은 숲으로 가라! 예술의 원천인 자연을 배우기엔 숲이 적절하고, 창의를 품는다면 숲을 살펴보고 숲에 없는 것을 꿈꾸라.

경제인들은 숲으로 가라! 숲의 재화적 가치만 따지지 말고 숲이 일구어내는 그 공동성의 어울림을 관찰하라. 독점 아닌 어울림의 경제를 시장에서 펼칠 수는 없을까를 궁리하라.

세상을 말하는 모든 사람들이여 숲으로 가라. 가서 숲의 상생을 배워라. 우리 모두 숲으로 가자. 아낌없이 가르쳐주는 숲으로 가자. 거품 없는 숲으로 가자.

아, 나부터 숲으로 가야겠다. 가서 숲에서 배우기 전에 우선 천천히 걸으며 내 안의 미움과 화부터 녹여야겠다.

숲에선 맞춤법이 틀려도 즐겁다

우리 동네 뒷산은 낮지만 제법 넓어 몇 시간 땀 빼며 걸을 만하다. 거친 바위나 절벽도 없이 젖무덤처럼 부드러운 흙이라 어린아이부터 노인들까지 걷기에 좋다. 산마루가 10층 아파트에서 내려다보이니 해발 얼마라고 부르기도 민망한데 동네 초등학교와 중학교 교가 앞엔 어김없이 정기어린 무슨 산이라는 구절이 들어가 있다. 아이들이 커서 그 산을 걷는다면 이런 산에 무슨 정기가 어릴까 투덜대기 십상인 낮은 산이다. 산세는 볼품없지만 그래도 산이라고 계곡과 능선에 이름이 붙어 있다. 예비군훈련헬기장·철조망길 같은 요즘 명칭도 있지만, 항아리약수터·절골약수터·능고개길같이 나이 먹은 지명도 있다. 사람들이 산을 다니면 길도 새로 나고 이름도 새로 붙는다.

그 중 한 곳 약수터 풍경. 맑은 물 받는 한편에 배드민턴 칠 수 있는 평평한 마당이 있고 거기에 운동기구 몇 가지가 있다. 허리 대고 누웠다 일어서는 고전적 운동을 위해 세워 묻은 폐타이어가 있고 그 옆엔 녹슨 철봉과 쇠파이프에 끼워진 콘크리트 역기도 몇 개 있다. 신통치 않은 기구들이지만 명필이 붓 탓하지 않듯 열심히 운동하는 이들이 많다. 더구나 그곳은 갈 때마다 늘 비질이 되어 있다. 누가 여길 항상 깨끗하게 쓸고 관리하는 것일까. 부서져가는 벤치에 앉아 쉬는데 써 붙인 글귀가 눈에 들어왔다(아주 느긋하게 약수터에서 쉬듯이 읽어야 맛이 난다).

案內文

저 드높은푸른하늘아래 청산/은 말이없다/등산인여러분 급수하는여러분치/산치수治山治水하여 요산요수를/만들어야 하겠읍니다/아침안개를 가르며 등산하다 보면/눈을 찌프리게하는 버려진 쓰레기/코를 찌르는 악취가 자연을 파괴/하고 있읍니다/여러분 혹시 취사를 하거나 음주를/하였을 경우 한톨의 오물이라도 수거/하여 가지고 가시기 바랍니다/우리모두가 스스로 자연을 사랑할/때 새들의 노래소리를 들을수 있으/며 모두가 건강한 삶을 하리라 믿/읍니다 백년약수회

아, 그렇구나! 약수터를 새벽같이 소제하는 이들이 백년약수회 사람들이었구나. 다른 글귀도 보인다.

알림/본약수(옹달샘)은 1985년도에 백년약수회원님들이 개/발한 약수터로서 현재까지 지속 적으로 운영 관리 및 보전/해 왔읍니다 그동안 회원은 물론 약수터를 사랑하시는/여러분께서도 많은 후원과 협조해 주시어 진심/으로 감사 드립니다 약수터 내에 운동기구/도 많이 시설 하였는바많은 이용해 주시고/주위 환경에도많은 협조와 애호 해주시기 바/랍니다 대단히 감사 합니다/2006년5월15일 百年藥水會員一同

물 한모금 마시며 한번 더 둘러본다. 이번엔 표어가 보인다.

'자기 쓰레기는 자기가 가지고 갑시다' '문화인은 문화인답게 백년약수터를 깨끝이'

흰색 바탕에 검정색 페인트로 한자 한자 공들여 써놓은 문장들. 맞춤법은 맞지 않고 띄어쓰기도 틀렸지만 글씨만은 정성이 넘친다. 정성들인 글자 앞에 틀린 철자가 대수랴. '믿습' 아니고 '밌음'이면 어떻고, '바랍' 아니고 '바람'이면 어떤가. 또 '깨끗하지' 않고 '깨끝하면' 어떤가. 틀리게 쓴 '바람니다'에서 신선한 바람이 일고, '깨끝이'에선 깨끗함의 끝을 보는 것 같아 오히려 한 편의 시를 읽는 듯하다. 올바른 맞춤법에 무성의한 글씨보다 오히려 틀린 철자를 정성들여 쓴 약수터 안내문에서 더 큰 호소력을 느낀다. 역시 문장의 전달 효과는 미사여구보다는 진심과 정성이 최고다. 참됨이 어디 글쓰기에만 통하랴. 필시 숲 가꾸기도 그러할 게다.

'밌음'과 '깨끝'의 '바람'이 이는 약수터 안내문을 읽고는 덤덤하던 동네 뒷산이 새롭게 보였다. 책장 한구석에 박혀 있던 낡은 시집을 오랜만에 꺼내 읽을 때, 같은 활자가 새로운 느낌으로 다가오는 것처럼.

지금 시대는 활자의 몰락을 우려한다. 세상에 넘치는 미디어는 화려한 영상 위주로 펼쳐지니 볼거리 없는 읽을거리는 관심을 끌지 못한다. 활자로만 가득찬 책을 많이 찾지 않는다. 답답한 활자보다는 시원한 그림을 좇는 탓이다. 신문에서 교재까지, 오락에서 교양까지 그림이 넘친다. 음식 이야기도 역사 이야기도 그림을 곁들여 쉽게 풀고, 심지어 철학도 재미를 앞세워 쉽게 그리고 풀어야 읽는다. 이미지 시대 운운하며 모든 것을 볼거리 위주로 전개하는 시장의 소비 흐름이 그런 것이다. 그

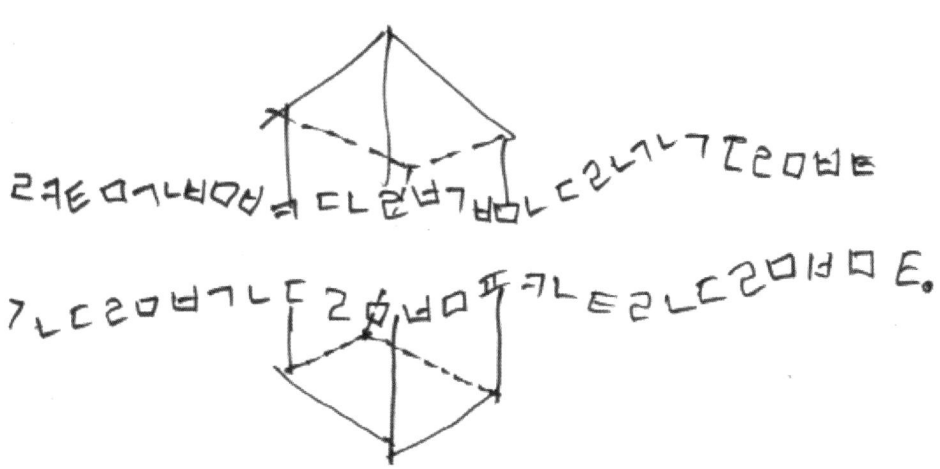

숲의 둘레

런 경향은 자연을 대상으로 하는 분야까지 영향을 미친다. 사람들이 많이 찾는 테마파크·동물원·수족관·수목원·식물원 등도 소위 예쁘게 꾸미고 사진 찍을 장면이 많은 곳들이 인기를 끈다. 하지만 사람들이 많이 찾는 테마파크에 마음 속에 새길 만한 테마가 있는지, 입장료 내고 들어가는 유명한 수목원이나 식물원이 생태적·교육적으로 얼마나 유익한지는 의문스럽다. 더구나 구경하는 사람을 위해 만든 볼거리가 울타리 속의 동물과 식물을 얼마나 위하는 것인지는 더더욱 의심스럽다.

볼거리를 만드는 일은 한마디로 쇼다. 쇼를 보러 사람들이 많이 모여드는 곳은 경기장·공연장 등이다. 모두 새로운 '쇼'를 보여주는 곳이다. 쇼가 쇼를 위한 장소에 있는 것은 자연스런 일이지만 일상이 쇼가 된다면 정신이 없다. 하지만 요즘 세상은 온통 쇼를 위한 난장이다. 오죽하면 '쇼를 하라'는 광고가 '생쑈'를 외치며 광고계를 평정했겠는가.

공연장은 늘 새로운 쇼를 보여주는 공연자가 있고, 경기장은 늘 새로운 기록에 도전하는 선수가 있다. 기록은 깨지고 스타는 사라지기에 존재한다. 모든 새로움은 충격이지만 어떤 문화적 쇼크도 영원한 것은 없다. 사라진다는 것이야말로 새로운 것이다.

세계박람회는 모든 산업과 기술이 망라된 쇼의 종합선물 세트다. 굵직한 산업적 이벤트는 모두 세계박람회를 통해 선보였다. 1851년 런던 수정궁에선 19세기 모터쇼가 열렸는데 주 전시는 마차였고 주목할 것은 오늘날의 '쇼 케이스'가 그때 선보였다. 1876년 필라델피아에선 '전화기'가 등장했고, 1889년 파리에선 건축 기술의 구조적 개가를 이룬 '에펠탑'과 함께 에디슨의 '전등'이 박람회장을 환하게 밝혔다. 방마다 있는 'TV'는 1939년 뉴욕에서 나일론 플라스틱과 함께 세상에 나왔다.

'입체영상'이 세상에 나온 것은 1965년 뉴욕에서다. 위와 같이 박람회는 한마디로 기술과 산업을 앞세워 국가의 생산력을 자랑하는 쇼의 역사다. 보라! 쇼 케이스·전화기·전등·TV, 입체영상으로 이어지는 쇼의 행진을! 세계박람회는 20세기 말까지도 글로벌 기업이 주도하는 소비촉진의 경연장이었다. 장사를 위해 기획된 세계적 난장이다. 그랬던 세계박람회의 경향이 바뀌고 있다.

2000년 하노버의 주제는 '새 천년의 인간과 기술, 자연과의 조화로운 삶을 통해 새로운 시대를 준비'하는 것이었고, 2005년 아이치의 주제는 '자연의 예지'였다. 2010년 상하이에선 '더 좋은 도시, 더 나은 생활'의 주제 속에 환경과 지속 가능한 미래를 위한 각국의 불꽃 튀는 아이디어가 전개되었다. 이는 엑스포의 관심사가 인류의 미래에 주목하고 있음을 보여주는 것이다. 지역·국가·기업 단위의 이익 추구에서 인류 공통의 숙제를 해결하며 인간과 지구의 미래 환경을 함께 고민하는 것이 공동의 가치라는 의식의 전환을 보여준다는 말이다. 그럴 때 쇼의 연출은 어떠할까. 지금까지의 무조건적 소비 지향에 초점이 맞춰진 불순한 깜짝쇼는 더이상 흥미를 끌지 못할 것이 분명하다. 앞서 말한 인류 공통의 미래와 가치를 존중하는 산업만이 환영받을 것이기 때문이다. 그런 엑스포야말로 인류의 축제다. 이제 엑스포란 쇼도 변하고 있다.

깜짝쇼를 찾는 마음으로 동네 뒷산을 볼 땐 시원찮더니 그 눈을 감으니 다시 보인다. 아, 동네 뒷산에 웬 나무 종류가 그리 많은가. 아는 나무 하나에 모를 나무 열이구나. 움트고 잎 지는 사철 다르고 지형마저 세심한데, 무심한 눈길엔 같은 날들로 보였다니.

이제 숲을 보는 시각을 바꿔보자. 숲 가꾸기는 쇼가 아니다. 쇼가 없는 숲을 사랑하자. 숲에 가는 것이 일상이라면 숲 가꾸기도 일상이어야 한다. 심심한 활자 책을 읽는 것처럼 볼거리 없는 숲을 사랑하자. 스타-근사한 나무, 오래된 나무, 희귀한 나무, 기암절벽, 볼거리 등-없는 숲을 사랑하자. 시원치 않은 숲이 무성해질 때까지 사랑하자. 맞춤법 틀린 약수터 안내문을 살펴 읽듯이 삐딱하고 못생긴 나무와 볼품없는 숲부터 사랑하자. 미래를 위한 숲 가꾸기는 덤덤한 동네 뒷산부터 시작하자. 혼탁한 세상, '믾'을 것도 '깨끝'한 것도 숲뿐이다.

숲에서 숲을 잃다

몇 가지 반갑지 않은 소식을 보자.

유엔 기후변화위원회 보고서는 금세기말 지구 온난화의 영향으로 농지의 사막화, 물 부족, 녹는 빙하와 해수면 상승… 등 심각한 기후변화 현상을 예고했다. 그렇게 되면 지구상의 생명체들 대부분이 멸종의 위기에 처할 것이라고 발표했다. 아울러 그 원인은 '인간의 책임'임을 밝히고 있다.

환경부·기상연구소·국립산림과학원 등 연구기관들의 예측도 비슷하다. 여름철 불볕더위는 많은 사망자를 낼 것이고, 평균 강수량의 증가와 잦은 태풍·홍수 피해의 증가를 예고한다. 벼농사가 잘 되지 않음은 물론이고 소나무·잣나무·밤나무·자작나무 등도 우리 땅에선 살지 못할 것이라 한다.

언론은 생태계 대재앙이 온다고 보도했다.

환경부는 전국토의 생태적 가치와 자연 경관 가치를 종합평가하여 보전 가치를 살필 수 있도록 국토를 3등급으로 구분한 '생태 자연도'를 만들어 고시했다.

산·하천·습지·호수·농지·도시 등의 자연 환경을 생태적 가치, 자연적 가치, 경관적 가치로 따져서 등급화한 것인데 가장 우수한 자연을 보유한 지역이 1등급이다. 상대적으로 3등급 지역은 자연 환경이 좋지 않다는 것을 표시한 지도다.

'생태 자연도'에 따르면 1등급 권역은 나라 땅 넓이의 7.5%에 불과하고, 앞으로 보호 가치가 있는 2등급 권역은 39.2%, 개발 또는 이용의 대상이 되는 3등급 권역은 44.7%이다. 나머지 8.6%는 자연공원 등이다.

위의 결과를 놓고 언론은 국토의 절반 가까이가 생태보전 가치 면에서 낮은 평가를 받았다고 보도했다.

위의 소식들에는 생각할 점이 참 많다. 우리는 은연중 환경변화 문제를 한반도 중심으로 예측하지만 사실은 전 지구적 문제라는 것이다. 이제 환경문제는 국가별로 혼자서는 해결할 수 없는 시대에 돌입하고 있다. 이미 국가적 문제가 아닌 세계적 문제다. 세계적 문제란 세계화된 인식과 해법을 필요로 한다.

지금까지 '세계화'라는 말은 겉으로는 평화·자유·소통·공감을 의미하는 수식어로 써왔지만 속으로는 각 국가별로 경제적 이윤 추구나 문화적 수요 확장을 위해 사용해 왔다. 그것은 결국 돈을 더 벌기 위한 시장 확대와 같은 말이다. 세계를 판매시장으로 삼아 더 많이 팔아서 돈을 더 벌자는 욕망의 다른 이름이 세계화인 것이다. 욕망의 세계화는 서로 다른 국가와 문화끼리의 충돌을 피할 수 없다는 것이 본질이다. 그것이 바로 세계화의 덫이고 늪이다.

하지만 오늘의 세계적 현실은 어느 나라도 세계화를 피할 수 없다는 사실에 있다. 피할 수 없으면 즐기라는 말은 바로 욕망의 세계화 시대에 적절하다. 국가나 개인도 마찬가지. 이제 즐길 능력을 갖추지 못한 나라는 더욱더 세계화를 피할 수 없다. 결국 세계화의 물결에 떠밀려가거나 끌려가는 것이다.

경제적 분야로만 쏠린 세계화 흐름은 항상 경제대국이 유리한 법. 그것이 경제 위주의 세계화 시대의 큰 구도다.

하지만 환경문제는 다르다. 환경의 세계화가 우선되지 않으면 지구의 장래는 참담하다.

온실가스 감축을 위한 교토의정서에 서명하지 않은 대표적 국가인 미국과 중국은 이번 유엔 기후변화위원회의 보고서 발표를 반대하였다고 한다. 이런 경우가 대표적인 경제대국들의 환경에 대한 횡포인 것이다.

경제 세계화 시대의 맹점은 자국의 경제적 이익 앞에선 '정치가 과학을 누르는' 만행이 벌어진다는 것이다. 그러나 환경 세계화 시대가 이루어지면 모든 관심사 앞에 환경이 놓이게 된다.

세계가 환경 위기를 걱정하는 이때가 오히려 대한민국의 국가 위상을 높이는 기회일 수 있겠다는 것이, 내 생각이다. 부존자원이 빈약한 우리가 세계의 중심에 설 가능성은 바로 환경문제에 답이 있을 것이다. 앞으로는 경제대국보다는 환경대국이 더 호소력이 클 것이 분명하고, 국가적 위상이란 지금같이 경제 군사력으로 판단되는 것이 아니라 환경의 질, 결국 삶의 질로서 판단될 것이기 때문이다.

환경이 좋은 나라는 무슨 상품-단순한 기계제품에서 문화상품까지-을 만들어 팔든지 보이지 않는 프리미엄premium을 누린다. 환경이 좋으니 무엇을 만들어도 잘 만들 것이라는 이미지로 신뢰성을 높여주기 때문이다. 반대로 생각하면 우리의 국토 환경이 계속 오염되어 있는 한은, 아무리 뭘 만들어봐야 저급한 이미지를 벗어나기 어렵다는 말이기도 하다.

누구나 선호하는 선진국이란 결국 환경 선진국과 다르지 않고, 환경 선진국이란 결국 생산의 질이 높다는 것이다. 높은 가격의 명품이나 고부가 제품 아니면 특허 관련 아이디어를 비싸게 파는 국가들의 환경을 보면 이해가 빠르다.

외국인들이 코리아! 하면 언뜻 떠올리는 장면들은 일제의 식민지배를 받은 나라, 6·25전쟁, 5·16군사 쿠데타, 한강의 기적, 군사 독재, 서울 올림픽, 초고속 경제성장 국가, 외환 위기, 성수대교와 삼풍백화점 붕괴, 월드컵 4강… 등이다.

헐레벌떡 거친 숨이 느껴지는 현대사가 아니던가. 한마디로 개발을 향한, 아니 개발을 위한 질주였던 것이다.

대한민국의 환경은 도대체 어느 수준일까. 세계경제포럼이 발표한 각국의 환경지속성 지수를 보자. 환경의 질, 환경부하를 줄이는 노력에서 세계적으로 창피스런 꼴찌에서 몇 번째 나라가 대한민국이다. 생물다양성, 토양 보전, 대기·생태·수질, 천연자원 관리 등 평가 항목마다 최하위권이다. 결정적으로 환경과 관련된 자연 재해의 피해를 줄이려는 노력도 최하위권이라는 평가다. 열악한 환경에서 생산된 제품이 계속해서 수출이 될 것이란 생각은 심각한 우리만의 착각이다. 경제동물답게 말해야 들을 것 같으니, 우리 삶의 질을 높이기 위해서가 아니라 수출을 위한 국가 이미지를 위해서 좋은 환경을 만들어야 한다. 경제개발로 세계를 놀라게 했던 열정을 환경이라는 화두로 바꾸어 다시 한번 세계를 놀라게 하자는 것이다. 오염대국에서 환경대국으로, 환경 파괴를 반성하는 환경모범 대한민국! 이보다 더한 세계화가 어디 있으랴.

환경부의 '생태 자연도'를 보자.

국토의 거의 절반인 3등급 권역은 개발 또는 이용 가능 지역인데 엄밀히 말하면 이미 오염된 지역이거나 상가·공장·식당 등의 시설물을 짓기가 적당한 지역이다. 생태보전 가치가 없어 도시화될, 도시화된 지역이란 말이다. 그러니 3권역의 땅값이 가장 높다. 이상하지 않은가. 환경을 생각하면 푸르른 1권역이 가장 비싸야 하건만 현실은 삭막한 3권역이 훨씬 비싸다. 그러니 자꾸만 3등급 면적이 늘어나는 현상이 생긴다. 문제는 바로 그 점에 있다.

어떤 도시든 개발 가능한 3등급 토지로만 꽉 차 있다면 과연 재산 가치가 높아질까. 아니다. 환경의 질이 높은 도시가 당연히 땅값이 비싼 법. 국토도 마찬가지. 그래서 국토의 평가 가치를 백년대계로 높이려면 3등급 권역을 2등급, 나아가 1등급으로 상승시켜야 한다. 그것이 녹지의 증가, 생태의 확장, 산림의 확대, 백두대간의 회복, 한반도의 녹색화 등 무엇으로 불리든 생물이 존재하는 면적을 가능한 넓히는 것이 국토 가치를 높이는 길이다. 생각해 보라. 부존자원도 없는 상황에 국토마저 초라한 몰골로 벌거벗고 있다고 생각해 보라, 얼마나 초췌할 것인가. 그런 면에서 우리는 다같이 뻔뻔하다. 국토의 절반이 생태 가치가 없는데도 여전히 '삼천리금수강산'이라고 노래한다.

환경 좋은 작업 공간이 생산성을 높이는 재미 있는 이야기.

몇년 전 텐트폴tent-pole을 제작하는 어느 알루미늄 공장을 디자인할 때 일이다.

공장과 식당 사이를 띄어놓고 녹지 공간을 만들기를 제안했다. 직원들이 쉬는 시간에 외부 공간의 풍요로움을 즐기도록 배려한 것이다. 그

제안을 본 사장님은 한술 더 떠 실내 공간 여기저기에 그림·사진·조각 작품을 배치하여 공장 전체를 갤러리처럼 꾸몄다. 정원과 공장이 완공된 후 평소에 직원들이 좋아하는 것은 물론 주말엔 가족들과 함께 그늘 밑에서 삼겹살을 구워 먹는다고 한다. 식구들도 아빠가 다니는 직장의 멋진 환경이 자랑스러울 것이다. 결정적인 것은 외국에서 오는 구매자들과의 상담 과정에서도 긍정적인 영향을 미쳐, 공장을 살펴보고 멋진 정원과 문화적 환경이 높은 점수를 받는다고 한다. 환경을 믿으니 품질 또한 믿는다는 얘기다.

다른 공장에서도 한가운데 녹지를 만들어 휴식 공간으로 활용한 경우가 있는데 사용자들의 평가가 매우 좋았다. 공장에 조성된 녹색 공간은 방문자들도 좋은 인상을 받지만 사용자들이 더 좋아한다. 나는 웬만하면 공장이든 사무 공간이든, 건축 공간 속에 자연과 외부 공간이 공존할 수 있도록 구상한다. 그런 꿈은 여러 군데로 넓게 연결될수록 힘을 얻는다.

공업 단지, 산업 단지, 신도시, 재개발 단지, 박람회 부지 등등 새로 만드는 시설의 면적 절반을 무조건 숲으로 만드는 법을 제정하면 어떨까?

지구 온난화와 환경 변화의 암울한 예측 앞에 '아, 큰일이구나' 하면서 나는 엉뚱한 걱정을 한다. 소나무가 없어지면 숲이 없어질 것이고 숲이 없어지면 숲과 관계된 말들과 의미들은 어떻게 될까.

사전을 펼친다. 아, 그러고 보니 사전은 활자의 숲이구나.

숲 : [명사] '수풀'의 준말

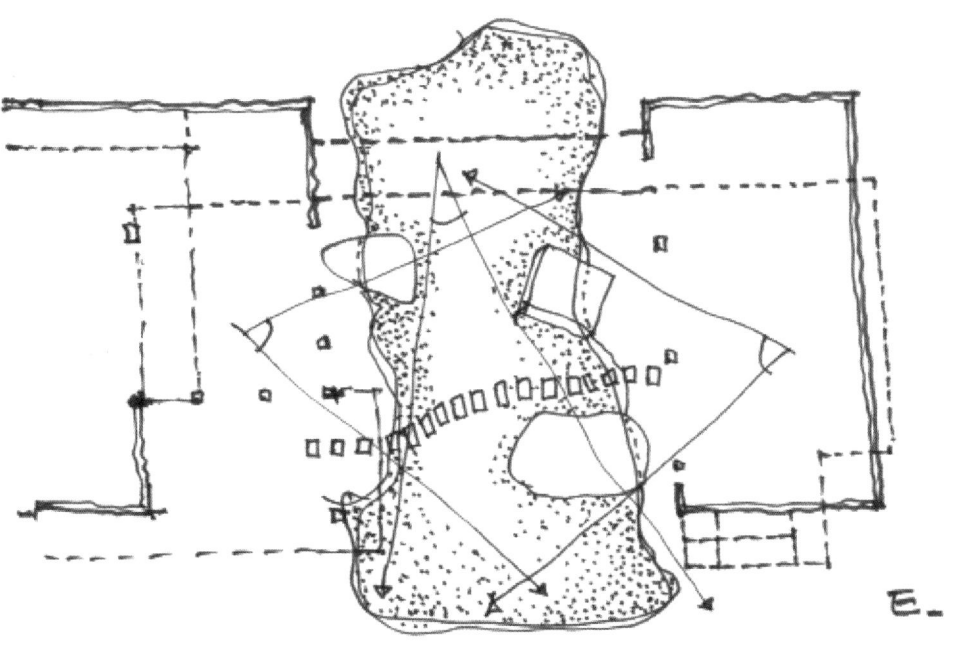

숲의 둘레 103

-울창한 숲

　　-우거진 숲

　　-소나무 숲

　　-푸른 숲

[속담] 숲 속의 호박은 잘 자란다.

　　숲이 짙으면 범이 든다.

　　숲이 깊어야 도깨비가 나온다.

　　도깨비도 수풀이 있어야 모인다.

[관용구] 숲을 이루다.

[어휘] 무림산중(茂林山中)

　　세로송림(細路松林)

　　울울창창(鬱鬱蒼蒼)

활자는 이제 종이 위에서 살지 않아도 된다. 종이책이 줄어들어도 디지털 숲에서 살 수 있으니까. 하지만 모든 것이 다 바뀌어도 숲은 영원한 아날로그다. 이제 그 신화이며 생존의 무대인 숲이 사라질지 모른다.

숲에 머물며 깨달았던 이들은 고향을 잃고, 숲을 바라보며 노래하던 이들은 허공이 되고, 숲에 살며 숨쉬던 이들은 미아가 될지니… 그럴 때 숲 자리는 우리 무덤이 될지도 모른다.

나는 겨우 활자의 숲에서 위안받으며 졸시 한 수를 읊조린다.

　나무가 모이면 숲이 되듯

　활자도 모이면 숲이 된다.

나무 한 그루 나무 목(木)

나무 두 그루 수풀 림(林)

나무 세 그루 수풀 삼(森)

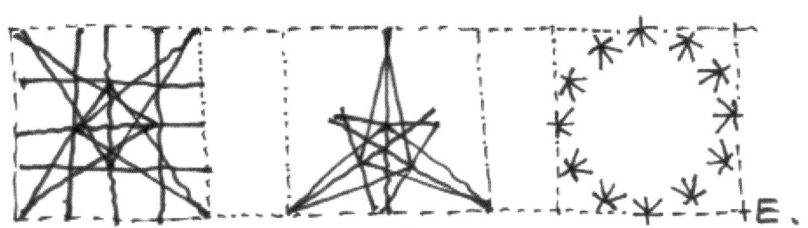

숲에는 등수가 없다

보남파초노주빨로 외운 무지개 색깔의 순서는 내 개인적 기억 속에서 평생 빨주노초파남보와 씨름하고 있다. 초등학교 시절 선생님께서도 빨주노초파남보라고 가르쳐주셨건만 예습을 빙자해서 동네 형에게 먼저 배워 거꾸로 외운 탓이다. 무지개 색을 밖에서 안으로 빨주노초파남보라 말하든 반대로 보남파초노주빨이라 말하든 무지개 색깔은 같다. 어떤 순서를 취하든 색상의 배열은 맞기에 둘 다 같은 것이다. 좌우지간이나 우좌지간이나 같은 뜻이니 무지개 색깔은 변함이 없다.

위와 달리 관습적으로 쓰면서 은연중 등급을 말하는 경우도 있다. 세 권짜리 소설은 상중하권으로 쓴다. 상중하로 쓰면 상이 숫자 1을 의미하는 수가 많다. 상중하권으로 표기된 소설책은 상권이 첫 번째 순서라는 것이다. 이때는 상중하가 단지 1 2 3권의 차례를 말한다. 하지만 대부분의 경우엔 상중하라 하면 등급을 말한다. 어떤 물건이 상품이라는 것은 제일 좋은 등급이란 뜻으로 쓰인다. 반대로 하품이라 하면 어딘가 시원치 않다는 의미다.

학교 성적을 말할 때 상위권과 하위권은 명쾌하게 공부 잘하는 것과 못하는 것으로 갈라진다. 상류층은 부자고 하류층은 가난하다. 이때는 상하가 돈이 있고 없고의 기준으로 쓰인다. 상급자와 하급자는 지위 고하를 구분하는 계급을 말하고, 상수와 하수는 기예의 수가 높고 졸렬함을 뜻한다. 상수도와 하수도는 깨끗한 물과 썩은 물의 엄청난 차이를 말한다.

오죽 하(下) 자 들어가는 것이 못마땅했으면 마포구에 있던 하수동이란 동네를 어느 날 모두 상수동에 편입시켰을까. 하여튼 등급을 말할 때 하 자가 들어가면 어감과 기분이 좋지 않다.

숫자 1과 2는 한끝 차이지만 의미는 전혀 다르다. 퍼스트레이디와 세컨드는 전혀 다른 존재의 여성을 이른다. 가 나 다…도 등급으로 쓰이면 가를 상급으로 치고 다급이란 시원찮음을 이른다. 갑 을 병 정…도 마찬가지로 본래의 천간의 순환적 의미보다는 등급의 의미로 쓰인다. 갑이 을이나 병보다 우위 등급으로 쓰인다. 특히 상거래 계약서에선 돈줄을 쥐고 있는 입장이 갑으로 표현된다. 영어 표기도 마찬가지여서 A B C D…도 등급으로 쓰이면 누구나 A학점을 탐낸다. 속된 표현으로도 A급이라면 아주 좋다는 뜻이다.

성적 평가 방법 중에 수 우 미 양 가는 어떤가. 원래 수는 빼어나다, 우는 뛰어나다, 미는 훌륭하다, 양은 좋다, 가는 가히 옳다는 뜻이다. 한자 뜻으로 보면 수나 가나 어디 하나 못난 것이 없다. 오히려 가나 양의 뜻이 더 바람직해 보이기까지 한다. 수 우 미 양 가, 모두 좋은 뜻의 한자를 골라 쓴 본래의 의미는 성적의 우열을 가려 구분하고 등급을 매기려는 뜻보다는 처한 입장의 가능성과 잠재력을 우선하고 차이를 존중하는 방법을 고려한 것인데 슬그머니 취지는 퇴색하고 성적순이나 우열 등급 순서를 나타내는 것으로 자리잡았다.

세상에는 각종 대회나 상이 많다. 상이 아무리 많아도 상을 탄 사람보다는 못 탄 사람이 많다. 바로 그 점이 각종 대회나 상의 존재 이유가 되는 것이다.

상의 가치에 있어 아래 위를 가장 명쾌하게 표기하는 법은 1등 2등 3등 숫자로 쓰는 것이다. 스포츠 경기에선 1 2 3등이 바로 금 은 동메달의 순서와 같다. 오해 없이 명쾌하다. 그런데 금 은 동의 순서가 금상 은상 동상만 있을 때는 오해가 없는데, 우수상·최우수상, 대상과 겹쳐지면 도대체 어떤 상 등급이 높은 것인지 헷갈린다. 번쩍거리는 금상이 더 좋은 상인지, 최고를 뜻하는 최우수상이 더 좋은 것인지, 큰 것을 말하는 대상이 더 좋은 것인지… 잘 모르겠다. 어쩌면 앞으로 최고대상·금대상·대금상·최고금상·최우수대상 등의 복잡하고 긴 이름의 상이 생길지도 모를 일이다.

어느 초등학교에선 상의 등급을 매기는 것이 교육 방법론으로 좋지 않다 하여 졸업생 모두에게 각자 다른 상을 주었다고 한다. 학생의 특기와 활동에 따라 '종이접기상' '리코더상' '달리기상' 등 별별 상을 다 주었는데 그 중 재미있는 예는 후배가 스쿨버스 타고 내릴 때 도움을 준 학생에게는 '승하차 도우미상'을 주었다는 것이다. 아니 찾아주었다고 해야 더 의미가 살아난다. 정해진 상의 기준과 형식에 사람을 맞추어 수상하는 기존의 방식이 아니라 사람에 맞는 상을 찾아준 것이니 말이다. 아름다운 일이다. 경쟁하지 않고 모두가 상을 받게 하는 것, 이것이 격려하고 부추기려 상을 준다는, 본래의 취지에 어울리는 진정 아름다운 자세일 것이다.

'경쟁은 아름답다'라는 말이 있는데 이는 선의의 경쟁으로 상대를 도울 때에 국한되는 드문 경우다. 대부분의 경우 승부를 전제로 한 경쟁은 아름답기보다는 투쟁적이고 냉혹하다. 경쟁을 거치는 상이란 이름이 빛날수록 다툼이 치열하다. 때론 치열함을 넘어 위선적이고 추악할 때도 있다. 특히 정체 모를 상의 이름과 등급이 복잡할수록 상의 본질에서 멀어질 우려가 크고 상을 위한 상이 되기 십상이다. 그게 세속적인 온갖 상의 속성이다.

풍경을 찬탄할 때 8경을 꼽는다. 관동 8경, 단양 8경, 평양 8경… 삼천리 강산에 8경이 넘친다. 8경은 시간과 공간과 어우러진 자연의 모습을 풍경화한 상징적 감상법이다. 아무리 멋들어진 자연도 감상하는 주체인 인간이 없으면 풍경이 되지 못한다. 8경을 줄여 5경으로 볼 수도 있고 늘려 10경으로 그릴 수도 있는 것이다. 더욱 8경 밖의 다른 풍경을 8경 안으로 편입해 보는 것도 순전히 인식하고 감상하는 사람의 온전한 자의의 영역이다. 왜냐하면 8경이란 보편적 인상과 감성적 선택의 영역일 뿐 등급이나 우열의 구분 대상이 아니기 때문이다. 해돋이와 해넘이, 안개와 구름, 강물과 정자, 계곡과 바닷가… 등의 자연적 아름다움과 흥취에 어찌 등급을 매길 수 있겠는가. 그래서 세계를 여행한 사람의 경험 속 최고 풍경은 각자 다 다를 수밖에 없다. 결국 풍경에는 등급이 있을 수 없다는 말이다.

풍경과 길은 걸어야 제맛이지만 사진으로만 봐도 재미 있다. 사진 속 풍경도 이토록 멋있다는 걸 새삼 느낀다. 익숙한 풍경에 대한 새삼스러운 '느낌'은 바로 새로운 '발견'이다. 그렇다. 장구한 세월을 지켜온 덤덤한 풍경이 어느 날 다른 시각으로 새롭게 발견된다는 사실이 이 땅에서 우리를 살게 한다.

〈한국의 아름다운 길 100선〉을 본다. 전남 담양의 메타세콰이어 가로수 길, 경남 하동의 10리 벚꽃 길, 경북 문경의 황토 깔린 문경새재 옛길, 제주도의 유채꽃 길… 등 경관이 뛰어난 길들을 선정하여 상을 주고 기념패를 부착하여 알리고 있다. 옛길과 더불어 도시의 길, 새로 만든 고속도로, 해안도로, 교량 등이 돋보이는 길들도 아름다운 길에 들어 있다.

어제의 새로운 길이 오늘의 옛길이요, 오늘의 새 길이 내일의 옛길이 되니 길과 풍경은 늘 변하는 것이다. 세상에 변하지 않는 풍경이란 없는 법, 바로 그 점이 풍경을 일구고 관리하는 핵심이다. 당장 열악하고 볼품없는 환경도 잘 가꾸면 멋진 풍경으로 살아날 가능성이 있는 것이다. 잘한 일이라 박수를 보내면서도 한 가지 아쉬운 점이 있으니 바로 상의 등급이다. 아름다운 길 100선의 수상 순서가 대상·최우수상·우수상으로 되어 있는 것이다. 풍경에는 우열의 등급이 없으니 고유한 의미를 붙여 상을 주는 방법은 없을까를 생각해 보는 것이다. 또 100군데만이 아니고 123군데면 어떻고 234군데면 무슨 상관이랴 하는 생각도 드는 것이다. 그야말로 좋은 풍경이란 다다익선 아니겠는가. 아, 그러고 보니 '생명의 숲'에서 주최하는 아름다운 숲 전국대회를 통해 주는 제일 큰 상인 아름다운 생명상도 '대상'으로 부른다. 대상이라니 어쩐지 통상적이라는 느낌이 든다. 공들이는 행사의 의미를 짙게 하고 숲의 정신을 강조하면서도 순위로 보이지 않게 하는 방식은 없을까. 묘안은 없지만 어딘가 아쉬운 생각이 든다.

수 우 미 양 가를 앞에 붙여 숲을 불러본다.

빼어난 숲! 뛰어난 숲! 훌륭한 숲! 좋은 숲! 옳은 숲!

이들은 서로 다투지 않는다. 옳고 좋고, 훌륭하고 뛰어나고 빼어난 숲들은 서로 견줄 상대가 아니기 때문이다. 있는 대로가 다 좋은 숲이다. 그 숲들이 말한다. 뭐든 다투지 말라.

2장

풍경의 둘레

노하우만 묻는 일이 좋은 것일까
입장 바꿔 생각한다는 것에 대하여
똥 냄새나는 도시가 좋은 도시다
버리는 쓰레기를 꽃으로 피게 하자
풍경의 속내 그 찜찜함에 대하여
녹색성장보다 녹색철학이 필요하다
풍경과 환경 속의 폭력
불가능해 보이는 것이 진정한 꿈이다
몸에 닿는 것이 바로 환경이다
일상의 모순, 미안하다 지구여
이 봄을 실컷 만끽하시길 권합니다
일식이 있던 날, 몇 가지를 생각하다
시장과 책방 그리고 숲
우리가 살 데는 어디인가?
하나를 보고 열을 안다
가짜와 공짜가 판치는 세상
매사 품격 있는 생각이 먼저다
절규 속에 희망이 꽃일다
올림픽은 쇼다

노하우만 묻는 일이 좋은 것일까

'비법' '비밀' '기술'을 일컫는 노하우knowhow는 뭔가 특별해 보인다. 특히 성공한 사람들이 자신의 노하우를 말할 때는 귀가 솔깃해진다. 그러나 세상에 알려진 노하우란 이미 노하우가 아닌 것이 많다. 생각해 보라. 누구라도 자신이 힘들여 개발한 노하우를 그리 쉽게 발설하겠는가. 오죽하면 불경기에 잘 팔리는 책은 돈 잘 버는 방법에 대해 쓴 책이고, 돈 버는 사람은 그 책을 낸 사람뿐이라는 말이 있겠는가. 돈 잘 버는 방법이란 결국 돈 버는 노하우를 말함인데 백이면 백이 같은 방법을 쓴다면 아무 소용 없는 방법일 것이 뻔하다. 투자와 투기—투자는 은연중 건전함이, 투기는 불순함으로 이해된다. 그러나 자본은 다 투자라고 하지만 투기성을 배제할 수 없다—로 큰돈 번 사람들이 많은데 그들이 공개하는 똑같은 방법으로는 절대 똑같이 벌 수 없다. 절약이나 저축의 정상적 방법을 말한다면 믿을 수 있을지 모르겠다. 혹시 투자 시점이 맞아 떨어져 큰돈을 번 사람이 있다면 그건 노하우가 아니라 운이 좋은 사람일 것이다. 일류 명문대학의 수석 합격자들 대부분은 입시 공부의 비법이 복습과 예습일 뿐 학원이나 과외는 단 한번도 받지 않았다고 한다. 어떻게 이해해야 할까. 그들의 말이 진실이든 거짓이든 마냥 열심히 하는 수밖에 달리 방법이 없다. 입시 공부 노하우를 알았다 쳐도 저절로 공부가 되는 법이란 없다. 세상 모든 일이 비슷하다. 노하우란 모든 경우에 통용되는 만병통치약이 아니다. 그럼에도 많은 이들은 노하우만을 좇고 탐한다. 물불 가리지 않고 노하우만을 지나치게 찾는 것이 과연 좋은 일일까.

육하원칙(六何原則) '누가·언제·어디서·무엇을·어떻게·왜'는 기사 작성에서 최고의 방법이다. 세상에 일어난 일들을 적확히 간추리는 데는 육하원칙을 따를 게 없다. 거꾸로 세상만사 일의 시작과 끝을 살피는 데 필요한 항목이 육하원칙이기도 하다. 일-정책·사업·학습 등의 모든 행위-하는 조직과 사람들이 그 하는 일에 앞서 미리 육하원칙을 스스로 묻는다면 혹시 따를지도 모르는 시행착오를 막을 수 있는 최고의 검사용 표가 아닐까.

노하우 말고 사전에 등재된 말은 노웨어knowwhere다. '정보가 어디에 있는지를 알고 언제든지 활용할 수 있는 능력'으로 설명된다. 노하우를 단순한 기술로 이해하듯 노웨어도 역시 '기술'로서만 이해하는 속 좁음이 느껴져 답답하다.

where는 어디서를 물으며 장소를 의미한다. 장소란 위치·지점·방향 등을 뜻하는데 장소의 고유함 중의 하나는 모든 장소는 유일하다는 점이다. 즉 모든 장소는 단 한군데밖에 없다가 될 것이다. 그것이 바로 장소성이다. 지구상의 모든 장소는 단 한군데밖에 없으니 얼마나 소중한가. 바로 그 점에 대한 고찰을 중시하는 표현으로서의 노웨어가 된다면, 여기저기 다 비슷하게 만드는 만행이 사라질 것이다. 특정 지역의 지형과 문화적 맥락이 다름을 장소성의 특징으로 이해하고 받아들이면 문제의식과 접근 방식도 당연히 달라야 한다. 여기저기 비슷비슷해 보이는 신도시와 건물들도 마찬가지 이유를 갖고 있다. 장소성에 대한 깊은 이유를 묻지 않으니 어디에 들어서나 다 비슷해진다. 대지와 관계하는 행위-토목·건축·경작·환경·교통 정책 등-는 모두 장소성에 대한 깊은 성찰이 필요하다.

 숲 가꾸기를 예로 들면 제주도의 숲과 설악산의 숲은 장소성이 다르니 자연 조건도 다르고, 식생이 다르니 숲 가꾸는 방법도 다른 것이다. 한군데서 성공했다고 여기저기 유사한 관광 시설이나 축제가 생겼다가 결국 실패하는 것을 보면 입맛이 씁쓸하다. 장소나 조건의 차이를 고려치 않은 것이 주된 실패 원인이다. 그걸 미리 찾고 묻는 것이 바로 노웨어다. 요즘 말이 많은 한반도 대운하도 경제 논리 이전에 장소성을 묻는 노웨어를 먼저 생각한다면 접근 방법이 달라지고 구상이 달라진다. 배가 산으로 물길을 거슬러 가려는 발상은 장소성에 대한 이해를 결한 것이며, 노웨어에서 멀어도 한참 먼 것이다.

why는 왜다. 왜 만드는가. 왜 짓는가. 왜 먹는가… 등의 이유를 묻는 것이다. 행동하기 전에, 만들기 전에 이유를 먼저 '잘 묻는 것'이 노와 이knowwhy다. 좋은 디자인은 좋은 이유에서 나온다. 만드는 이유를 모르고 만들면 좋은 결과가 나올 수 없다. 만약 이유를 모르고 만든 제도나 디자인이라면 얼마나 황당할 것인가. 현실에선 의외로 이유를 묻지 않은 듯한 결과들이 많다. 유명무실하거나 현실성이 전혀 없는 법률이 제정될 때는 근본 이유를 묻지 않았음이 분명하고, 겉모양만 흉내 내어 바로 버려지는 물건들은 쓸모가 적고 만든 이유가 시원찮기 때문이다. 뭐든 이유를 잘 묻자. 항상 질문 속에 답이 있다. 성급한 마음에 묻지 않고 답을 만들려 하니 결과가 신통치 않은 것이다. 어디 디자인만 그럴까. 각종 시설이나 행사의 기획도 결국 디자인과 다름없으니 근본적 이유를 곱씹을 일이다. 일의 이유를 되살핌, 바로 knowwhy일 것이다.

what은 무엇인가다. 때론 어떤 것이기도 하다. 정책이나 제도에서는 목적을 담는 본질이 될 터이다. 디자인에서는 필요한 그 '무엇'과 '어떤' 것은 반드시 필요성을 동반한다. 여기서 필요성이란 절대적 필요함을 이른다. 세상에는 반드시 필요치 않은 것들이 절반을 넘는다. 편리·편의성을 앞세워 쓰고는 있으나 반드시 필요하지 않은 것들이 너무 많다. 세상에 없어도 별 문제 없거나, 있으나마나 한 것들-정책·제도·법률·제품 등-은 잘못 만들어서가 아니라 만들지 않아도 될 것들을 만들어서 존재하는 것이다. 그러한 것들은 노왓knowwhat을 묻지 않아 생긴 결과다. 있으나마나 한 것인데 만든 이의 존재감이 없이 허망하다.

약간 에두르는 이야기. 백암산 백양사엔 '이 뭣고'라는 화두가 새겨져 있다. 수행의 본질을 묻는 소름끼치는 화두다. 스님들만 쓰기엔 너무 아까운 화두다. 세상을 상대로 하는 일엔 반드시 '이 뭣고'를 물어야 할 것이다. 본질과 대화하기. 그게 바로 knowwhat 아닐까.

when은 단순한 시점이 아니라 엄숙한 시제다. 시기의 적정함 또는 적절한 때를 이른다. 항구적 마땅함을 전제하니 눈앞의 시간에서 긴 시대를 아우르는 시간성을 의미한다. 멀리 인식되며 펄럭이는 자락, 역사가 바로 엄숙한 시간이다. 반대로 졸속을 낳는 당대의 성급함은 이 시간, 시대에서 눈앞의 부적절함이 될 것이다. 개인의 사소한 일상에서 시간, 시대의 의미를 묻는 일은 녹록치 않지만, 역사란 소소함과 개인의 행위로 채워지는 것이라 생각하면 개인도 엄숙해진다. 교육은 한 개인을 가르치지만 미래를 채우는 일이듯 개인이 단순히 직업적으로 하는 일에도 큰 의미가 매달려 있다. 긴 기간 사회에 영향을 미치는 제도나 정책은 더 말할 필요 없이 시기의 적정함이 중하게 고려되어야 한다. 아니 시대적-미래 지향적 시점-의미를 먼저 짚을 일이다. 시대정신이란 표현은 무겁지만 바탕에 깔아야 할 의식 아니던가. 구시대적 발상, 양태라고 비판받는 일들은 모두 시대를 묻지 않은 결과다. 구태의연함을 피하려는 성찰은 바로 knowwhen을 묻는 것이리라.

아 사람, 드디어 knowwho다. 세상 모든 일의 중심은 사람이다. 하지만 세상에 사람만큼 홀대받는 존재가 없다. '사람만이 희망'이기도 하지만 사람만이 절망이기도 하다. 희망과 절망 사이에 사람이 있다. 사람이 늘 문제를 일으키는 이유는 무엇일까. 사람 아닌 다른 것에 한눈을 팔기 때문이다. 사람보다 정략에, 금력과 술수에, 명예와 흑심에 가려 그 사이의 사람이 안보이니 사람을 잊는 것이다. 보자. 무슨 제도나 정책을 새로 펼 때, 만드는 사람은 중심이 아니다. 오히려 그 중심은 제도나 정책의 대상이 되는 사람들이다. 그것도 누대에 계속될 후손들이다. 그것이 핵심이다. 그러나 현실은 어떤가. 뭘 만들겠다, 해야겠다 싶으면 그것의 혜택과 좋은 점만 강조한다. 그러니 찬성과 반대가 극명하다. 하지만 제도나 정책은 그것의 단점, 불이익, 손해 보는 사람, 반대하는 이의 입장과 관점을 먼저 살피고 연구해야 한다. 정치·경제·문화… 다 그렇다. 집을 지을 때 누가 사는가를 묻는 것처럼 그 지극한 '사람'을 잊지 않으려 계속 묻는 것이 노후knowwho다. 환경과 연관된 각종 문제는 더욱 그렇다. 그것이 이 땅에 '우리'가 살고, 살아야 함을 다짐해야 하는 일이다. know를 앞에 붙여 세상에 유익한 단서가 된다면 어딘들, 무엇인들 육하원칙뿐이겠는가.

온 나라가 축제의 계절이다. 봄은 축제로 온다. 개나리 축제, 난초 축제, 녹차 축제, 대나무 축제, 동백꽃 축제, 매화 축제, 배꽃 축제, 벚꽃 축제, 보리 축제, 복사꽃 축제, 사과꽃 축제, 산수유꽃 축제, 아카시아꽃 축제, 영산홍 축제, 유채꽃 축제, 이팝꽃 축제, 자운영꽃 축제, 진달래 축제, 철쭉 축제, 튤립 축제, 할미꽃 축제, 함박꽃 축제… 아, 뭐든 무리지어 피기만 하면 다 축제다. 지역마다 성급하게 축제를 여느라 준비와 분위기가 겉돌고 어설프다. 축제란 즐겁고 정례적이며 지속적이어야 해당 지역의 홍보와 수익에 유리하다. 전통 있고, 잇는 축제는 문화적 자긍심이기도 하다. 하지만 앞뒤 없이 꽃만 생각하여 주제가 겹치는 지역이 많아 실속 없이 낭패 보는 축제가 많다. 안타까운 일이다. 축제란 먹을거리 파는 단순 기획의 한철 행사가 아니라 시간과 장소를 음미하는 문화적 마당이다 '누가·언제·어디서·무엇을·어떻게·왜'를 방문자 입장에서 묻고 준비하는 축제는 어디 없을까. 꽃과 함께 지역의 문화적 맥락을 기억하고, 품격 있게 지어진 그늘집이 곳곳에 제공되는 축제는 없을까. 꽃보다 귀한, 사람이 중심인 '우리들의 축제'는 언제 열릴까. 우리 삶에 매달려 피는 시간의 꽃, 'know…'를 미리 물은 모두의 도저한 축제 말이다.

입장 바꿔 생각한다는 것에 대하여

입장 : [명사] 당면하고 있는 상황, 또는 당면하고 있는 처지. 경우.

'입장 바꿔 생각해 보자' '자기의 입장을 밝히다' '곤란한 입장에 처하다' '입장을 바꿀 수 없다' 등등 사회 생활은 '입장'의 연속이다.

입장(立場)은 사람이 마당에 서 있는 장면을 떠오르게 한다. 사람이 마당에 선다 치면 발 딛는 지점도 수 없이 많을 것이고 벌어질 일과 대처할 상황 또한 여러가지다. 혼자서도 그러하니 여럿이 부딪치는 경우를 더하면 세상이야 말로 입장의 바다다. 생각할수록 입장이란 경우의 갈래가 많고 예측하기 어려우며 절묘하다. 그래서 이리저리 유연한 것이 입장인 듯하지만 세상에서 제일 완강한 것이 입장이다. 물 흐르듯 부드러운 미소에서 찬비람 돌 듯 싸늘한 표정까지 다 입장의 차이에서 온다. 입장은 천태만상이다. 그 중 같은 일에 정반대로 부딪치는 경우가 제일 곤혹스러운 경우다. 오죽하면 입장을 바꾸어 생각해 보자는 역지사지(易地思之)라는 말이 생겼을까.

지하철에는 잡상인들이 많다. 달리는 전동차 소음만으로도 시끄러우니 물건 파는 사람의 목청은 터지기 마련이다. 무엇을 팔든 싸고 좋다고 외치는데 무슨 말인지 알아듣기 어렵다. 목청이 커야 물건을 판다. 어느 날 소음 덩어리 객차 안에서 아무 말 없이 물건 파는 사람을 보았다. 흘러간 팝송 테이프를 파는 사람이었다. 스피커 달린 손수레를 끌고 객차에 들어와선 아무 말 않고 옛날에 유행했던 팝송을 한 곡 틀었다. 객차 안에 노래가 퍼졌다.

'Smile, an ever lasting smile, a smile could bring you near to me. Don't ever let me find you gone, ~'

아, Bee Gees의 〈Words〉! 나는 읽던 책을 덮고 눈까지 감고 정말 기분 좋게 들었다(저 노래가 발표될 때 난 여행중이었지… 계절은 늦가을, 여름에 떠난 긴 여정에 두꺼운 옷이 없어서 떨고 다녔다. 배낭은 필름과 자료로 가득 차고, 하루 종일 걷는 피로쯤은 보고 싶은 건축물을 만나면 풀리곤 했지…). 아, 한번 더 듣고 싶다. 그런 맘이 드는 순간 이게 웬일인가. 다른 곡이 흘러나왔다. 이번엔 Carry & Ron이 부르는 〈I.O.U〉다.

'That I've change your life forever and you're never gonna find another somebody like me and wish, ~'

지하철 안에서 뜻밖에 추억어린 노랠 듣다니… 이런 날도 있구나. 기분 좋아하는 순간, 누군가 고함을 질렀다. '시끄러워! 스피커 끄지 못해!' 나는 듣기 좋았지만 시끄럽다고 느낀 사람도 있었던 것이다. 특정 노래가 좋고 나쁨은 기호 또는 기분의 문제다. 지하철 안에서의 상행위는 금해져 있으니 테이프를 튼 것은 옳지 않다. 그러니 내 맘과 달리 음악을 끄라고 한 사람을 나무랄 일은 아니다. 이럴 땐 나 혼자 더 듣고픈 입장을 내세울 수 없다.

길거리에서 우연히 보게 되는 자동차번호 중에 인상적인 것이 가끔 있다. 1234, 1001, 3333, 4444, 7777… 그런 번호는 한번 더 보게 된다.

여럿이 차를 타고 가는데 앞차 번호가 1111이었다.

"번호 좋다."

"그러게. 외우기 쉬운 번호군."

"아마 저런 번호를 갖게 되면 비밀번호도 1111로 하지 않을까."

"아는 사람에게 부탁해서 1111을 갖은 거 아닐까."

"저런 번호는 특별히 추첨하는 거 아닌가."

"하여튼 1111은 좋아보이네."

일행 모두 1111에 한마디씩 하는데 대체로 특별한 숫자가 기억하기 좋다는 말들이었다. 이때 운전하던 이가 한마디 했다.

"저런 번호는 나쁜 번호지요."

다들 놀라는 표정으로 물었다. 왜요?

"뺑소니를 못 쳐요. 바로 잡혀요."

그럴 수 있겠다. 아무리 좋아보이는 차번호도 어떤 입장에서 보느냐에 따라 나쁠 수 있겠다. 뺑소니를 염두에 두면 외워지지 않는 모호한 번호가 좋을 것이다. 입장이란 이렇게 다를 수 있다.

사물의 이름 중에는 뭐라 불러야 할지 헷갈리는 경우가 있다. 의자와 책상, 책상과 의자 이 둘을 붙여 하나로 만든 가구가 그렇다. 강의실에서 흔히 쓴다. 일반적으로 강의실의자로 불린다. 강의실책상으로 부르기도 한다. 궁금하다. 책상과 의자를 더했는데 의자 또는 책상이라니. 책자나 의책 아니면 상자 또는 자상이라면 모를까. 아마 책상과 의자를 붙인 걸 의자로 부르는 데는 분명 집단적 무의식 속에 책상보다 의자가 더 중하고 먼저라는 생각이 있었을 터이다.

책상과 의자가 붙은 가구는 같은 공간에 많은 사람을 수용하는 데 아주 편리하다. 크기가 같아서 배치하기도 청소하기도 좋다. 들고 나를 때도 편하다. 무엇보다 책상과 의자를 뗄 수 없으니 흐트러지지 않는다. 이런 획일성의 장점(?)으로 강의실의자는 붙어 있는 것이 잘 팔린다.

나의 생각은 다르다. 강의실의자의 장점은 순전히 관리하는 입장에서만 본 것이다. 강의실 주인은 수강생이다. 선생님도 관리인도 청소부도 강의실의 주인이 아니다. 수강생 입장에선 붙어 있는 책상/의자는 안락하지 않다. 좁고 움직일 수 없어 답답하다. 그러니 수강생 입장에선 붙어 있는 책상/의자는 단점이 더 많다. 그걸 만든 디자이너는 분명 한쪽의 입장만 고려한 것이니 좋은 디자인/디자이너라고 볼 수 없다. 움직이게 하는 조절 장치를 달지 않으면 사람마다 몸집이 다르니 누구에게도 맞지 않는 꼴이다. 누구에게도 맞지 않는 것이 관리하는 입장에서는 편할 수 있으니 아, 입장이란 이리도 이율배반적이다.

어느 건축 현장에서 있었던 일이다. 태양 에너지를 사용하기 위하여 2층 옥상에 태양열 집열판을 설치하기로 했다. 태양열 집열판은 남향을 향하고 설치 지역의 위도에 따라 경사지게 세워야 집열판의 효율이 좋다. 그것은 지극히 물리적인 이유이고, 태양 에너지를 이용하는 것은 지구적으로 환경 측면에서 권장되고 있다. 설치 비용이 들더라도 태양 에너지를 이용하는 것은 바람직한 일이다. 태양 에너지를 이용한다는 것은 옳고 그름으로 가름할 일이 아니다. 무조건 바람직한 일이라고 여기고 있다. 한데 그렇지 않은 모양이다.

현장에서 전화가 왔다. 뒷집에서 집열판 설치를 못하게 한다는 것이다. 이유를 물으니, 옥상에 설치될 집열판이 혐오스럽다고 한단다. 밑고 싫고 꺼림칙한 것이 혐오다. 아무리 태양열 집열판 디자인이 형편없다고 쳐도 혐오스런 지경일까. 에너지가 어떻고 물리적인 효율이 어떻고 설명해도 무조건 치우라고 막무가내로 떼쓰고 욕하고 난리를 친단다. 뒷집의 속내는 집열판이 보기 싫다는 것은 핑계고 자기 집 앞의 시야를 조금이라도 가리는 것이 싫은 것이리라. 혐오를 앞세운 생떼에 결국 졌다. 아니다, 졌다는 것은 승부를 말함이고 이 경우는 일방적으로 당했다. 새집 짓는 건축주는 '백 냥으로 집 짓고 구백 냥으로 이웃 산다'는 옛말 따라(집 짓는 게 무슨 죄라고) 싸우지 않고 집열판 설치 각도를 눕히기로 했다. 태양열 효율이 떨어지는 것을 감수하고 낮추고 있는데도 고래고래 소리를 지른다. 아귀가 따로 없다. 결국 집열판은 난간 벽 밑에—밖에서 보이지 않게—평평한 지경으로 설치하고 말았다(아, 착하고 아름다운 나의 건축주!). 꼭꼭 숨어라 머리카락 보일라, 숨바꼭질하듯이 집열판이 설치된 걸 볼 때마다 나는 뒷집 주인이 야속하다. 같은 위도상에 설치된 집열판 중에서는 세계에서 유일하게 누워 있는 집열판일 것이다. 코미디 프로에 환경 분야가 있다면 단연 큰 상을 받을 만하다. 세상에 이런 어이없는 일이라니. 이럴 때는 무슨 입장을 취하고 무슨 입장을 이해해야 한단 말인가.

  입장이란 경우에 따라 다를 수 있다는 것을 서로서로 이해하는 것이 성숙한 사회일 것이다. 다른 입장을 이해한다는 것은 상대에 대한 그윽한 배려다. 하지만 '제 눈에 안경' 식의 입장을 이해하는 배려란 성자가 아니고선 어려운 일이다. 공동의 가치로 바람직한 것을 혼자 싫다고 훼방 놓는 일까지 타인의 입장으로 이해한다는 것은 참 난망한 일이다.

  문득 약수터에서 본 일이 떠오른다. 졸졸 나오는 물을 받느라 줄이

길었다. 시간이 갈수록 줄은 더 길어졌다. 누군가 말했다. '아니 새벽부터 그렇게 큰 물통으로 받으면 어떡해. 뒷사람도 생각해야지.' 긴 시간 욕먹으면서 두 살짜리 오줌 줄기만한 약수물을 받는 통은 두 말들이였다. 여러 사람이 투덜대며 되돌아가도 모른 척 다 받고 나서는 '물병 열 개 가지고 온 놈도 있지 않느냐'고 오히려 큰소리를 친다. 무경우도 그런 무경우가 없었다. 그 사람도 자기의 입장을 내세운 것이리라.

아, 세상은 참 알다가도 모를 입장의 숲이다. 아니 입장의 밀림이구나. 밀림에선 우격다짐이 이긴다. 그러니 정글의 법칙이 세상에 먹히나 보다.

그럼 나는 큰 물통 든 놈일까 작은 물통 열 개 든 놈일까. 가만히 생각하니 작은 물병도 하나 없이 맨 꼴지에서 빌빌대는 놈이구나. 목만 축이는 경우는 물 받는 사람보다 무조건 먼저 마신다는 전국 약수터의 불문률도 모르고 줄이 줄기를 기다리고 있는, 아 어리석은 목마른 인간아!

똥 냄새나는 도시가 좋은 도시다

　내가 사는 동네 큰길가 가로수는 은행나무다. 가을이면 노란 잎이 거리를 물들이고 어김없이 잘 익은 은행을 떨어뜨린다. 은행은 맛있고 몸에 좋은 식품이지만 껍질을 벗기고 까야 하는 번거로움이 따른다. 은행나무를 한번 털면 웬만한 나무에선 거의 한 말을 줍기도 한다. 용문산 은행나무는 하도 커서 16가마니를 채운다 한다. 도심에도 은행 터는 사람이 많아 어느 시에선 은행나무를 털면 벌금을 물리기도 하고 반대로 어디에선 날을 정해 차를 막고 은행 털기 행사를 열기도 한다. 어느 도시에선 가로수 은행나무가 너무 많아 고민 끝에 시민들을 상대로 아이디어 공모를 한다는 소식도 있다.

　은행 줍는 사람들은 '티끌 모아 태산'이란 속담을 체감한다. 원래 그 말은 한푼 두푼 동전 모아 저축할 때 제격인데 요즘엔 동전 모아 은행에 가도 예전처럼 반가워하지 않는다. 괄시받지 않으면 다행이다. 금융업자의 입장에선 인건비도 안 나오는 동전 예금에 별 관심이 없는 것이다. 요즘 세태는 티끌을 모으는 것보다 뭐든지 한방에 벌려고 한다. 하지만 떨어진 은행을 한 알 두 알 줍는 것은 한방에 되는 일이 아니다. 티끌 모아 태산처럼 한 봉지 가득차면 그 다음엔 겉껍질을 벗기고 씻어 말려야 한다. 성가신 점 하나는 겉껍질에서 냄새가 난다는 것이다. 구린내지 똥 냄샌지 참지 못할 정도는 아니지만 그렇다고 반가운 냄새는 아니다. 그걸 참아가며 은행을 줍는 사람들은 마치 도심 속의 농부 같다는 생각이 든다.

요즘엔 은행나무 가로수가 점점 줄어든다. 새로 심는 것도 줄었지만 멀쩡하게 큰 은행나무도 다른 수종으로 바꿔 심는 일이 잦다. 길 가꾸기 한다며 보도블록 바꾸면서 가로수 수종까지 바꿔버리는 것이다. 필시 냄새나는 은행나무보다 꽃피는 벚나무를 시민들이 좋아할 것으로 짐작한 모양이다. 1년 내내 나는 냄새도 아니고 한 열흘 맡는 은행 냄새도 참지 못하는 정서가 과연 좋은 태도일까를 생각해 본다. 은행나무의 노란 단풍만 좋아할 것이 아니라 냄새까지가 은행나무임을 새길 일이다.

대지는 고유한 향취를 품고 있다. 솔밭에선 솔 냄새나고, 유기농 밭에선 퇴비 냄새가 난다. 포구에선 비린내가 난다. 냄새의 바탕엔 물산을 다루는 삶의 방식이 녹아 있다. 노동으로 일구는 삶은 땀 냄새가 나고 기도를 실천하는 삶은 향기가 난다. 협잡과 술수의 삶은 악취가 난다. 삶의 터전도 마찬가지, 내가 딛고 있는 바닥의 냄새는 내 삶의 냄새다. 대지의 냄새는 거짓말을 하지 않는다.

도시에선 무슨 냄새가 날까. 공원에선 공원 냄새, 하수도에선 하수도 냄새가 난다. 하수도에선 우리가 먹고 썼고 버린 것들의 냄새가 난다. 결국 하수도 냄새는 우리들 삶의 방식의 냄새다. 그렇다고 하수도가 냄새나게 두어도 좋다는 얘기는 아니다. 하수도는 위생적으로 관리되어야 한다. 하지만 은행 냄새는 불결한 것이 아니다. 자연의 냄새다. 냄새난다고 은행나무를 가로에서 없앨 일은 아닌 것이다.

　가로수를 심는 데도 유행이 있나보다. 예전의 신작로엔 미루나무를 많이 심었다. 이식이 잘되고 성장이 빨라 가로수로 제격이었다. 곧고 높게 뻗은 미루나무는 한동안 신작로 풍경의 대명사로 통하더니 요즘엔 거의 사라졌다. 빠른 성장에 비해 활용 가치가 시원찮은 것이 이유다. 양버즘나무 가로수도 많다. 청주시의 10리가 넘게 이어진 양버즘나무 터널은 도시의 첫인상까지 좋게 한다. 양버즘나무는 기세 좋게 자라는 나무라서 가로수로 많이 심었는데 유해성이 있다 없다 하더니 요즘엔 심는 게 뜸하다. 아마 간판을 가리고 전깃줄과 싸우는 그 나무의 가지치기가 번거로워 심지 않는 것은 아닐까.

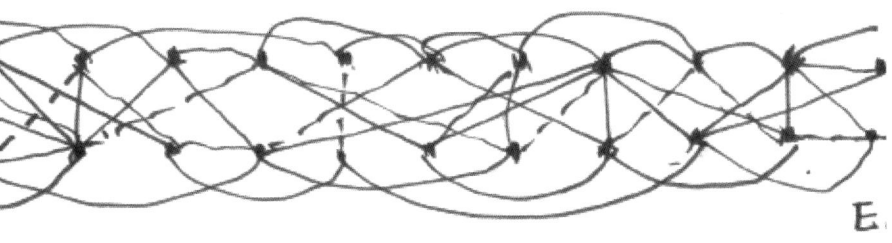

　어떤 통계를 보니 우리나라 전체 가로수 중에 은행나무와 양버즘나무 두 종류가 60%를 넘는다고 한다. 대한민국 가로수의 양으로는 1위가 은행나무고 2위가 양버즘나무다. 그러다보니 획일적인 가로수 종류를 다양하게 바꾸려는 시도가 활발하다. 유실수를 심기도 하고 상징적 의미를 찾아 심기도 한다. 좀더 멋들어진 길을 가꾸려면 가로의 디자인과 함께 가로수를 빼놓을 수가 없는 것이다. 그러다보니 가로의 디자인(벤치·

안내판·가로등을 포함하는 가로 시설물)을 바꾸듯이 가로수도 한꺼번에 바꾸어 심으려고 한다. 그러나 나무는 살아 있는 생물이고 생명체인 것이다. 버스정류장의 안내판과 같은 등급의 가로 장식물이 아니다. 설사 나무가 못생기고 시원치 않다 해도 여러모로 검토를 해봐야 한다. 다른 보완 장치로서 가로수를 돋보이게 할 수는 없는지, 아니면 옮겨 심는 것은 어떤지 등을 진중하게 검토하는 자세가 중요하다. 물론 다 베어버리고 새 나무를 심는 것이 도로정비 '공사'하는 입장에선 쉽고 편할 것이지만 나무는 '공사' 대상이 아니라 소중한 생명체인 것을 잊어선 안 된다.

도시의 역사는 길의 흔적으로 남는다. 그럴 때 나무는 살아 있는 훌륭한 도시의 증거인 것이다. 600년 된 가로수가 없는 600년의 역사 도시란 어딘지 모르게 공허하다.

누구나 전원도시에서 살고 싶어 한다. 전원은 자연의 평온과 휴식이 연상되고 도시란 편리와 화려한 즐김이 떠오르니 그 좋기만한 '전원'과 재미 있는 '도시'가 더해진 전원+도시가 곧 전원도시다. 원래 전원도시란 1898년 영국의 하워드Ebenezer howard가 제창한 도시 계획안이다. 핵심은 새로운 희망과 생활, 새로운 문명을 창조하기 위하여 도시와 농촌이 결합하는 새로운 도시를 만드는 것이다. 산업혁명의 폐해로 환경이 열악해진 도시와 농업 경제의 위기를 맞은 농촌을 살려보자는 도시 계획안인데 도심에 3만 명이 살고 주변에 2,000명이 사는 농촌이 도심을 둘러싸고 자급하며, 공유와 공동체의 정신을 전제로 제시된 지금의 시각으로 보면 천진하고 꿈에 가까운 제안이다.

우리의 현실로 보면 전원도시는 지방 도시로만 인식되고 지방 도시는 왠지 여러모로 격이 낮은 것으로 여겨진다. 그 이유는 간단하다. 전원도시에 '전원'이 없거나 '도시'가 없기 때문이다. '전원'이 빠진 전원도시는 보통의 도시에 불과하고, '도시'가 빠진 전원도시는 보통의 전원에 불과하니 전원도 아니고 도시도 아닌 것이다. 그렇다보니 도시보다는 도시성이 부족하고, 전원보다는 전원성이 부족한 꼴의 어정쩡한 상태가 되는 것이다. 더욱이 대도시에서 부족한 주택 문제를 해결하기 위해 위성도시로 건설되는 신도시들은 베드타운으로만 기능하며 현실적으론 부동산 가치로만 유지되는 불균형의 소비 도시다. 하지만 그것은 어쩔 수 없는 현실이다. 자급자족하고 지속 가능해야 한다는 도시의 목적에는 뭔가 부족하지만 어쩔 수 없는 현실에서 자본만으로 일구어진 도시가 되는 것이다. 도시가 도시다워야 한다는 것과 도시 속에서 개인의 삶이 존중받아야 한다는 것보다 더 냉혹한 현실은 부동산 가치만 있으면 도시가 개발된다는 것이다. 그것은 사실을 넘어 슬픈 진실이다. 그렇지만 우리는 도시가 지향해야 할 커다란 꿈에서부터 개인적 삶의 사소하고 시시한 도시에 대한 소망까지를 계속 이야기해야만 한다. 자연으로 돌아갈 수 없는 우리는 계속 도시에서 살 수밖에 없으니 말이다.

거대 도시를 전원도시로 탈바꿈시키는 것은 애당초 불가능하다. 계획적으로 만드는 신도시에서조차 전원도시로의 이상적 개발이 힘든 판국이니 말이다. 규모 작고 여유 있는 전원주택 단지들도 주소만 시골이지 집들은 결국 도시처럼 벽보고 사는 형국이 되는 것도 토지 밀도와 경제성이라는 자본 논리를 벗기 어렵기 때문이다.

답답한 도시에 살면서 자연을 가깝게 느끼는 환경을 꿈꾼다면 가로수 한 그루 한 그루를 숲 가꾸듯 정성껏 가꿀 일이다. 멀리 떨어져 가기 힘든 생태공원보다 동네 한가운데의 작은 공원이 삶의 숨통으로 소중하다. 이왕 만들 숨통이라면 운동기구 몇 개 있는 근린공원만 만들 게 아니라 '근린텃밭' 같은 새로운 개념의 경작지도 만들어보자. 동네 한가운데 밭을 만들어 주민들이 공동으로 농사를 짓는 거다. 화학비료 안 쓰고 거름은 퇴비를 쓰는 거다. 도시 속의 근린텃밭에서 흙냄새·똥냄새가 자연스레 풍길 것이다. 원래 전원도시는 냄새가 많은 법, 자연 냄새 물씬 풍기는 도시가 전원도시다.

전원도시란 목가적 풍경의 그림보다는 삶의 방식과 관계된 터전의 생산성을 보여주는 것이 더 중요하다. 공공 재산으로서의 동네 텃밭은 농작물 소출량의 많고 적음을 떠나 대지는 뭔가를 일궈낸다는 것을 보여줄 것이다. 국가 예산으로 도심 속에 필요한 공영 주차장 확보하듯 공공의, 아니 공동의 텃밭을 만들자! 퇴비 냄새나는 밭을 도시 속에 일구자! 그런 도시가 숲의 정신을 갖는 전원도시 아닌가.

버리는 쓰레기를 꽃으로 피게 하자

무엇이든 새로 만든다는 것은 값진 일이다. 개인에게 유익하고 여럿을 위한다면 더없이 의미 있는 일이다. 사회를 위하고 생산적 가치가 오래 간다면 더없이 좋은 일이다. 세상에 유익한 것-시설·제품·제도-이란 그런 경우를 두고 이르는 말이다.

그러나 세상에 유익한 무엇인가를 만든다는 것은 생각처럼 쉽지 않다. 아무리 좋은 생각이 있어도 그것을 이루어내려면 경비와 노력이 따라야 하기 때문이다. 개인에 필요한 것은 개인 경비 지출로 끝나지만, 공공에 필요한 것은 그 사회적 합의와 절차 그리고 비용이 만만치 않다. 개인 집을 가꾸는 일과 도시를 관리하는 차원의 차이쯤 될 것이다. 그 넓은 간극을 채우는 동질의 시대적 화두가 있으니 그것이 바로 '환경' 개념이다.

환경은 우리 삶을 에워싼 모든 조건들을 이르기에 삶의 질은 곧 환경의 질을 의미한다. 오늘 우리는 환경의 질을 말하는 동시에 환경의 위기를 걱정한다. 동시대에 말해야만 하는 환경의 질과 위기? 답답한 상황이다. 환경의 질과 위기는 병존할 수 없는 문제다. 환경이란 부분적/개인적 상황이 아무리 좋다 해도 전체적/공동체적 환경이 나쁘다면 그야말로 병든 환경이다. 국부적 환경의 질은 총체적 환경 위기 앞에서 의미가 적다. 별장은 근사한데 주변의 숲은 시들고 앞을 흐르는 강물이 오염된 것을 상상해 보라. 지구 온난화로 대기가 뜨거운데 에어컨 켜놓고 방 안의 더위만 식히는 꼴이라니. 냉기를 만드는 전력 에너지마저 고갈을 앞둔 화석 에너지로 얻고 있다면 그것은 전형적인 악화일로의 예다.

악순환의 고리에 걸린 것들은 에너지 문제만이 아니다. 평화를 외치며 전쟁을 일으키는 강대국의 이중 잣대부터 산업 생산량의 증가를 앞세워 환경 파괴를 정당화하는 천박한 경제성의 논리, 교통 정체 문제와 맞물린 자동차 생산량의 증가, 비료와 농약 사용량이 해마다 증가되는 화학 농법, 가난한 계층은 점점 가난해지는 빈곤의 대물림 문제 등 세상은 온통 악순환 고리의 지옥이다. 악순환을 선순환으로 바꾸는 방법은 없는 것일까? 있다.

악순환을 선순환으로 바꾸는 가장 효과적인 방책은 정책적 제도를 강제로 시행하는 것이지만 그것은 불가능하다. 실생활에 따르는 불편과 역효과를 앞세워 반대하는 입장이 거세기 때문이다. 석유 제품의 소비를 억제하자는 뜻이 아무리 좋아도 석유 제품 생산업의 이윤과, 관련 인구의 현실적 입장을 무시할 수 없다는 것이 좋은 예다.

아무리 옳은 명분이라도 강제할 수 없는 자유시장 체제에선 자발적 참여만이 대안이다. 그렇다, 가장 강력한 대안은 시민들의 자발적 선택과 참여. 정치적 선택에서 환경문제까지 시민들의 자발적 참여만이 힘이다. 특히 환경 문제는 개인의 삶이 환경과 별개 문제가 아니라는 인식과 성찰이 중요하다. 개인의 작은 실천이 모든 분야의 순환 구조를 바꾸는 동력이 된다. 못된 기업의 버릇을 고치는 힘도 소비자 개인의 선택

뿐이고 고질적 사회 부조리를 해결하는 것도 시민 각자의 고발과 실천뿐이다. 힘을 가진 집단이 많은 문제를 일으키며 잇속을 챙기고 피해와 치유는 혜택에서 소외된 개인에게 돌리는 이 사회의 총체적 환경 인식 지수는 도대체 몇 점이나 될까. 무거운 이야기는 이쯤에서 내려놓자.

건물을 한 채 새로 지을 때 들어가는 재료 종류는 철근·합판·콘크리트·유리·철사·볼트·못·페인트·벽돌·전선줄·플라스틱·고무·종이… 등 수십 가지가 넘는다. 집을 헌다면 마찬가지로 수십 가지가 나온다. 그 많은 것 중 다시 쓰이는 것은 얼마나 될까 궁금하다. 한마디로 요즘 다시 쓰이는 것은 거의 없다.

1970년대까지만 해도 건설 현장에서 파벽돌은 다듬고 합판의 못은 빼고 철사는 펴서 다시 썼다. 물자가 귀한 시절이니 잡부가 하루 종일 못을 빼고 목재와 합판을 정리해 다시 쓰면 경제성이 따랐기 때문이다. 하지만 요즘엔 재료비보다 인건비가 비싼 탓에 다시 쓰기는커녕 떨어진 못도 줍지 않는다. 사정이 이러니 집 한 채 허는 곳에서 재활용은 고사하고, 재개발로 쓸어버리는 동네 하나가 통째 매립장 쓰레기로 들어간다. 그것은 물자가 흔해진 탓보다는 물자를 귀하게 여기는 마음이 없어졌기 때문이다. 어디 신설 현장만 그럴까. 물자를 귀하게 여기지 않는 것이 온세상 풍조가 되었다. 아마 사물에 영혼이 있다면 언젠가 이 사회는 물신의 저주를 받을 것 같은 불길한 예감이 든다.

재개발이나 재건축 현장은 사람이 살았던 곳이다. 삶의 흔적을 새기며 가꾸던 동네가 통째로 날아가는 것을 보면, 통째로 날려 보내고 싶을 정도로 그 동네가 싫었던 것은 아니었을까 하는 생각마저 든다.

아, 지난한 삶의 흔적과 지우고 싶은 자취들이여! 그러나 숨 쉰 흔적은 구조적 자취로 남는 법. 공들여 쌓은 벽돌과 기울어진 철 대문, 슬레이트 지붕과 함석으로 덧댄 처마들, 목재 틀에 끼워진 형형색색의 유리 창문들, 이름모를 철공소의 솜씨를 뽐내던 방범창과 담장에 박힌 날카로운 철침들, 수도계량기와 하수구 뚜껑들… 살아온 시간의 켜를 지니며 고치고 다듬은 흔적들, 아 도저한 세월의 물증들이여! 무엇보다 그곳은 삶의 장소였으니 공간을 통해 품었던 삶의 기록으로 건축이 존재하지 않았던가. 유명한 건축가의 작품만이 건축이 아니라 궁핍이 낳은 절제와 생활의 필요가 낳은 합리적 해법을 보이는 살아 있는 건축 유산 또한 우리의 집적물일 터, 재개발지구 안에 집 한 채 남겨 '근·현대 동네 박물관'을 만들면 얼마나 좋을까. 우리는 살아 있는 삶의 유산도 관리하지 못하면서 사라진 유적만을 그리워한다.

얼마 전 책 한권 만드는 일로 을지로 인쇄소 골목엘 가게 되었다. 인쇄와 관련된 각종 협력 분야의 크고 작은 업소들이 다닥다닥 붙어 있었다. 다들 바쁜 틈에 혼자서 구경하느라 시간 가는 줄 모르는데 버려진 종이들이 산더미를 이루고 있다.

"아니, 저 멀쩡한 종이를 다 버리나요?"

"버릴 수밖에 없어요. 시험인쇄 과정에서 자연스럽게 나오는 거예요."

"나오는 대로 버립니까?"

"한군데 모아놓으면 폐지 수집하는 사람들이 가져가요."

"항상 이렇게 많이 나와요?"

"칼라 인쇄하려면 판들의 위치를 맞추고 색감도 봐야 하니, 흑백 인쇄보다 더 많이 나와요."

시험인쇄 과정에서 나오는 종이는 부득이하게 버릴 수밖에 없단다. 버리는 종이엔 온갖 색들의 인쇄잉크가 묻어 있다. 인쇄소마다 버리는 것을 합치면 어마어마한 양이 될 터인데 그것들은 모두 재생 공장으로 간다. 해서 재생 종이로 다시 만드는 것은 자원의 재활용이란 측면에서 유익한 일이지만 어딘지 아쉽다. 종이 자체가 아깝다는 생각이 이렇게 꼬리를 친다.

인쇄 과정을 구경/견학하는 것을 관광 프로그램으로 만들어보자. 인쇄소 한군데를 구경하는 것도 흥미롭지만 '인쇄 골목' 전체를 하나의 프로그램으로 엮으면 근사하다. 인쇄 골목은 인쇄 과정에 따른 각종 분야가 크고 작은 협력 체제로 구성되어 있다. 필름을 다루는 집은 필름만 다루고, 종이 공급은 지업사가 맡고, 편집만 하는 업체가 있고, 제본 재단 등의 과정이 다 독립되어 일하지만 한군데로 연결된다. 그 과정을 체계적으로 설명을 곁들여 보여주면 그 자체로 흥미로운 관광 자원이 될 수 있다.

책은 어떤 과정으로 만들어지는지, 포스터는 어떤 과정으로 인쇄되는지를 직접 보게 하는 것은 교육적 효과와 흥미를 동시에 만족시키는 것이다. 관광객의 사진을 즉석에서 대형 브로마이드로 만들어주기도 하고, 원고를 가지고 오면 책자를 속성으로 제작해 줄 수도 있다. 인쇄·출판·디자인을 묶어 새로운 관광 상품으로 개발한다면 인쇄 골목도 더 활성화될 것이다. 세계 최초의 금속활자가 우리 것이라는 것은 유네스코의 인정으로 널리 알려진 바다. 그 화려한 역사적 자긍심을 을지로 인쇄 골목에서 관광 자원으로 부활시키자!

그 골목 사이사이에 창의적 공간을 배치한다. 인쇄와 예술을 엮는 공간이다. 잠재력 있는 작가들의 작업 공간을 인쇄 골목에 마련해 주고 예술 활동을 지원하며 '활자' '종이' '인쇄' '책' 과 연관된 작업을 권유하자. 작업의 개념을 인쇄 골목에서 얻거나, 인쇄 과정의 부산물들을 작업 재료로 쓰거나… 창의적 공간에서 인쇄 문화와 연관된 작품들이 만들어진다면 인쇄 골목은 예술 골목이 되는 것이니 그야말로 골목의 부흥이다.

전국 각 도시에는 특정한 업종들이 모여 있는 곳이 많다. 이를테면 헌책방은 청계천이나 부산 보수동이고, 아현동의 웨딩드레스, 신당동의 떡볶이, 대구의 약전거리 등은 잘 알려진 명물 거리다. 그 외에도 철물·골동품·중고가구·전자제품·조명기구·건축자재·화공약품 가게들이 밀집된 곳들이 많다. 이런 곳들은 대부분 골목이 비좁고 건물도 노후돼 있다. 소위 불량한 환경으로 취급된다. 그러나 관점을 바꾸어보면 비좁은 골목과 노후된 건물은 불편하고 낡았으나 해로운 환경이 아니다. 오히려 그것은 큰 특징 아닌가.

도시를 새롭게 가꾼다면 의례히 넓고 곧은 길에 높은 건물만 새로 짓는다. 새로 지으면서도 좁은 골목과 낮은 건물로 구성하는 기법을 얼마든지 구사할 수 있는데 말이다. 오래된 거리의 흔적과 시간성을 지우지 않고 가꾸는 것은 무조건 새로 만드는 것보다 더욱 세련된 디자인 방법이다. 새로 만든 것보다 오래된 것이 더 의미 있는 것이 바로 건축이요 도시다. 그것이 우리 삶이어야 한다.

풍경의 속내 그 찜찜함에 대하여

세상엔 많은 풍경이 있다. 자연도 풍경이고 인위적 도시도 풍경이다. 어디 그뿐인가 정치·경제·복지·문화가 다 풍경이다. 풍경은 크게 둘로 나눌 수 있으니 눈에 보이는 경치로서의 풍경과 눈에 안 보이는 사회적 의미로서의 풍경이다.

눈에 보이지 않는 계산과 꼼수들은 정치적 풍경, 탈세와 불법 상속도 모자라 비자금까지 빼돌리며 못된 짓 하는 재벌들의 행태는 후진국 악덕기업 풍경, 수입 쇠고기를 한우로 속여 파는 소행은 싸구려 장사치 풍경, 가난한 계층이 치료비가 없어 의료 혜택을 받지 못하는 현실은 허울 좋은 구호만 보여주는 복지정책 풍경, 0교시에서 야간 자율학습까지 졸며 시달리는 학생들의 모습은 교육현실 풍경, 증권·부동산·미술품으로 몰려다니는 자본 증식의 꿈들은 천민 자본주의의 투자 풍경… 등 수만 가지의 사회적 풍경이 있다. 현실이나 현상 뒤에 풍경을 붙이면 그것은 명쾌한 사회적 그림이 된다. 다시 그 장면들은 사회적 의미를 생산한다. 가시적이지 않은 현상일수록 의미는 복잡해지고 다양하게 논의되며 변화한다. 그것이 사회적 풍경의 특징이다. 겉으로 보이진 않지만 살필수록 분석이 깊어진다. 이런저런 입장마다 말과 행동도 많아진다. 보이지 않는 관계 속에 개인의 이해가 달려 있기 때문이다. 개인의 이익과 밀접하면 보이지 않는 문제라도 가깝게 인식한다.

　보이는 풍경은 이와 반대다. 보이는 풍경들에 대해서는 의외로 말이 적다. 눈에 보이니 누구나 다 알 것이라 여기는 탓도 있지만 개인의 이해와 밀접하지 않은 경우가 많기 때문이다. 환경 문제, 공공 시설, 공공 예술… 등 세금이 들어가는 사안에 대한 시민들의 의사 표현은 의외로 무덤덤하다. 눈에 뻔히 보이지만 먼 문제로 인식하는 것이다. 역시 공익은 사익보다 멀다.

　예전엔 마을이 자연 속에 있었지만 지금의 도시 속에선 자연이 '보호'되고 있다. 도시의 확장은 자연의 축소와 몰락을 의미한다. 도시의 확장이란 자연을 점령하고 평평한 대지로 밀어버리는 획일적 건설을 말한다. 알량한 인공 공원 만들어놓고 도시에 자연을 도입했다고 말한다. 한술 더 떠 도시에서 자연을 이용/활용한다고 말한다. 자연을 도시에 복속시키며 인위적 사고와 시스템을 자연보다 상위에 놓는 정책과 관점들. 근·현대 도시들이 지닌 못된 특질이다. 그런 도시들은 위태로운 성장을 계속한다. 그나마 그것을 막는 최소한의 기능을 하는 녹지가 그린벨트다.

　도시와 자연의 균형적(?) 조화를 위하고, 환경을 보전하기 위해 설정된 '개발제한구역'이 도시 주변에 그린벨트로 지정되어 있다. 공공의 가치를 지니는 정책이다. 그곳에선 건축 행위의 제한을 받는다. 사유지라 할지라도 개인 마음대로 건축을 할 수 없다. 공익을 위해 사익을 제한하는 것이다. 사람들은 그린벨트로 지정되는 것을 '묶였다'고 하고 해제되는 것을 '풀렸다'고 한다. 공공 정책이지만 개인 입장에서 보는 것이다. 공익과 사익을 반대 개념으로 이해한다. 묶였다와 풀렸다는 단순한 반대의 의미를 넘어 생각할 점이 많다. 묶이는 것은 뭐든 원치 않는 타의적 상황, 반대는 자의적 상황 즉 풀리는 것이다. 소유자 입장에선 그린벨트가 풀리는 것이 좋겠지만 개발제한구역 지정 목적과 공공성을 생각하면-공익에 충실할수록-묶는 것이 좋다. 이럴 때 묶이는 것이란 자연과 공익의 혜택을 넓게 베푸는 것이다. 곧 자연을 잘 유지 관리하는 것이 사회와 공익에 유익한 길이니 사익을 묶는 것이 곧 공익을 푸는 것이 된다. 그린벨트 안에 투기 목적으로 사놓고 관리하지 않는 땅이 있다면 개발주의자 시각에선 도시와 건물을 그릴 것이고, 환경주의 시각에선 자연 회복의 가능성을 꿈꿀 것이다.

좋은 도시란 사람과 자연이 공존하는 도시다. 신도시는 돈만 들이면 얼마든지 만들 수 있지만 자연은 돈 들인다고 절대로 만들 수 없다. 특정 지역의 그린벨트를 풀겠다거나 풀렸다는 보도를 접하다보면 사익과 공익 사이에서 '푼다'는 의미가 참 모호하게 다가온다. 뭘 묶고 뭘 푼단 말인가.

자연 보호를 외치며 자연 속의 도시에 살고 싶어 하면서 또 한편에선 자연을 파괴하며 집을 짓는 시대, 사익과 공익 사이에서 갈등하며 사는 우리 자신이 모호하고 비겁하다.

공익과 사익이 정반대인 세상은 후진사회다. 공익과 사익이란 같이 가야 하는 것인데, 세상도 정치도 개인도 다 잇속 앞에 흔들린다. 혼돈… 그 사회적 풍경, 우울한 우리의 자화상이다.

도시 주변의 크고 작은 산들은 답답한 도시의 허파다. 오염된 공기를 맑게 해주고 시민들이 찾는 열린 장소로서 휴식 기능을 제공한다. 무엇보다 누구나 시각적으로 자연을 즐길 수 있다는 것이 제일이다. 개인 소유의 산을 출입 금지시키는 수는 있어도 멀리서 본다고 뭐라고 하지는 않는다. 국유림·사유림 가리지 않고 여기저기 눈 돌리는 곳마다 산이 보인다는 것 자체가 도시 주변의 녹지와 경관의 잠재적 질이 좋다는 것을 뜻한다.

도시의 여기저기에서 산을 볼 수 있게 하는 것은 경관의 공공성-사실 공동성이라는 표현이 더 깊은 의미를 갖는다-을 위해 꼭 필요한 일이다. 도시에서 보이는 풍경으로서의 산들은 시민들의 시각적 공동 자산이기에 매우 중요하다. 어느 날 가로축을 가로막고 들어선 대형 건물 때문에 멀쩡한 산이 보이지 않는다(개인 소유의 대형 건물이 공동의 풍경을 가리는 사례를 고발하는 웹사이트가 생기면 시민들의 호응이 뜨거울 것이다). 한강변을 따라 들어선 고층 아파트 때문에 남산이 잘 보이지 않는다. 수려한 경치를 훼손하는 개발은 지방에도 비일비재하다. 이런 안타까운 일은 풍경의 공동성을 소홀하게 생각한 우리 모두의 업보다. 공동의 손해이며 개인의 손해다. 주머니 돈 천원을 잃어버리면 안타까운데 돈으로 따질 수 없이 더 비싼 풍경을 잃는 것에는 무심한 사이 경관의 공익은 줄고 건설업자의 사익은 늘어났음이 분명하다.

그렇게 소중한 산은 의외로 가까이 있다. 마음만 먹으면 어느 도시에서건 걸어서 산에 갈 수 있다. 물통에 약수 받고 김밥 싸서 등산할 만한 산은 우리 주변 어디에나 있다. 산이 많은 한반도 지형이 주는 축복이다. 자연과 도시의 그 지리적 가까움에 비해 오히려 먼 것은 자연을 대하는 우리의 무관심이다.

동네 뒷산의 호젓하고 작은 약수터 주변에 어느 날 건설장비가 들이닥쳐 길을 넓히며 구릉지를 평평하게 만들기 시작했다. 물론 크게 자란 나무도 맥없이 뽑혔다. 공사 안내판을 보니 '××도시자연공원 정비공사'라고 씌어 있다. 정비? 도통 이해할 수 없는 말이다.

흐트러진 체계를 정리하여 제대로 갖추거나, 기계나 설비가 제대로 작동하도록 보살피고 손질함, 도로나 시설 따위가 제기능을 하도록 정리함이 정비다. 자연적으로 생긴 약수터에 정비란 말은 적절한 말이 아니다. 자연을 어이 정비한단 말인가. 더 엉뚱한 표현은 '도시' '자연' '공원'이 개념 없이 섞여 붙어 있는 것이다. 도시와 자연, 자연과 공원이 마구잡이로 붙어 있으니 자연을 정비하겠다는 발상이 나오는 것이다. 생각이 마구잡이면 행동도 무모하기 마련이다. 공무원 입장에선 산 속 약수터도 공원(?)시설로 파악되는 모양이다.

외딴 곳의 약수를 정기적으로 수질 검사하고 적합 부적합의 표시를 해놓는 것은 잘하는 일이다. 거기서 그쳤으면 참 좋았을 것을 열심히 한다고 일을 벌이긴 하나 결과는 한심하다. 자연스레 자라던 나무를 뽑아버리고 조경업자 이윤만 불릴 게 뻔한 나무를 가져다 심고, 호젓한 산길은 주책없이 넓혀서 포장을 한다. 구릉의 자연스런 흐름을 자르고 배수로를 설치한다. 군데군데 기성품 벤치가 놓이고 한술 더 떠 운동 기구도 설치한다. 방부 처리한 수입 목재로 바닥도 깔고 계단도 만든다. 구조물의 기초는 대충 콘크리트를 붓는다. 엉성한 정자도 세운다. 그리고 친환경 공원이라고 말한다. 아, 호젓한 약수터가 갑자기 정체 불명의 공원으로 바뀐다. 한마디로 조악하다. 신도시 도심 속에 새로 만드는 공원과 산 속 약수터를 관리하는 방식에 차이가 없다. 훗날 환경의 질을 높이기 위해서는 자연의 잠재력을 유지하고 키우는 방도를 찾아야 할 텐데 자꾸만 자연을 손보는 대상으로 여긴다. 자연에 손대면서 '디자인'이라는 말도 붙인다. 대부분의 시민들이 그 방식을 좋아하나 보다. 참 이상한 일이다. 산 속 약수터는 생긴 대로 두고 분기마다 하는 수질 검사를 다달이 하며 날마다 깨끗하게 청소하는 것이 오히려 인공 시설물에 돈 쓰는 것보다 더 좋지 않을까. 돈 들이고 조악함을 얻는 것만큼 바보같은 일이 어디 있을까.

한술 더 뜬 모습도 있다. '자연을 보호하자' '국토를 사랑하자'는 구호를 새긴 조형물이 의외로 많다. 집채 만한 자연석-글자를 새기기 위해 어디선가 자연을 파괴하며 캐온 것-에 구호를 새기고 주변을 공원처럼 다듬어 무슨 기념탑같이 꾸며놓았는데, 관리는 부실하여 시간이 지날수록 쓸모없는 폐허처럼 방치하고 있다. 자연을 보호하자면서 자연을 고려치 않는 모습이 참 우습다. 이는 분명 자연 보호를 무슨 행사용 구호로 인식한 결과다. 차라리 일회용 행사라면 좋았을 것을 욕심 부려 항구적으로 만들어놓으니 말할 수 없이 찜찜한 풍경으로 남는다. 큰 돌에 회사 이름을 새겨 사옥 앞에 자랑스럽게 세워놓은 경우도 의외로 많다. 심지어는 조경용 재료를 파는 곳에서 바위에 '자연석'이라고 새겨놓은 것도 있다.

인위적 풍경은 당대의 사고방식과 인식을 그려낸다. 멀쩡한 구릉을 뭉개고 배수로를 만드는 것이나, 손 타지 않은 능선과 산마루에 생뚱맞은 정자를 세우는 것이나, 아래로 흐르는 물길을 정비해 배를 산으로 보내겠다는 발상이나 결국 그 뿌리는 같다. 보이는 풍경보다 그 속내가 더 불순하니 이 시대 풍경의 특징은 개발과 정비를 앞세운 보이지 않는 찜찜함의 연속이다.

녹색성장보다 녹색철학이 필요하다

정부는 저탄소 녹색성장을 선언했다. 새로운 비전, 신국가 발전 패러다임 등의 수식이 붙는다. 근사하다. 박수치며 응원할 일이다.

보도 내용을 보자. '녹색성장은 온실 가스와 환경 오염을 줄이는 지속 가능한 성장이며, 녹색기술과 청정 에너지로 신성장 동력과 일자리를 창출'하고 '중장기적으로 녹색성장 구현을 위한 에너지 마스터플랜인 제1차 국가에너지기본계획을 수립하고, 고유가와 기후 변화에 대응하기 위해 저탄소 경제사회 체제로의 전환을 추진'하기 위해 녹색기술에 대한 총력투자를 강조하고 있다. 그러기 위해 '현재 5% 수준'의 에너지 자주 개발률을 '2050년에는 50%이상'으로 올리고, 신재생 에너지 비중도 '2050년에 20% 이상'으로 제고하도록 녹색기술 연구개발 투자를 확대하여 '에너지 독립국의 꿈'을 이루려 '경차 보급 확대, 자동차 연비 향상, 고효율기기 기술 개발·보급' 등을 추진하고, 국가 에너지 효율을 '2030년까지 2006년 대비 47%' 향상시킬 계획이라 한다. '저탄소 녹색성장' 정책이 성공, 아니 우리 사회에 자리잡기를 진심으로 바라면서 몇 가지 생각을 적는다.

녹색성장을 말할 때 유념할 일은 녹색성장이 명쾌한 관점을 보여야 한다는 점이다. 녹색성장은 '녹색' 성장? 아니면 녹색 '성장'? 어디에 방점을 찍은 것일까. 무엇을 강조하는지 불분명한 녹색성장은 매우 모호하다.

녹색이 주조가 된 성장과 녹색으로 수식된 성장은 전혀 다르다. 녹색이 주조가 되면 개발 위주의 성장은 성립되기 어렵고, 성장이 주조가 되면 녹색의 제관점이 유지되기 어렵다. 그러므로 어디에도 방점이 찍히지 않은 '녹색성장'은 녹색과 성장 사이의 귀에 걸면 귀걸이, 코에 걸면 코걸이가 될 가능성이 높다.

경제적 성장의 의미는 생산의 경제성을 전제하는데 그 경제성이란 것이 한계가 없는 무한 성장을 동경하며 무조건 싸고 이윤이 많고 생산자 입장에서 좋아야 하니, 녹색을 주조로 놓으면 애당초 가능성이 줄어들기 마련이다.

경제적 의미의 녹색은 어떨까. 그것도 만만치 않다. 녹색의 실제적 의미는 생명·생동감·건강함·희망 등, 한마디로 사회적 공동성과 지속가능의 생태 및 환경의 가치 존중을 의미한다. 그러니 녹색을 경제적 의미로 이해하려면 출발부터 다르고, 혹 경제적 녹색을 말하기 위해선 경제에 대한 개념이 먼저 수정되어야 한다. 말하자면 녹색경제에 대한 개념 정립을 새로이 해야 한다는 뜻이다. 그렇게 개념이 수정되지 않고 경제성과 사업성이 보장되는 녹색산업을 부르짖는 것은, 보통의 경제나 산업과 비교해 변별력을 갖기 어렵다. 그러니 녹색은 싸구려 경제, 또는 성장 위주나 발전 지상주의 같은 산업과는 공존이 매우 어렵다. 막연한 녹색성장이란 정책은 반가운 만큼 불안한 것이다.

그 불안이 도처에 잠복해 있다. 정책과 정책이 서로 충돌하는 기미가 보인다. 더 불안하다. 이를테면 환경을 말하면서, 보존 가치 면에서 세계가 주목하는 갯벌 매립을 승인하는 것이나 그린벨트를 해제하여 아파트 공급을 늘리겠다는 것도 서로 충돌하는 것이고, 환경을 보호한다면서 각종 규제를 풀겠다는 것도 서로 충돌하는 것이다. 개발 억제의 녹색과 팽창이 본질인 성장이 충돌하는 동거는 그래서 위태롭다.

아파트를 짓기 위한 그린벨트 해제 이유의 하나로 그린벨트 훼손을 든다. 보존할 가치가 없어지게 훼손됐다면 그 동안 그린벨트 보존을 잘 못했다는 반증 아닌가. 녹색성장의 큰 틀 속의 환경 정책을 위해선 훼손된 그린벨트를 오히려 그것답게 복구하는 것이 맞고 멋진 일이다. 그게 바로 박수쳐줄 녹색정책이다.

신재생 에너지를 쓰는 100만 호 '그린홈'도 발표 내용에 들어 있다. 그린홈은 녹색주택-녹색주택 또는 녹색건축이란 여러모로 의미가 깊은 개념이다. 다른 자리에서 길게 말할 기회가 있을 것이다-이란 말인데 현재 정책적으로 집행하는 여느 아파트와 같은 공급 방식으로는 절대 그린홈을 만들 수 없다. 단지 전체의 주거 밀도가 낮아야 녹색세대로 채워진 녹색단지가 될 터인데, 밀도가 낮아지면 세대수가 줄어드니 세대별 공급가는 부득이 높아진다. 일반 아파트보다 비싼 그린홈을 누가 사려고 할까. 그럼 일반 아파트와 비슷한 가격에 공급하자? 그러면 다시 그린홈의 취지가 무색해진다. 진퇴양난이다. 물론 그린홈에 거는 환경·기술적 기대치를 줄이고 무늬만 비슷한 그린홈을 만들 수는 있을 것이다. 그렇다 해도 100만 호에 신재생 에너지를 공급하는 것의 기술적 가능성과 경제성은 불투명하다. 일반적으로 신재생 에너지를 쓰는 경우 설비 비용과 초기 투자비가 더 많이 든다. 결국 구체적 연구가 없는 상태에서의 희망적 청사진이 아닌지 의심스럽다. 그렇다면 그린홈은 아파트의 새 브랜드란 말인가. 안타깝다.

정부 발표대로 신재생 에너지 비율을 20%로 높인다 해도 나머지 80%는? 결국 석유·석탄·원자력·천연가스다. 그러나 화석 에너지와 원자력은 비용도 비용이지만 자원 고갈과 환경 문제로 궁극적 대안이 되지 못하니 마땅한 대체 에너지가 나올 때까지 겨우 시간만 끄는 셈이다. 어떻게 되겠지… 하는 낙관론자들은 계속 개발을 재촉하고, 비관론자들의 경고는 계속되지만 대안이 마땅치 않다. 에너지 문제를 에너지 관련 정책 부서와 에너지 관련 단체에서만 아무리 떠들어도 효과가 크지 않다. 자, 어떻게 할 것인가. 이럴 때 이념·정파·정권을 뛰어넘는 전방위적이며 지속적인 녹색의식이 필요하다. 사회 전반의 정치·경제·문화·교육 등의 정책 기조를 녹색정신으로 바꿔야 하는 것이다.

보자. 환경부는 저탄소형 녹색행사 가이드라인을 만들었다. 얼마 후 어떤 환경 관련 행사가 가이드라인과 멀어도 한참 멀다는 보도가 뒤따랐다. 형식적이고 둔감하게 치른 행사를 지적한 것이다. 마땅한 지적이다. 세금으로 운영하는 관공서야 당연지사겠지만 에너지와 환경에 대해서는 여러 구분이 따로 없어야 한다. 민간 기업의 행사도 저탄소형 행사가 마땅하고 학교의 행사도 에너지 절약형 행사가 마땅하다. 동사무소 문화 교실도 녹색행사가 마땅하다. 정당의 행사도, 동창회 행사도, 상업적 판촉 행사도 녹색행사가 마땅하다. 하지만 제일 중요한 것은 각자의 생활을 저탄소형, 에너지 절약형, 재활용형 즉 녹색 사고방식으로 바꾸는 것이다. 그것이 녹색정신의 실천이다. 그 맨 앞에 녹색정부가 서 있어야 하니 정부가 주목할 부분은 정책의 바탕을 아우르는 바른 정신이어야 한다. 녹색정신으로 충만한 녹색정부 말이다.

녹색성장을 말할 때 중요한 두 축이 있다. 바로 밀도와 속도다. 먼저 밀도. 우리는 얼마나 밀도에 무감각한가를 반성해야 한다. 반성이 깊어야 정책의 앞을 볼 수 있으니.

국토해양부 자료에 따르면 국토 면적(남한 부분) 10만32㎢에 인구 밀도(487명/㎢)는 방글라데시·대만에 이어 세계 3위다(올림픽도 아닌데 여기서도 동메달이다). 우리나라의 도시화율은 90.5%로서 열 사람 중 아홉이 넘는 인구가 도시에 산다. 이러한 현상은 앞으로 더 심해질지도 모른다. 상황이 이러함에도 인구는 2018년을 정점으로 감소하기 시작한다. 고령화 인구 비율(10.3%)은 해마다 증가하고 있다.

인구 감소와 고령화 비율 증가의 겹침은 생산 인구의 빠른 감소를 의미한다. 생산 인구의 감소란 결국 고밀도 개발과 유지에 몰두한 도시들의 쇠퇴를 불러올 것이다. 지금의 도시란 생산·업무·상업·문화·주거… 등 고밀도 현상의 총화다. 생산 인구가 줄어들면 경쟁력 약한 도시들은 마치 풍선에 바람 빠지듯 활기 없는 도시가 될 것이다. 녹색성장을 원하면 특수지역 신개발이나 신도시 건설 등의 상투적인 고밀도 팽창 정책이 아닌 저밀도 지원 정책이 필요하다. 예를 들면 인구가 감소하는 지방 도시를 집중 재생시킨다거나, 용산 미군기지를 개발하지 않고 거대한 공원으로만 조성한다거나, 새만금 매립지에 이것 저것 건설과 개발의 판을 벌일 게 아니라 세계에 자랑할 만한 숲 조성 방법을 배짱 좋게 찾아보는 것이다. 새로 만든 각종 산업·공업 단지가 활성화되지 않고 있는 것을 보면서 또 공장 터를 닦는 것은 어리석은 일이다. 미완의 자연을 물려주는 것보다 확실한 투자는 없으니 말이다. 개발의 방법도 꼭 고밀도만 있는 것이 아니다. 중밀도, 저밀도도 있다. 그 중 무엇이 지속 가능성을 높이는 것일까.

그럼 속도는? 역시 반성이 필요하다. 우리는 흔히 나라 안 일일 생활권에서 세계화까지의 근간을 속도라고 오해한다. 그래서 의사 소통이든 정보 공유든 빠를수록 좋다고 믿는다. 생산도 그렇고 유통도 그렇다. 뭐든 빠를수록 좋아한다. 이 시대는 속도에 몰두하며 속도를 믿는다. 빠를수록 열광하는 까닭은 속도에 관계된 이유가 많기 때문이다. 산업시대의 특징인 대량 생산, 대량 소비는 결국 생산과 소비의 속도를 단축하는 것이다. 생산 이윤, 건설 이윤, 판매 이윤… 중개 이윤에 관계된 것들은 더욱 속도 빠른 것이 좋아보인다. 느림을 예찬하자는 것이 아니라 뭐든 빠르면 좋을 것이라는 그 무대책의 조급증을 경계하자는 말이다. 당장 얻을 수 있는 빠르고 달콤한 그 이윤으로 사회 전체가 공동으로 얻을 수 있는 것이 무엇일까? 별로 없다. 오히려 생산을 위해 유발시킨 환경 오염은 더 많은 정화 비용을 낳고, 다급하게 진행하는 건설의 환경 파괴 후유증은 더 많은 회복 비용을 낳을 뿐이다. 이 또한 공동의 몫, 잘못하면 누대에 짐이 될 뿐이다.

녹색성장은 정책에 앞서 정신이 더 중요하다. 무조건의 고밀도 팽창/개발을 경계하며 관행적으로 몰아치던 삽질의 속도를 조절하자는 말이다. 한마디로 녹색정신! 정책에서부터 소비 생활에 이르기까지 녹색정신을 갖지 않는 녹색성장은 말장난일 뿐이다. 묻는다. 나는 녹색인간인가? 당신은?

풍경과 환경 속의 폭력

　금수강산! 말만 들어도 벅차다. 지금의 한반도가 아닌 예전의 모습을 어이 볼 수 없을까. 비록 도판이지만 조선시대 산천을 그린 진경 산수화를 보는 일은 즐겁다. 진경(眞景)이란 실재하는 풍경. 그것을 작가적 상상력으로 해석하여 화폭에 옮긴 것이다. 풍경에 대한 강조와 생략, 풍경 위치와 원근의 조정과 재배치, 시각의 확장과 축소 등을 통해 재구성되어 표현된다. 구성의 바탕은 어디까지나 진경이다. 진경을 더욱 진경답게 그리기 위한 사생은 주의 깊은 관찰과 반복된 감상을 거쳤을 것이다. 현재 모습과 일치하는 장면을 곳곳에서 확인하는 것은 어렵지 않다. 진경 산수화 속에서 읽히는 풍경은 조선 후기-개항과 한일합방 등 소위 근대적 움직임으로 인한 국토 변형 이전-까지의 훼손되지 않은 자연 경관 기록이기도 한 것이다.

　겸재 정선이 한양을 그린 작품 속에는 남산 풍경이 많다. 한양의 남쪽을 감싸는 산이니 장안을 그리려면 당연히 배경의 일부로 그려야 했으리라. 그 중 〈목멱산〉과 〈목멱조돈〉은 온전히 남산을 겨누어 그린 것이다.

〈목멱산〉은 울창한 소나무로 덮여 있다. 흐르듯 감도는 구름과 함께 소나무 숲이 어찌나 기운생동하며 상서로움이 넘치는지 큰 산을 보는 듯하다. 애국가 2절의 '남산 위에 저 소나무 철갑을 두른 듯 바람 서리 불변함은 우리 기상일세~'의 바로 그 소나무 숲이다. 남산의 큰 봉우리는 두 개인데 그림의 오른쪽(서쪽) 봉우리가 높게 그려져 있다. 남산을 북쪽에서 보며 봉우리 두 개인 겹산의 능선 흐름을 잘 잡아내고 있다. 실제 남산이 답답하거나 단조롭게 느껴지지 않고 사방에서 보는 형태가 다채롭게 보이는 이유가 바로 겹산이라는 산세, 지형적 특성에 있다.

〈목멱조돈〉은 한강이 넓게 흐르며 가깝고 먼 산이 눕고 비켜 겹친 가운데 남산이 우뚝 솟은 그림이다. 멀리서 보았으나 송림이 창창하다. 강 건너편에서 강물·백사장, 구릉 낮은 산 너머로 시선이 뻗치다가 불쑥 솟게 그려진 남산이 우람차다. 남산은 큰 산이 아니건만 한강까지 넓게 확장된 시야 속에서 큰 산 못지않은 기품을 드러낸다. 과연 한양 풍수 속 주작다운 면모다. 그림 속 남산은 왼쪽(서쪽) 봉우리가 높게 그려져 있다. 한강 건너—지금의 강서구—에서 보았기 때문이다. 남산은 동서로 높이가 다른 두 봉우리가 사방 보는 위치에 따라 길고 부드럽고 느리게, 빠르고 짧고 가파른 능선을 다르게 드러낸다. 그것이 겹산 목멱산의 산세다. 멋진 산, 맛 나는 풍경이다.

지금의 남산을 본다. 한양의 남쪽에 있던 남산은 도시 영역이 넓어진 서울의 중심에 있다. 이제 목멱산은 남산 아닌 중앙산으로 불러야 하는 것은 아닌지 모르겠다. 서울의 한가운데 있으니 위치·환경·풍경·생태·역사의 시각적 중요성이 더 중시된다. 엄청난 돈과 노력을 들인 '남산 제모습 찾기'는 원래의 남산을 보고자 하는 열망의 표현이다. 그럼에도 원래의 남산으로 돌아가기는 어렵다. 이미 고밀도의 도시 시설이 남산 주위를 둘러싸고 목을 죄고 있기 때문이다. 여기저기 솟는 고층 건물이 남산을 더이상 가리지 않으면 다행이리라. 도시화·고밀도, 남산 주변의 난개발, 경관 관리 실패… 다 이해하자. 문제는 지금부터다. 남산에서 놓친 자연 회복의 가능성을 인접해서 새로 만들 용산 공원과 연계하여 강구해야 한다. 미군이 이사 가면 만들 용산 공원은 남산과 한강 사이에 있다. 면적도 넓고 위치도 좋다. 부분 개발, 일부 개발, 지하 개발… 등 개발론자들은 어떻게든 건물 짓고 땅을 팔고자 하지만 나는 미군 부대 전체를 개발의 티가 보이지 않는 자연 공원으로 만들어야 한다고 생각한다. 그리하면 삼각산 - 북악산 - 남산 - 용산 공원 - 한강이 자연스레 이어진다. 거대한 자연 생태통로가 될 수 있다. 청계천을 복원(?)하였다고 자랑하지만 전기 끊기면 물 공급이 안 되는 콘크리트 어항은 생각할수록 낯간지럽다. 분수와 야간 조명으로 요란한 '한강 르네상스' 계획도 한강을 볼거리로만 만들지 말고 자연 생태 한강을 지향했으면 좋겠다. 원래 산천은 산과 물을 이르는 것, 한강 르네상스의 답은 한강을 남산·삼각산과 잇고자 하는 인식 속에 그 답이 있을 터이니 한강 아닌 서울 전체가 자연과 생태의 '환경 르네상스'를 맞았으면 좋겠다.

다시 남산으로 가자. 진경 산수화 속의 그림(?) 같은 남산과 지금의 훼손된 남산을 겹쳐보면 안타까움이 가득하다(세계적 도시-규모만-로 성장한 서울 한복판에 손 타지 않은 목멱산이 떡 버티고 있었다면 아, 환상! 아니 자연이리라. 위대한 자연은 환상을 능가한다). 산허리까지 건물이 빽빽이 들어찬 조악한 남산을 만든 것은 우리들 자신이라는 자괴감이 든다. 그 중 가장 이해 안 되는 일은 산마루까지 들어선 각종 구조물들이다. 자동차도로·매점·케이블카, 각종 건물, 송신탑·서울타워… 등은 필요해서 또 편리와 편의를 위해 들어선 것이다. 그런 일이 남산에만 있는 것은 아니지만 이제 편리와 편의를 위해 자연을 손대는 개발이나 관리 방식은 심각하게 반성해야 할 때다. 나는 '남산 제모습 찾기'는 꽤 의미 있는 정책이지만 어리석은 행정의 표본이라고 여긴다. 애초에 짓지 않았으면 좋았을 건물들을 잔뜩 지어놓고 세월이 흐른 후 엄청난 돈을 들여 다시 부수고 이사하며 제모습을 찾겠다니 얼마나 우습고 부끄러운가. 마치 청소하기 위해 어지르는 꼴의 행정 아닌가. 뒷북 행정이지만 '남산 제모습 찾기'는 잘한 일이고 더 계속되어야 한다.

남산의 자연 형태에 가장 심한 왜곡/변형을 가져온 것은 꼭대기에 서 있는 남산타워다. 원통형으로 높이 솟은 모습은 서울 어디에서나 잘 보인다. 원통형이므로 사방 모양이 같다. 멋있다고 말하는 이들도 있지만 내가 보기엔 멋대가리 없다. 남산이 사방에서 볼 때 다 다른 모습이듯 타워도 사방에서 볼 때 다 다른 것이 훨씬 바람직했을 것이지만, 핵심은 그게 아니다.

타워가 그 자리에 꼭 있어야 하는가를 물어야 한다. 야간 조명이 아름답다고 말하는 사람들도 있지만 나는 밤새 밝혀진 인공 조명이 싫다. 오히려 어두운 밤에는 휴식을 취하듯 무심히 누워 있는 어두운 남산을 보고 싶다. 불야성 풍경이 도시 전체에 일년 내내 그득한데 남산 꼭대기까지 밝힐 이유가 뭐란 말인가. 특히 남산은 서울 어디에서나 보이는 원경의 산마루 선이 흐르는 선율처럼 아름다운데 타워는 무슨 철침처럼 박혀 있다. 남산이 말할 수 있다면 철침을 빼달라고 할 것 같다. 자연 풍경에 인위적 장치가 첨가되어 멋들어진 경관이 연출되는 경우도 있는데, 그런 경우는 인공 장치가 소극적이거나 자연을 돋보이게 하는 보조적 수단으로 제한되는 경우다. 남산타워는 경관의 보조 장치가 아니라 거꾸로 남산을 압도하고 있다. 혹자는 남산타워가 서울의 훌륭한 랜드마크라고 말하지만 남산은 타워가 없다 해도 그 자체로 어떤 인위적 장치보다 훌륭한 천연의 랜드마크다.

  자연 경관에서 눈에 띄는 곳을 골라 뭘 세우고 짓고 만들고 싶어 하는 심리는 어쩌면 자연 경관에 가하는 폭력인지도 모른다. 겸재의 그림에 그려진 목멱산과 지금의 남산 풍경, 그 사이를 가리고 있는 것은 생각 없이 남산에 가한 우리들의 폭력 아닐까.

  폭력이란 언뜻 '강제로 억누르는 힘'만을 이르는 것 같지만, 스스로 원치 않는 외부로부터의 모든 부당한 간섭을 통칭한다. 폭력은 주변에서 접하는 개인적 다툼부터 정치·문화적 영역에 이르기까지 다양한 양태로 존재하며 행사된다. 군대폭력·학교폭력·청소년폭력·성폭력·가정폭력은 흔히 듣는 말이고 육체적으로 억누르지 않지만 언어폭력도 있다. 이것들은 모두 특정한 장소와 공간에서 일어난다. 폭력을 피하려면 폭력의 동기를 없애거나 어떤 관계를 갖지 않는 것인데 그것은 불가능한 일이다. 어찌 사회적 동물인 인간이 사회적·인간적 관계를 없앨 수 있단 말인가. 특히 삶의 물리적 기반인 장소와 공간을 떠날 수가 없다. 세상이 싫어 산으로 간 사람도 산이라는 장소적 특성이 바뀐 것뿐이지 장소와 공간을 떠난 것이 아니듯, 인간은 어떻게든 장소와 공간의 관계망 속에 있다. 그뿐인가. 시간과 공간의 존재 개념이 다른 사이버스페이스도 관계망 중의 하나다. 그곳에도 폭력이 있으니 이른바 사이버폭력이다. 그러고 보니 인간이 관계하는 모든 환경엔 폭력의 불안감이 깃들어 있다. 우리가 폭력을 경계하는 것은 폭력에 대한 공포·치욕·굴종이

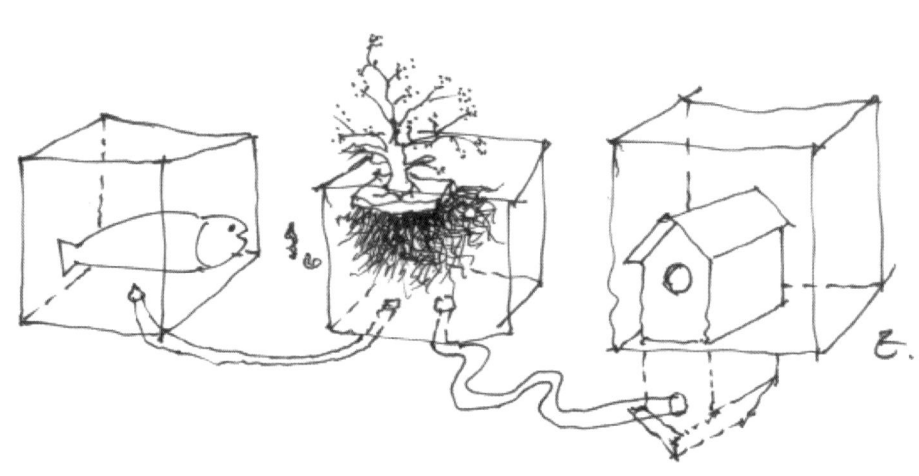

부당하기 때문이다. 그 피해와 상처는 인간의 존엄성을 너무나 깊게 할 퀸다. 상처는 치유하면 되는 것이라고 혹자는 말하지만 천만의 말씀. 치유란 상처를 덮고 기억을 참을 뿐이지 원래 모습을 말하지 않는다. 영원한 상처로 존재하는 것이 폭력의 후유증이다. 그것이 모든 폭력을 경계하는 제일 앞선 이유다.

폭력은 인간과 인간 사이에만 있을까. 아니다. 인간과 동물 사이에도 있다. 동물 학대! 그건 한마디로 인간이 동물에 가하는 폭력을 이르고 그러한 폭력으로부터 동물을 보호하려는 법이 동물 보호법이다. 더 있다. 인간이 환경에 가하는 각종 파괴·오염·폐해·난개발 등은 한마디로 환경 학대다. 나아가 환경에 대한 폭력이다. 각종 환경 관련법은 환경에 대한 폭력을 방지하고자 하는 법이다. 식품 위생법은 식품의 위생과 영양의 질적 향상을 위하려는 법인데 실상은 위해 식품을 막는데 더 위엄을 발휘한다. 법을 떠나 불량 식품은 식품을 통해 가하는 폭력에 다름아니다. 하지만 법이 있다고 모든 게 보호되는 것은 아니다. 법은 항상 현실보다 멀고 뒤진다. 법은 최소한의 장치일 뿐 모든 것을 막지 못한다. 법보다 의식이 먼저다.

여기서 나는 제안한다. 폭력의 범위를 확대하여 지켜야 할 공동의 자산 모두에 적용하자. 경관보호 운동은 경관폭력 반대운동, 환경보호 운동은 환경폭력 반대운동으로 의식을 확대해야 한다고. 날은 차고 바람 부는데… 잘 생긴 남산이 보고 싶은 것이다. 타워 없는 남산 말이다.

불가능해 보이는 것이 진정한 꿈이다

새해 아침, 불가능해 보이는 꿈 하날 꾸자.

누구나 지난 세월을 힘주어 말하고 싶을 때 시간의 장구함을 앞세운다. '반만년 역사…' '조선 500년…' 등의 표현이다. 앞날을 위해 세우는 계획의 중요성을 강조할 때도 시간을 앞세운다. '10년 앞을 보고…' 'ㅇㅇ년 미래를 위하여…'라고 말한다. 과거를 불러내든 미래를 앞세우든 산술적 기간이 길면 내용이 중해 보인다. 뭔가 있어 보인다. 듣기에만 그런 것이 아니라 사실 그렇다.

유네스코 세계기록유산인 〈조선왕조실록〉은 조선 25대(태조~철종) 472년 동안의 집적인데, 기록된 사실보다 기록한 세월이 더 놀랍다. 기록을 담당하는 부서(실록청 또는 일기청)에서 정해진 원칙대로 기록 사업의 중대성을 실천했기에 가능한 일이다.

개인 일기를 평생 써서 남긴 이도 있다. 평생을 기록한다는 심지를 실천한 결과다. 그것은 개인의 소소한 일지를 넘어 사회상을 기록한 자료가 된다. 작심삼일에 익숙한 평범한 이들은 사료적 가치에 무심하나 그 긴 시간의 끈질김엔 다들 놀란다. 개인이 자신의 일을 계속하는 것은 재미 또는 습관이나 인내심에 좌우되지만, 사초를 기록하는 일이 아니

더라도 공공 사업은 공동 이해와 지속성의 명분과 조직적 실천에 따라야 한다. 자자손손 국가 시스템으로 지속되며 이어가는 국책 사업은 아름다운 역사적 자긍심이다. 한마디로 십년지계, 백년대계는 이를 두고 말한다. 백년대계란 먼 앞날까지 미리 내다보고 세우는 계획이다. 100년을 하루같이 지속하는 일에는 종류 안 가리고 '우공이산' 같은 우직함이 따라야 한다. 무엇이 공동 이해에 맞고 우직하게 추진하기에 적절할까. 그것은 미래를 위한 지속적 투자가 개인을 행복하게 하는 일이거나 국민 모두의 공동 자산이 늘어나는 일, 즉 국토 환경에 대한 꿈같은 투자 사업이 아닐까. 사업이라 하면 언뜻 개발·건설·신설… 등의 환경 파괴적 망치질을 연상하기 쉽지만 반대로 그 동안의 무분별한 삽질을 반성하며, 언뜻 불가능해 보이지만 꼭 필요한 꿈을 꾸자는 말이다. 지속가능한 자연 환경을 살리는 꿈의 삽질 말이다.

1971년 서울 지역을 효시로 도시의 무분별한 확산을 방지하고 환경을 보호하기 위하여 도시 주변 지역에 개발제한구역을 지정할 수 있도록 도시계획법이 개정되고, 다음 해에는 서울·부산·대구·대전·광주… 등에 개발제한구역이 지정되었다. 그린벨트로 불리는 이 제도는 불도저식 개발지상주의의 폐해인 산업 공해, 환경 파괴 및 오염… 등 부끄러운 과오가 더 많은 지난 독재시대의 흔적 중에서 호평받는 정책이다. 그간 개발제한구역을 철저히 관리하고 각종 심의를 통해 도시개발계획을 조정(?)했음에도 전국의 도시들은 엄청나게 팽창했다. 전국적 도시화의 빠른 속도는 그만큼 우리나라의 경제 개발과 성장 속도가 빨랐다는 물증이다. 그러다보니 우리의 도시들은 외형은 크지만 환경의 질은 높지 않다. 서울의 인구는 세계 1위, 경제력은 세계 10위 안에 들지만 살기 좋은 도시 순위에서는 하위권이다. 국가별 환경지속지수로 따지면 우리나라는 세계에서 꼴찌 수준이다. 최고와 최하가 겹치니 참 부끄럽다. 만약 그린벨트를 두르지 않고 전국의 도시를 내키는 대로 개발했다면 어떻게 되었을지 끔찍하다. 40년 전의 그린벨트 지정은 사회 기여도가 그렇게 높은데도 불구하고 아직도 풀자느니, 묶자느니 말들이 많다. 이리도 생각이 없으니 부끄러운 일이다. 21세기가 '환경의 세기'라 말만 하지 환경의식은 좀처럼 나아지지 않는다. 그런데 무려 300년 전에 그린벨트 지도가 있었다면 믿기는가?

〈사산금표도(四山禁標圖)〉를 보자. 조선 숙종 31년(1705)의 목판 인쇄본 지도다. 〈사산금표도〉는 한양 성곽과 문루, 도성 안의 궁궐과 종묘, 물길인 청계천을 간략하게 그리고 성 밖의 산줄기와 물길 위주로 그렸다. 왜 도성 안보다 도성 밖을 자세히 그렸을까. 〈사산금표도〉는 한양 주변에 묘지 쓰는 것을 금하고 소나무를 베지 못하도록 하는 목적을 가진 특수 지도였기 때문이다. 금하는 영역을 표시하려니 성 밖을 상세하게 그린 것이다. 지도와 함께 규제 영역을 글로 적었는데, 동서남북의 경계를 이루는 지점의 지명, 산·하천을 상세히 기술하고 있다. 요즘으로 치면 개발제한구역도와 같은 것이다.

〈사산금표도〉를 읽으면서 아쉬움에 젖는다(오래전부터 치산치수에 관심을 가진 우리의 금수강산은 오늘 왜 이리 망가졌는가). 〈사산금표도〉는 보호할 영역을 표시했으나 지도가 크지 않고 목판 위에 판각한 것이라 한양 주변의 지형이 상세하게 나타나지 않는다. 300년 전의 산세와 지형은 어떠했을까. 궁금하다. 다른 지도를 찾아본다. 한양 주변 지형이 생생하게 나타난 아름다운 지도가 있다.

〈도성대지도(都城大地圖)〉. 한양을 그린 지도다. 영조 29년(1753)에서 영조 35년(1759) 사이에 그린 것으로 추정되며 겸재 정선이 그렸다는 설도 있다. 남아 있는 도성도 중에서 가장 크고 세밀하다. 당시 행정 구역의 명칭과 도로·하천·다리·성곽 등의 표기가 꼼꼼하다. 그 중 눈길을 잡는 것은 지형과 지세를 그린 한양 주변의 산이다. 북한산을 머리로 앉히고 풍수적 관점에서 말하는 좌청룡 낙산(타락산), 우백호 인왕산, 남주작 남산(목멱산), 북현무 백악산(북악산)을 마치 산수화처럼 그렸다. 회화식 지도가 아니라면 이런 장면을 그린 지도를 만나기 어렵다. 250여 년 전의 울창한 숲 속을 호흡하며 지도 위를 걷는다.

〈도성대지도〉는 자연과 숲의 지도다. 북한산의 보현·문수·백운·인수 봉우리를 특징대로 기운차게 그리고, 백악산은 돌출된 비둘기바위까지 세세히 그렸다. 인왕산을 보면 거대한 바위덩어리가 지금같이 여전하다. 바위는 닳지 않고 의구하나 숲은 말랐다. 내가 눈여겨보는 부분은 산과 도회의 경계 부분이다. 당시의 주거지와 성곽, 궁궐 길, 고개·하천 등과 산이 만나는 영역은 지형이 꿈틀거리듯 살아 있으며 나무와 숲이 채색되어 있다. 아, 산이여 나무여 구릉과 바위, 새가 날고 산짐승 어슬렁거리던… 숲이여. 꿈꾼다, 진경시대의 시간이여.

지금의 서울은 어떤가. 땅값은 금보다 비싸고 바늘 하나 꽂을 틈 없다. 숨이 막힌다. 서울은 말로는 600년 고도를 자랑하지만 무엇 하나 600년 묵은 것이 없다. 하물며 산세와 지형도 허물고 메워, 훼손된 부분이 더 많다. 다른 지도를 한 장 더 보자.

세계 지도학자들을 놀라게 하는 고산자 김정호의 〈대동여지도〉 맨 앞장에는 〈경조오부도(京兆五部圖)〉가 있다. 도성 안과 밖을 그린 지도

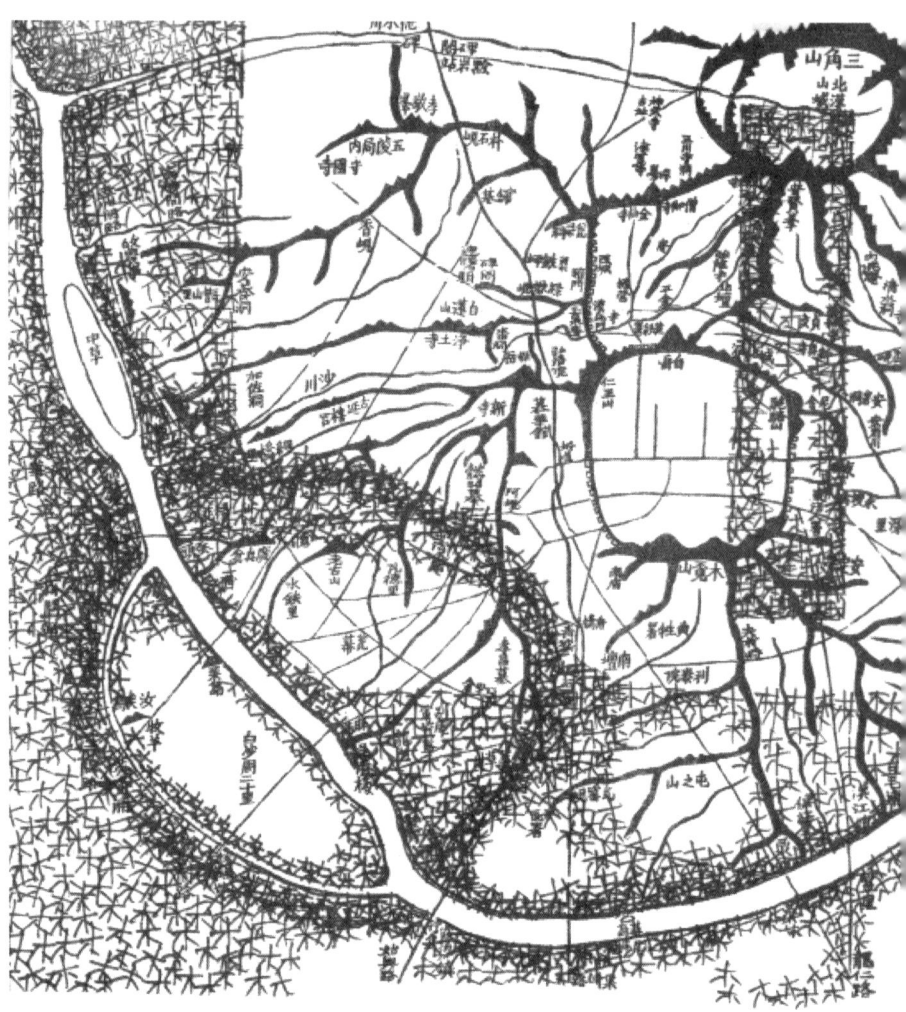

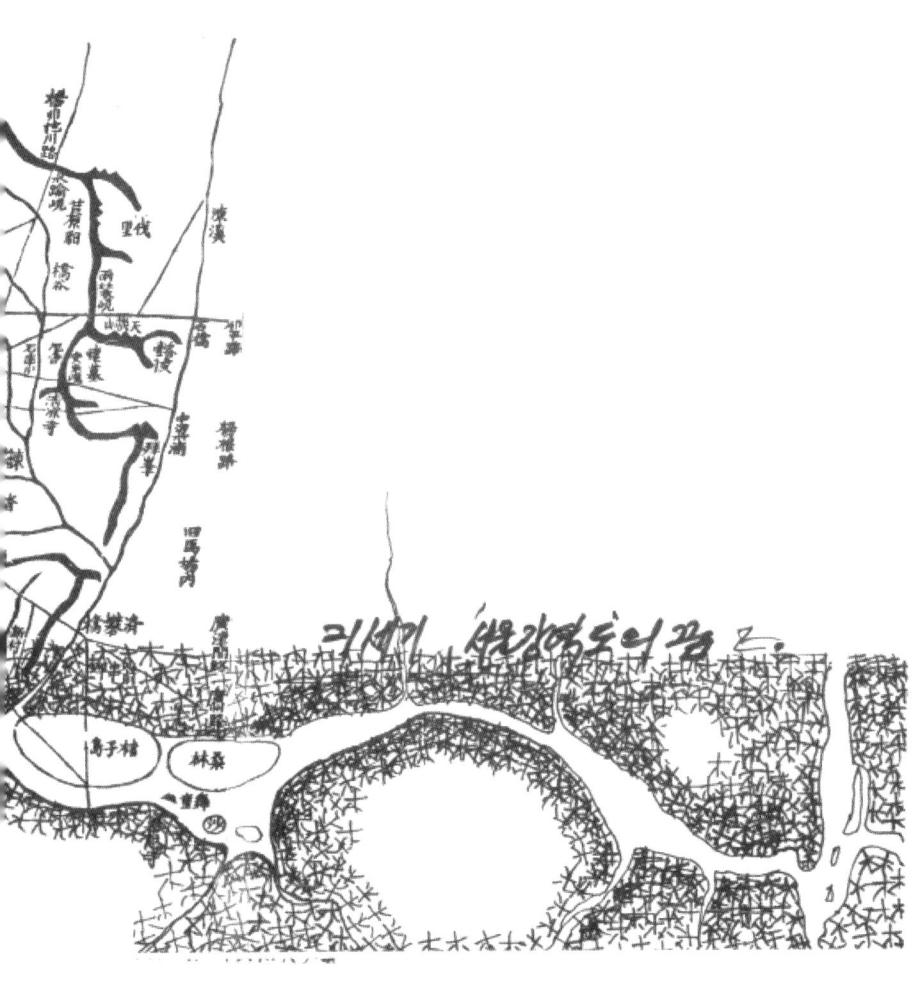

다. 도성 안은 큰 길만 나타내고, 임금이 살던 궁궐도 그리지 않고 비워 두었다. 반면 도성 밖은 자세히 그렸다. 삼각산과 한양을 감싸고 도는 한강을 포함하는 넓은 영역이다. 한강과 삼각산 줄기들이 만나는 형국이 그대로 드러난다. 〈경조오부도〉는 한양 주변 4개의 산을 그려 분지로 형성된 도성의 입지적 특성을 나타낸 것이다. 강과 산이 만나는 물길과 산이 뚜렷하게 살아 있다. 1861년에 그렸으니 불과 150년 전 상황이다. 서울의 상징인 삼각산과 한강은 큰 위용을 자랑하지만 그 산과 강을 잇는 핏줄기 같은 세세한 지형들은 절단되어 건물이 들어차거나 자동차를 위한 도로가 된 지 오래다. 산과 강이 이어지지 않으니 아무리 도시에 공원이나 광장 같은 오픈스페이스가 통계적으로 많다 하더라도 그것은 단순히 면적이 넓다뿐이지, 자연·생태·환경 등과는 거리가 멀다. 안타까운 일이다.

혹자는 말한다. '대도시로 성장한 서울에서 그 정도는 어쩔 수 없는 일 아닌가.' 아니다, 그렇지 않다. 바람직한 대도시란 규모만 큰 것이 아니라 삶의 질이 보장되고 보편적 도시 생활과 환경의 질이 권유될 만한 수준이어야 하는 것이다. 서울의 예를 들어 말하고 있지만 각 지방의 도시들도 마찬가지 상황이다. 다들 성장·확장·연장·건설만 말하지 도시의 역사적·자연적 조건을 도시 확장과 조화시키거나 미래의 환경 조건으로 승화시킨 예는 찾기 어렵다. 우리의 도시들은 모두 개발의 어두운 그림자를 드리운다. 멀쩡한 하천을 콘크리트 제방으로 바꾸더니 갑자기 다 뜯어내고 돌로 쌓으며 복원이니 생태니 떠드는 꼴이나, 멀쩡한 산 중턱까지 고층 건물을 짓더니 갑자기 산이 안 보인다고 경관 보호니 사전 심의니 난리를 친다. 웃자니 눈물나고 참자니 화난다. 나는 생산성과 명분을 앞세워 건설하는 것이 개발이 아니라, 미래를 위한 투자라면 생산성이 적고 당장 눈에 띄는 효과가 적어도 계속하는 것이 공공성과 공동성의 진정한 개발이라고 믿는다.

실록을 기록하듯 100년도 더 넘게, 평생을 기록하는 끈기로, 어리석어보이는 우공이산의 자세로… 서울의 산줄기와 물줄기를 회복시키는 꿈을 꾼다. 서울은 100년 후 무엇을 자랑할 것인가. 말로는 수백 년 역사를 자랑하지만 보이는 것은 기껏 몇십 년도 안 된 듯이 마치 신도시 같은 조급증을 드러내는 서울. 아, 진정 서울을 사랑하고 자랑하고 싶다면 성장하기 이전의 지형부터 회복하는 일이 우선되어야 하리. 그렇다고 옛 지형을 훼손하고 들어선 건물을 무조건 다 없애자는 이야기가 아니다. 산과 강을 잇는 자연 지형의 체계를 다시 찾아 살릴 것과 헐어버릴 것을 추리면 된다. 핵심은 무엇을 존중하는가에 있다. 아무리 지형을 존중해도 형식적 지형은 의미가 없다. 자연과 호흡하는 생태지형이 핵심이다.

원고를 마무리하려는 참에 서울시에서 하천복원사업계획을 발표했다. 복개되거나 방치했던 '서울시내 54개의 실개천과 하천을 생태하천으로 정비'하겠다는 것이다. 물길을 살린다니 환영한다. 이어 세운상가를 헐고 도심 숲길을 조성한다는 소식도 들린다. 도심을 관통하는 녹지축을 만든다니 환영한다. 그러나 이런 계획들은 매우 재재하게 보인다. 계획은 있으나 원대한 꿈이 없다. 몇년 후에 완공되면 당장 좋아보이는 근시안적 계획들이다. 무릇 물길이란 홀로 흐르는 법 없이 산과 구릉과 같이하는 것이다. 그래서 치산치수(治山治水)를 붙여 쓰는 것이다. 이왕이면 산과 강, 그리고 하천이 같이하는 거대한 그림을 그렸으면 좋겠다. 제발 마른 하천에 인공으로 물 흘리며 분수대 몇개 있는 완상용 하천은 만들지 않기를 바란다. 개발시대의 흉물로 존재하던 세운상가를 다른 이름으로 고층 재개발하며 녹지로 포장하는 조경업자가 아니었으면 좋겠다. 산과 이어진 자연의 물길을 만들라. 물길을 만들며 숲길을 만들라. 그리하면 산길과 이어지고 저절로 생태 순환적이고 녹색 개념과 체계가 명확한 도시가 될 것이다. 자연 중심, 생태 중심, 지형 중심의 도시를 꿈꾸자.

300년 전의 숲을 꿈꾼다. 10년 가지고는 어림도 없는 일이다. 오랜 시간이 걸릴 일임을 알고 시작하자. 시장이 열 번 바뀌면 어떤가. 50년쯤 걸리면 어떤가. 아니 한 100년 걸리면 어떻고 더 걸리면 어떠리. 계속하는 것이 중요하다. 세상엔 마르고 닳도록 계속하는 일도 있어야 한다. 실록을 적던 자세로 나무를 심으며 지형 회복을 계속하자. 내일 우리는 무엇을 중심에 놓을 것인가.

몸에 닿는 것이 바로 환경이다

환경을 설명하는 상징은 늘 호소력 짙은 '그림'이다. 좋은 환경을 말할 때는 멋진 풍경, 그야말로 '그림' 같은 녹색 장면이 떠오르고 나쁜 환경을 말할 때는 서해안에 흘러넘친 기름 속에서 허우적거리는 가엾은 철새가 떠오른다. 그림 같은 자연과 더불어 평생 살 수 있으면 얼마나 그윽할 것이며 평생을 매연 속에서 숨 쉬면 얼마나 괴로울 것인가. 행인지 불행인지 최상과 최악의 두 장 '그림' 같은 현실의 중간쯤이 일상이다. '그림'과 같은 것이 일상이라면 우리가 사는 곳은 천국 아니면 지옥일 터이다. 그러나 일상이란 훌쩍 여행을 떠나듯 홀가분하지도 가위눌리듯 무섭지도 않은… 늘 그저 그런 것이다. 인생이란 대저 그렇고 그런 시간들이니 일상의 질이 높아야 생활, 즉 삶의 질이 높은 것이다. 일상과 닿는 보편적 환경의 질을 삶의 질로 봐야 하는 이유다. 환경이란 숲이나 바다 같은 자연만 이르지 않는다. 도시야말로 중요한 환경이다. 그렇다면 일상적 도시 풍경 속의 생활 환경은 어떤가. 우리 몸이 겪는 도시 한 구석을 보자.

도시에 사는 당신의 귀는 요즘 편안하신가. 버스를 타면 온갖 소음에 시달린다. 탈 때마다 정류장 안내방송 사이사이 운전기사 입맛 따라 틀어놓은 라디오 소리를 억지로 들어야 한다. 뉴스는 기본이고 교통방송도 틀고 편지 읽어주는 프로도 틀고 음악은 가요에서 클래식까지 운전기사 맘대로 라디오 천국이다. 질세라 동네 한약방·안경점·예식장·음식점 등 녹음된 상업광고도 끼어든다. 한번은 마치 예전 음악다방의 음반지기처럼 운전과 방송을 동시 진행하는 버스기사도 보았다. 음악 틀랴 운전하랴 사이사이 말하랴… 바쁘다. 불안하고 불쾌했다. 나름 손님을 위한다고 하는 일 같은데 승객 중엔 음악과 방송을 원치 않는 사람도 있을 것임에도 막무가내다. 아무리 좋아하는 승객이 많다 해도 싫어 하는 사람이 있다면 삼가는 것이 공중의 예로 마땅한 일이건만 도무지 그럴 기색이 없다. 대중이 이용하는 시설·장소에서 혼자 즐겁다고 남을 배려치 않고 계속하는 일은 온당해 보이지 않는다.

    승객들도 만만치 않다. 혼자 조용히 듣는 이어폰이야 뭐랄 게 없지만 때론 몇 사람 건너까지 들리는 큰소리도 있다. 시끄러운 것은 둘째 치고 그 사람 고막은 성한지 모르겠다. 어떤 이는 손전화로 통화를 하는데 거의 고함을 지른다. 듣기 싫어도 그 사람의 사생활을 다 들어야 한다. 어제 먹은 김치찌개가 짜니 싱겁니, 아무개 참 밥맛이니, 언제 놀러 가자느니, 부모한테 할 거짓부렁이를 친구와 같이 짜질 않나, 결론은 조금 있다가 보자다. 다들 자신의 사생활은 존중받길 원하면서 버스 안에서 광고하듯 떠벌리는 심사를 모를 일이다. 탈 때부터 내릴 때까지 통화하며 지나는 버스 정류장을 중계방송하는 이도 보았다. 어디 지났다 다음은 어디다… 내용도 없는 통화에 소리는 고함이다. 참 고역이다. 소음 천국인 대중교통 이용 행태를 보노라면 우리 삶의 수준이 딱 그 정도밖에 안 되는 것임을 확인한다.

시끄러운 대중교통이 싫으면 자가용을 타면 되지 않느냐고 말하는 사람도 있다. 그런 사람은 그야말로 도시에서 어울려 살아서는 안 되는 몰상식을 드러내는 사람이다. 시민 모두가 자가용이 있다 해도 대중교통이 더 편안한 도시가 좋은 도시다. 상식이다.

그럼 걷는 길은 어떤가. 찻길은 자동차 소음으로 어딜 가나 시끄럽다. 대화를 나눌 수 있는 길은 도시에 매우 드물다. 주택가는 해뜨는 들이댓바람부터 오징어 사려 대추 사려, 계란이 왔어요 달걀이 왔어요… 목청껏 지르는 소리는 차라리 순진하다. 아예 녹음해서 확성기로 틀기까지 한다. 장사가 아니라 움직이는 소리 폭탄이다. 도시 전체가 소음통인 오늘 당신의 귀는 편안하신가.

눈은 어떠신가. 골목마다 덕지덕지 붙은 상업벽보 밀림을 지나 버스를 타면 그곳은 광고의 전쟁터다. 버스 속에 도대체 무엇이 그리 많이 붙어 있나 살펴보자. 노선 안내표, 버스회사 안내문, 요금 알림표, 버스카드 사용 안내문, 운전기사 면허증, 불친절 신고 안내문, 공공기관 고지문, 비상탈출 안내문… 등에 이어 각종 상업광고를 수도 없이 차창 사이마다 붙였는데 그것도 모자라 의자 등판까지도 광고로 도배가 되어 있다. 아, 이미 숨이 찰 지경인데 어느 버스는 노골적으로 버스회사 사장의 자상한 배려로 불특정 다수의 시민이 이용하는 공간에 자신의 종교를 알리는 구절을 인쇄해 붙여놓기도 했다. 한번은 마음먹고 크기와 종류를 가리지 않고 세었더니 무려 100개쯤 되었다. 택시나 지하철도 거의 비슷한 수준이다. 그야말로 광고 범벅의 차들이 도시를 누빈다.

그럼 도로는 어떤가. 도로도 지지 않는다. 건물에는 고정식도 모자라 이동식까지 등장한 간판이 숲을 이루고 갖은 잔꾀가 넘치는데, 단속을 피하느라 저녁에 걸고 아침에 수거해 주는 불법 현수막 영업의 신종 수법까지 등장했다. 이 혼란 속에 당신의 눈은 편안하신가.

혹자는 말한다. 신경 안 쓰면 된다고. 그러나 그 말은 위험하다. 나쁜 환경은 작은 문제일수록 개선해야지 무관심하면 안 된다. 환경 의식은 타인에 대한 배려 또는 공중도덕과 겹치며 최소한의 시민 의식이기도하다. 이럴 때 공동의 문제에 대한 무관심의 피해자는 결국 공동체를 구성하는 우리들 자신이며, 무관심은 그 자체가 또다른 폭력처럼 우리를 괴롭히게 된다.

경기는 불황이고 일자리는 적고 망하는 회사는 늘어나고, 세상이 얼어 있다. 택시 타던 사람은 버스 타고 맥주 마시던 사람은 소주 마신다. 이곳저곳 비용을 줄이느라 야단이다. 당연히 공공기관도 나선다. 도시의 야경을 연출하던 조명도 끄고 에너지를 아끼려 한다. 따가운 눈총 때문인지 자발적 실천인지 모르겠다. 애당초 선견지명(?)으로 쓸데없는 야간 조명 장식을 만들지 않았더라면 더 좋았을 일이겠지만 늦게라도 다행이다.

여기 생각해 볼 문제가 있다. 경제가 어려울 때 공공 편의시설의 가동을 줄이는 것이 좋은 일인가를 생각해 보자. 가로등을 줄이면 전력을 아낄 수는 있지만 안전으로부터 멀어진다. 특히 보행자가 많거나 범죄가 예상되는 지역의 가로등과 방범등은 불경기일수록 더 밝게 유지해야 한다. 어두우면 범죄가 더 느는 것은 상식이다. 전기를 아껴야 할 곳은 과시/가시적으로 야간 경관을 연출해 놓은 도심의 정치적 풍경용 장식물들 아닐까.

지하철역에 설치된 에스컬레이터의 작동도 마찬가지다. 에너지 절약을 내세워 가동 시간을 줄이는데 이는 잘못된 생각이다. 에스컬레이터는 대부분 높이 차이가 많아 계단으로 오르내리기 힘든 곳에 설치된다. 그래서 작동 시간을 멈추면 노약자들이 힘들어 한다. 계단이 힘들면 대중교통 수단을 이용하지 않고 자가용 이용률이 올라간다. 그러면 에너지 소모총량이 더 커진다. 여름철 냉방기의 사용도 무조건 공공 대중시설을 다 줄이는 것이 좋은 것이 아니다. 개별적 사용량도 중요하지만 총량은 더 중요하니 말이다. 에너지 절약이 공공시설 사용자의 편의를 제약하는 것이어서는 곤란하다. 그것은 공공성/공동성을 잃는 일이다.

본 일 하나. 어느 버스 정류장에 늘 놓여 있던 쓰레기통이 어느 날부터 보이지 않았다. 그러자 쓰레기통이 놓였던 자리엔 오가는 사람들이 버린 각종 쓰레기가 가득 쌓였다. 하루에 한 번 치우기는 하지만 늘 지저분했다. 마침 청소하는 환경미화원에게 쓰레기통을 치운 까닭을 물었더니, 아무거나 버리는 사람들-자기 집 쓰레기를 공중 쓰레기통에 버리는 사람들을 말하는 듯-때문에 치웠단다. 하지만 쓰레기통을 치운 이후 버스 정류장은 더 지저분해지고 환경미화원은 더 힘들어졌다. 며칠 후 쓰레기통은 다시 제자리로 왔다. 환경미화원의 생각은 현실과 들어맞지 않았다. 시민들이 쓰레기를 안 버리면 좋겠지만 그렇다고 쓰레기통을 치우는 것은 그야말로 관리의 편의성만을 생각한 어리석은 일이다(서울 어느 구청에선 실제로 가로의 쓰레기통을 치웠다가 다시 놓은 예가 있다).

내가 환경미화원이었다면 나 역시 쓰레기통을 치웠을지도 모른다. 하루 종일 버스를 모는 기사였다면 라디오를 크게 틀었을지도 모를 일이다. 혼자 편한 것이 당장 좋은 것임을 이해한다. 하지만 이해할 수 있는 일과 바른 일은 다르다.

풍경의 둘레 171

환경을 다루는 일은 좁게 이해할 수 있는 일이 아니라 넓게 바른 일이어야 한다. 자연만을 대상으로 하는 인식은 환경의 범위를 좁히는 것이다. 일상에서 직접 닿는 것의 평온함, 그보다 좋은 환경이 어디 있으랴. 숲으로 가는 버스 속의 평화가 바로 환경이다. 도시 속에 사는 당신의 오늘은 평안하신가?

일상의 모순, 미안하다 지구여

　모순(矛盾) : 사실의 앞뒤 또는 이치가 어긋나 서로 맞지 않음을 이르는 말. 모순되는 상황은 누구나 어떤 경우에도 원치 않는다. 좋을 게 없기 때문이다. 하지만 우리 사는 풍정은 크고 작은 모순의 굴레 속에 있다. 모순은 경우 가림 없이 일상생활 속에 아주 흔하다. 알고도 대책 없이, 모르니 문제가 아니어서, 작다고 무시하는 그 숱한 모순들… 아주 당연한 듯 받아들이며 산다. 모순을 모순으로 보지 않는다. 오히려 모순을 즐기는 건 아닌지 모르겠다.

　●식당 : 현대생활에서 외식 산업은 번창 일로다. 집이 아닌 식당에서 먹거리를 해결하고 즐기는 문화가 자리잡은 것이다. 한동안은 모든 갈빗집 이름이 '가든'이던 때가 있었다. 국도변에도 가든, 산 속에도 가든, 도심에도 가든… 도처에 가든이 즐비하더니 요즘엔 '패밀리'나 '랜드' 같은 외래어로 된 식당이 한창이다. 온 가족이 가능하면 밖에서 먹는 추세와 외래어 느낌이 묘하게 조우한다. 조그만 규모의 아담한 밥집은 손님 없어 문 닫고 대형 식당들이 대세다. 운동장 같은 주차장에 줄지어 돈 내고 배급 받는 모습의 대형 식당들이 성업중이다. 번호표를 받

고 기다리는 곳도 많은데, 맛있어 찾는지 유행이라 찾는지 모르지만 북새통을 이룬다. 맛난 음식을 즐기는 것을 탓할 일은 아니지만 뭐든 지나침에 대해서는 반성할 점이 많다. 더운 여름철 체육관처럼 넓은 홀에 식탁마다 고기를 불에 굽는데 실내는 겨울같이 시원하다. 불판의 열이 엄청나지만 한쪽에서 공장 기계 돌리듯 더 엄청난 성능의 냉방기가 돌고 있기 때문이다. 한쪽에선 숯불이 벌거니 타고 한쪽에선 전기로 식히는 이 모순을 어떻게 봐야 하나. 여름에 시원하고 겨울에 따뜻함이 누군들 싫을까만 불판과 냉방기를 같이 돌리는 것이 잘 하는 일은 분명 아니다. 밥값에 전기료 포함되고 주인이 전기료 내니 뭐가 대수냐 할지 모르나, 에너지의 값이 문제가 아니라 소비의 방식과 의식이 문제인 것이다. 환경 문제에 조금이라도 윤리의식을 지닌 사람이라면 좀 덥든 춥든 화석 연료 덜 쓰는 그런 식당을 찾아갈 일인데, 그런 음식점은 눈을 씻고 봐도 없다. 또 있다 해도 장사가 될는지 미심쩍다. 말과 머리 속엔 환경과 에너지 문제가 맴돌지만 몸으론 당장의 편안함만 좇는다.

● 목욕탕 : 불가마·사우나·찜질방 할 것 없이 상업적 목욕탕이야말로 환경 인식과 실천 사이에 있는 모순의 공간이다. 우선 개인별 물 사용량과 전체적 에너지 사용량이 지나치다. 씻으니 기분 좋고 지지니 시원한지 모르겠으나 도 넘는 지나침의 천국이다. 일정 요금을 내고 들어왔으니 본전 뽑자는 심사와 이렇게 꾸며야 손님이 든다는 장삿속이 맞아 떨어진 시설이다. 편의와 서비스라는 업종을 감안해도 에너지 절약을 입에 담기 민망한 장소다. 비누칠하며 물 틀어놓아 흘려보내는 것은 기본이고 이름도 이상한 덥고 찬 탕들과 방들은 여름엔 냉골이고 겨울엔 찜통이다. 그게 다 석유와 전기로 돌아가는 것이다. 찜질방에서의 에

너지 절약이란 헛구호다. 에너지 낭비는 규모가 클수록 심한데 찜질방은 규모가 클수록 더 잘된다고 한다. 가까운 곳에 큰 찜질방이 생기면 작은 찜질방에는 손님이 끊긴다고 한다. 결국 에너지를 마구 많이 쓰는 곳이 잘 된다는 것이니 참 안타깝다.

찜질방의 내부 환경을 잠깐 보자. 각종 천연 재료를 바르고 붙인 공간들이 건강에 좋다고 여기지만 근본적으로 환기가 되지 않는 찜질방의 공기는 질이 나쁘다. 황토나 맥반석 등의 재료도 청결이 유지되어야 하는데 찜질방은 춥거나 덥거나 공기를 가두어야 에너지 효율이 좋으니 환기를 잘 시키지 않는다. 대부분 미세 먼지가 많고 탁하다. 언뜻 천연 재료로 보이는 마감 재료들도 사실은 화학 제품인 경우가 많다. 한마디로 쾌적한 공간이 아닌데서 피로를 푼다고 오래 머무는 것은 각종 유해 물질과 오염된 공기를 더 많이 마시는 꼴이다. 한구석에 운동기구를 갖추어놓은 곳도 있는데 운동하며 나쁜 공기를 심호흡하는 것과 같다.

노천탕이란 탕도 등장하고 있다. 원래 땅 속에서 솟는 뜨거운 물을 온천-온천법에 의하면 지하에서 나오는 25도씨 이상의 물-이라 한다. 노천탕은 뜨거운 물이 풍부한 온천지대에서는 자연스러우나 수온도 낮고 온천도 아닌 곳에서 순전히 장삿속으로 분위기만 조성해 놓고 석유나 전기로 다시 덥힌 물을 밖에 댄다니 억지스럽다. 에너지 사용 측면에서도 참 머쓱하고 면구스럽다.

●각종 시설들 : 스키는 겨울철의 즐거운 스포츠다. 스키장마다 인공으로 눈을 뿌리며 개장 기간을 늘리느라 안간힘을 쓴다. 눈이 없는 동남아에서 일부러 겨울철에 우리나라를 찾기도 한다. 스포츠건 놀이건 재미 있으니 여름에도 즐기고 싶다. 그래서 만든 것이 사계절 쓸 수 있는

실내 경기장들이다. 겨울 스포츠를 여름에 여름 스포츠를 겨울에, 그야말로 계절을 잊는다. 대표적인 것이 실내 스케이트장과 스키장이다. 여름에도 스키를 탈 수 있다. 스포츠를 즐긴다는 면에서는 좋지만 그야말로 에너지 소비형 시설이다. 아마 석유 자원이 고갈되고 에너지 비용이 높아지면 골치 아픈 시설로 전락할지도 모른다. 즐거움에 계절을 잊으니 에너지 자원 고갈의 심각성도 잊는 것이다.

각종 시설들 중엔 실내 스키장처럼 철저한 인공 시설도 있지만 식물·광물 등을 소재로 하는 자연 시설들도 있다. 식물원·수목원 등이다. 수목원은 원래 식물의 보존·활용·연구를 위하여 만들지만 사설인 경우 놀이 시설처럼 운영되는 곳도 있다. 말하자면 식물을 이용한 입장료 수입이 목적인 경우는 겨울철에도 손님을 받는다. 식물들은 대부분 겨울철에 잎 지고 꽃이 없어 볼품없어 보인다. 식물의 겨우살이에 관심이 없으면 볼거리가 없어보이니 요란한 조명 장식으로 꾸민다. 유원지인지 놀이터인지 생각 없어보인다.

도심 거리도 연말연시만 되면 가로수에 요란한 조명 장식을 한다. 전류가 약해 나무엔 해가 없다고 하나 좋아보이지 않는다. 꼭 해야 될 인공 장식이나 조명은 구조물이나 건물을 이용하고 나무는 나무대로 그냥 두면 좋겠다. 식물이나 자연을 주제로 한다면 당연히 환경·생태·에너지, 지속 가능성, 미래… 순으로 관심이 넓게 확산되는 것이 좋다. 상업 시설이라도 보기 안 좋은데 공공 기관에서 앞장서 화려하게 보이는 밤 풍경을 만드느라 에너지 낭비하며 몰두할 필요가 있는지 이해하기 어렵다. 낮엔 에너지 절약을 외치는 관공서가 밤엔 요란한 조명을 비추다니 참 모를 일이다.

당연하게 보던 것을 다르게 보자. 달리 보면 달라진다. 다르게 본다는 것은 중요한 시작이다. 맹목적으로 추종했던 일상과 삶의 방식을 바꾸지 않으면 모순은 극복되지 않는다. 현대인과 문화인은 현대생활과 문화생활을 누리는 사람을 일컫는다. 삶이란 결국 생활방식에서 온다. 생활의 터전이 넓은 범위의 환경이다. 범위를 의미로 바꿔도 좋다. 그럼 현대인이나 문화생활의 의미는 뭘까. 지금 우리가 사는 방식대로라면 현대인은 지구 환경을 파괴하며 편하게 사는 동물이고, 문화인이란 지구의 자원 고갈을 부추기며 소비만 하는 동물일 것이다. 부끄러운 현대인이요 뻔뻔한 문화인이다.

지속 가능한 사회란 누대에 걸친 생활이 가능한 사회·환경·인간을 말한다. 한마디로 후손도 잘 살 수 있는 조건들을 말하는 것이다. 여름엔 냉방기 틀며 옷 껴입고, 겨울엔 반팔 옷 입고 보일러 온도 높이는 생활 자세로는 지속 가능성을 말할 수 없다.

> 내 차가 더러워질까봐 우리나라에 버렸습니다. 내 집에 냄새가 날까봐 우리나라에 버렸습니다. 내 배낭이 무거워질까봐 우리나라에 버렸습니다. 내 돈 드는 게 아까워 우리나라에 버렸습니다.

공감 가는 공익 광고다. 개인의 작은 행동을 사회 전체로 연결시키는 호소력이 있다. 그러나 한발 더 나아가 지구에 버리는 것을 미안하게 생각해야 한다. 가만히 생각해 보자. 지구를 위해 우리가 무슨 일을 해왔으며 무슨 일을 하고 있는지를. 한평생 지구의 단물만 빨아먹고 쓰레기만 버리고, 그렇게 폐만 끼치고 간다면 참 미안한 일이다. 일상의 모순을 생각할 때마다 미안하다, 지구여!

이 봄을 실컷 만끽하시길 권합니다

봄이다. 다시, 또 왔다. 지난 겨울이 예년에 비해 추우니 더우니, 지구온난화가 심각하니, 삼한사온이 없어졌니… 하면서도 비싼 기름값 걱정하던 겨울이 가고 봄이 왔다. 날이 푹하니 방 덥히는 에너지 비용은 또 잊을 것이고 봄나들이 부산스러움이 넘칠 것이다. 석유 한 방울 나지 않는다고 걱정하면서도 자동차 행렬은 멈추지 않을 게 분명하다.

실업자 늘고 취업은 안 되지만 어김없이 봄이 왔다. 세상은 먹고 살기 힘들어도 이렇게 봄이 오다니 반갑다. 아니 다행이다. 아직은 겨울이 사라지거나 일년 내내 여름인 기후로 바뀌지 않은 것이 다행이다. 봄이 왔음은 아직 한반도 기후 환경이 사계절 변화의 흐름을 갖고 있다는 것이니 반가운 것이다.

아주 불길한-제발 틀리기를 바라는-예측들이 잦다. 뚜렷한 사계절의 변화가 없어질 것이라는 경고다. 지구의 평균 기온이 1도만 올라가면 더이상 예전의 봄은 없다. 그 1도의 상승이 우리에게만 여파를 미치는 것은 아닐 터이다. 국지적으로는 더 많은 기온의 변화를 촉발할 수도 있다. 실제로 한반도의 지난 수십 년의 기온 상승폭은 지구의 평균 상승

온도를 훨씬 웃돈다. 그러니 기온 변화의 피해도 심하고 빠른 것이다. 한반도의 연평균 기온이 몇 도만 더 오르면 우린 겨울을 잃을 것이다. 봄도 잃을 것이다. 어디 봄뿐인가. 가을도 지금의 가을이 아니고 여름도 지금의 여름이 아닐 것이다. 우리는 계절의 변화를 뚜렷하게 겪는 봄다운 봄을 보는 마지막 세대가 될지도 모른다. 그러니 추운 겨울 뒤에 다시 온 이 봄이 새롭다.

봄을 소생의 계절이라 한다. 만물이 움트기 때문이다. 늘 봄은 설렘과 기대로 가득찬 계절이기도 하고, 달리 보면 권태와 절망과 소멸의 계절이기도 하다. 보습을 들고 씨앗을 뿌릴 농부에게 가뭄 든 봄보다 더한 절망이 어디 있으며, 영하의 풍경을 그리던 이들에게 봄은 겨울의 소멸일 것이다. 자연적인 계절의 변화에서 중요한 의미는 계절을 단절된 상징적 장면으로 보지 않고 생성과 소멸을 연결시킨 연속된 장면, 즉 생명의 순환 고리-시간과 함께하는 변화-로 보는 것이다. 오늘이 어제와 이어 있듯이. 그러나 이제는 내일이 오늘과 떨어지려 한다.

산업혁명 이후 알량한 근대적 사고와 삶의 방식은 모든 것을 단절과 단편의 구도로 몰아왔다. 생산의 깃발 아래 제품의 판매량을 늘리면서 자원의 고갈을 염려하지 않았고, 생산의 풍요를 강조하며 공해로 멍드는 환경은 모른 체했다. 누구나 편리함을 누릴 수 있다는 명분 아래 석유 화학과 자동차 산업은 번창했으나 실은 그것은 생산과 판매 양쪽의 이익을 감춘 달콤한 유혹이었을 뿐이다. 그러나 지구 자원의 고갈을 앞두고 고통은 소비자의 몫으로만 남는 꼴이 되었다. '그 동안 싼 임금과 자원으로 우리는 많이 벌었다. 이제 자원이 귀해졌으니 앞으로 이윤 없이 싸게 팔겠다.' 그런 회사는 단 한 곳도 없다. 자원이 귀해지면 제품은 더 비싸질 뿐 자원 소유자는 결코 손해 보지 않는다. 석유·철강·식품·에너지… 등 뭐든지 더 비싸게 사야 하는 소비자의 고통만 남는다.

예전의 삶의 방식으로 돌아갈 수 없다는 시점에서 할 수 있는 선택은 많지 않다. 그러나 비판과 반성 없는 무분별한 소비는 계속된다. 넓게 보면 지구 환경을 망치는 일에 계속 동참하는 것이다. 이쯤에서 환경 문제는 생존의 문제이며 공동의 현실이라는 생각을 한다면 누구도 악화되는 지구 환경 앞에 자유로울 수 없다(당장 배고프고 살기 힘든데 환경 같은 소리 하네… 하는 시속의 말들은 더 가슴 아픈 말이다). 그럼에도 환경 파괴와 다름없거나 구별되지 않는 개발주의적 정책은 계속된다.

개발은 무엇 때문에 하는 것일까. 역설적이지만 소비를 위해서다. 그것도 대량 소비다. 각종 개발 정책들은 경제적 측면에선 어떻게 해서든지 타당성의 논리를 갖추려 하지만 철강재·콘크리트·중장비… 등의 소비를 위한 것이라는 생각을 한다면 개발의 실상이 달리 보인다. 무분별한 개발은 사람만 열나게 하는 게 아니라 지구도 열나게 한다.

〈6도의 악몽〉(마크 라이너스 지음)은 월간 〈숲〉(2009년 2월)의 '에코 포커스' 란에서 다루었다. 지구의 평균 기온이 1도씩 올라갈 때의 예상 시나리오를 한번 더 읽자.

● 1도 상승 : 미국 서부 가뭄 발생, 농지 밑의 모래층 노출, 지하수 고갈, 모래 바람이 소도시를 덮침, 농부들 농사 포기, 식료품 가격 폭등, 미국 남부와 동부 강수량 증가, 고산지대 만년빙 해빙 산사태 발생, 사막화 가속, 작은 양서류나 설치류 멸종, 고산 우림지대 절반 축소.

● 2도 상승 : 중국 북부 대가뭄 남부 대홍수, 중국 물 부족 및 대식량난 발생, 바닷물 산성화, 수많은 어패류 전멸, 중위도권에 혹독한 더위

발생, 사망률 증가, 자연 발생 산불 증가, 해수면 상승 연안 침수.

● 3도 상승 : 지구 온난화의 가속화된 악순환과 심화, 아마존에 사막이 나타남, 태평양 일대에 가뭄과 대홍수 발생, 강력한 엘니뇨 항구적 발생, 식량 생산의 세계적 차질, 열대와 아열대 주민 수십억 명이 가뭄과 기근으로 인해 극지대 주변으로 민족 대이동 시작.

● 4도 상승 : 남극 빙하 완전 붕괴, 해안 지역 침수 및 붕괴로 수많은 난민 발생, 침수를 면한 고지대 국가는 군도의 나라가 됨, 한반도는 강수량은 증가하나 육지 기온 상승으로 건조화, 남유럽 및 유럽의 엄청난 기온 상승, 동유럽 러시아는 겨울이 없어지고 이어지는 극심한 물 부족, 영구 동토 해빙으로 도시 붕괴, 영구 동토 속 세균 번식, 온실 가스 메탄 대량 발생.

● 5도 상승 : 북극 남극 정글 해안도시 국제무역 시스템 소멸, 깊은 대륙 침수 시작, 자본주의 붕괴 대공황, 거주 가능 지역으로 몰려드는 난민을 막는 전쟁, 만주 사막화 한반도 건조 지역화, 메탄하이드레이트 분출로 인한 바다 밑 대륙 사면 붕괴, 간신히 살아남은 사람들끼리 만인의 투쟁.

● 6도 상승 : 인류를 포함한 모든 동식물의 지구 온난화 적응 실패로 멸종 시작, 바닷물 흐름과 산소 순환 정지, 해양 생물 멸종, 메탄하이드레이트 대량 분출로 인한 폭발성 구름 형성 및 폭발, 죽은 생물들에서 유독 황화수소 발생, 오존층 파괴, 유독 가스 섞인 산성비, 지구 생명체 대멸종.

우울한 예측이다. 과학적 자료를 동원하고 있으니 더 끔찍하다. 지구 온난화를 멈추기 위한 마크 라이너스의 주장은 이산화탄소 배출권에 대한 국가나 개인 간의 거래 시스템을 제안한다. 그러나 더 중요한 지적은 한마디로 '난 괜찮아' '누군가 곧 해결해 주겠지' 하는 식의 사고방식을 벗어나야 한다는 것이며, '경제 성장이나 과소비에 의한 자기 과시보다 삶의 질을 강조하는 사회로의 전환'이 되지 않을 때 환경 대재앙은 남의 일이 아님을 경고한다. 여기서 삶의 질을 강조하는 사회를 잘 이해하고 유념하자.

삶의 질을 강조하는 사회란 단순히 편리한 사회를 의미하지 않는다. 제반 환경을 망치면서 얻는 편리함을 높은 삶의 질로 치는 사회라면 그것은 아주 저질 사회다. 지속 가능한 미래를 마치 과소비적이고 비환경적인 현실이 계속되어야 하는 것으로 오해하는 것만큼이나 엉뚱한 것이다.

이쯤에서 건축과 도시의 미래를 보자. 좋은 예가 있다. 바로 두바이 Dubai다. 작은 포구였던 두바이는 엄청난 국제 투기 자금을 쏟아부으며 세계적 화제 속에 마치 신화처럼 떠올랐지만 지금은 몰락 직전이다. 동기는 미국발 금융 위기지만 금융 위기가 아니었어도 두바이는 사상누각의 도시로 전락할 운명을 타고났다. 도시 전체를 테마파크 만들 듯이 각종 고급 건물들로 채웠으나 근본적으로 자본만 있고 철학이 없는 소비형 도시다. 소비만 있고 생산이 없는 도시는 궁극적으로 지속될 수가 없다. 세계 최고급 호텔, 인공 섬, 인공 스키장 등을 사막이라는 환경적·지역적 특수성을 무시하고—개발론자들은 극복이라고 우긴다—오로지 자본만으로 건설하려는 것은 무지에 가까운 일이다. 투기 자본이 매입한 주거 시설엔 거주자가 없으니 유령의 집이요, 회교문화는 고유하고 독창적이지만 대중적 선호도가 높은 관광 프로그램으로 일반화·상품화하는 데는 한계가 많으니 애당초 관광업은 한계가 보이고, 도시 인구의 대부분인 외국 근로자들은 건설이 끝나면 돌아갈 것이니 인구가 줄 것이다. 그럼에도 국제 자본들이 부동산 거래의 단맛에 끌려 많이 몰렸다. 생산 없는 거래, 돈 놓고 돈 먹기는 언젠가 끝나고, 투기 자본이란 이익이 줄어들면 빠지는 법, 돈만 가지고 세운 도시가 돈 때문에 망한 꼴이다. 자본의 노예가 된 건물-건축 아닌-들은 자본을 유인하려는 전략으로 랜드마크를 꿈꾼다. 랜드마크란 도시에 한두 개 있을 때 의미가 살지만 들어서는 것마다 랜드마크가 되겠다고 아우성이니 두바이는 그야말로 마크랜드가 되고 말았다. 맞다. 마크로 채워져 오로지 목적한 자본의 마크만 초라하게 남을 것이다. 그게 두바이가 주는 값비싼 교훈이다.

나는 다른 이유로 두바이의 몰락을 예견한다. 바로 에너지 문제다. 두바이에 필요한 각종 에너지는 어찌 충당할 것인가. 도시 전체를 석유 태워 냉방기를 돌리는 형국이니 오래 갈 수가 없는 모순의 도시다. 석유와 함께 도시도 종말을 맞을 것이다.

두바이는 지구의 온도를 높이는 대표적인 도시다. 21세기에 건설했지만 19세기적 관점을 버리지 못한 것이다. 최첨단 설비와 이색적인 디자인을 동원한다고 21세기 도시가 되는 것이 아니라 미래를 걱정하며 지구의 온도를 낮추는 데 공헌하는 도시가 질 높은 도시다. 결국 두바이는 신화가 아니라 돈 놓고 돈 먹는 천박한 자본의 신기루에 불과하다. 여기저기 들어서는 우리의 신도시들은 어떠할까 깊이 살필 일이다. 그런데 아직도 두바이를 벤치마킹한다고 한다. 정신을 놓은 게 분명하다. 지구의 온도를 낮추는 데 공헌하는 신도시가 제발 대한민국에서 만들어지기를 기대한다.

아, 지구 온난화는 개구리가 먼저 아는지 예년보다 일찍 깼단다. 난류대의 확산으로 동해안에 조스로 불리는 백상아리가 자주 나타나고,

북극 해빙도 2013년이면 사라질 것이라는 소식이다. 지구가 뜨거워지면 사라질 이 봄을 소중하게 만끽하시길!

일식이 있던 날, 몇 가지를 생각하다

아주 옛날, 멀쩡한 대낮 하늘이 갑자기 어두워지면 나라에 큰 변고가 생긴다고 난리를 쳤다. 절대자의 상징인 태양이 가려지니 혹 권위에 흠이 생길까 하는 두려움 때문이었다. 일식을 예측하는 독점의 기술-기록과 자료를 바탕으로 한 천문술-또한 막강한 권력과 쟁투에 이용되었다. 하지만 요즘엔 초등학생도 아는 과학상식으로 개기일식을 관측할 수 있는 곳에는 오히려 관광객까지 몰린다. 천문 현상도 즐기고 소비하는 시대가 된 것이다.

2009년 7월22일 오전에 태양의 약 80%가 가려지는 부분일식이 있었다. 늘 뜨는 태양에 생기는 일식이야말로 하늘에서 벌어지는, 그야말로 자연 현상이다. 흔치 않다는 이유로 '자연' 현상이 오히려 '자연'스럽지 않고 낯설게 느껴지다니 참 이상타. 그걸 부자연스럽다고 하던가.

모처럼 생기는 일식을 어떻게 하면 더 '자연'스럽게 느낄 수 있을까 (일식이 있던 시각, 나는 어두워지는 밖을 느끼려고 실내의 전등과 모니터를 다 껐다). 인공 조명 아래서는 밖의 어둠을 살필 수 없다. 자연의 변화에 순응하는 공간에서만이 비로소 빛-밝기-의 변화를 느끼는 것이 가능하다.

일식이 서서히 진행되는데 육안으로는 하늘의 밝기가 변하는 것을 느끼기 어렵다. 태양이 조금 가려진다고 하늘이 티 나게 어두워지지 않는다. 그만큼 태양의 밝기가 막강하다는 반증이다. 처음엔 밝기의 변화가 없는 듯하더니 아주 미미하게 조금씩 하늘이 흐릿해진다. 그것은 어두운 것과는 빛의 결이 다르다. 대낮에 어두운 것이라면 갑자기 소나기 구름이 몰려올 때가 더 어둡다. 아니면 하루 종일 비가 오는 날이 더 어둡다. 일식 초기에 밝기가 변하는 것은 어두워지는 것이 아니라 흐릿해지는 것이다. 흐릿해지며 점점 세상의 색깔이 변한다. 모든 색들이 핏기가 없어보인다. 일식이 진행될수록 빛은 더 창백해진다. 평소와 같은 색상이지만 광채가 빠진 색상이다. 그것은 사진기로 기록할 수 없는 빛의 성질 변화다. 오로지 육안으로만 느낄 수 있는 미묘함이다(사진기는 빛의 양에 충실하나 사람의 눈은 빛의 질에 민감하다. 사진기는 절대로 빛의 질을 기록할 수 없다). 세상은 원색에 가까운 색상들의 생기가 줄고 무채색을 갖는 색들의 창백함은 더 늘었다. 일식이 진행될수록 점점 세상은 파리한 기운이 늘어난다. 새빨간 꽃잎은 파리한 붉은 색으로, 윤기 넘치던 녹색은 파리한 녹색으로, 흰빛을 뿜어내던 건물 벽은 그저 스산한 하얀색으로… 모든 색이 파리해졌다. 날은 더운데 기온은 더이상 오르지 않는다. 느낌으로는 조금 시원해진 것 같지만, 그것이 기온이 내려가서인지 하늘이 흐릿해져서인지는 알 수 없다. 나뭇가지를 옮겨다니던 새들도 별일 아닌 듯 날며 지저귀고, 골목의 고양이도 음식물 쓰레기 봉투를 찢는데 열중하고 있다. 하수구 뚜껑을 밀치고 올라오는 생쥐도 보이지 않는다. 일식은 천재지변이 아님을 동물들도 알고 있다. 두 시간쯤 지나 다시 대기는 밝아지고 날씨는 더웠다. 아무 일 없었다는 듯이. 푸석푸석하던 몇 시간이 지났다.

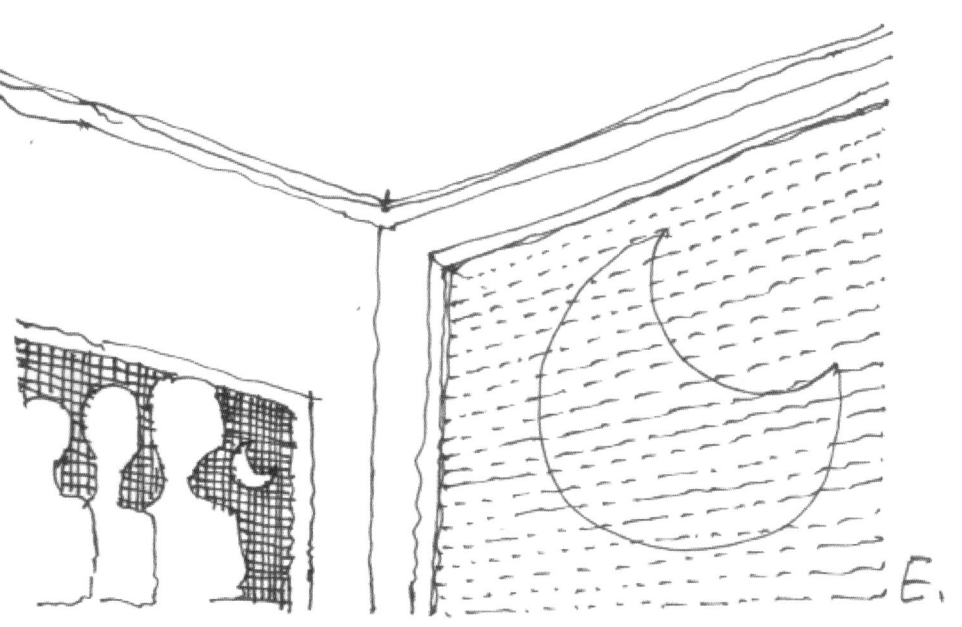

오른쪽 한귀퉁이부터 가려지면서 시시각각 변하는 일식 과정은 특수 촬영된 화면으로 생중계되었다. 기상청에서는 일식이 진행되는 동안 기온이 2도 내지 4도쯤 내려갔다고 발표했다. 마치 세상이, 세상에 태양이 처음 나타난 것처럼 호들갑이다. 가만히 생각하니 그 호들갑은 직접 체험보다는 간접 체험-때론 직접 체험보다 더 사실적인-을 소비하는 방식에서 온 것들이다. 일식 과정을 촬영한 사진은 그야말로 그래픽디자인보다 더 그래픽하다. 애니메이션같이 재미 있게 팔리는 그림(?)인 것이다. 개기일식이 일어나는 지구의 몇 지점에는 마치 어둠이 세계 최초로 창조된 도시처럼 관광객이 몰리고 난리다. 냉방기 틀어놓은 사무실에서는 밖의 기온이 몇 도가 내리고 올랐는지 알 수 없는데도 피부로 느낀 듯이 기상 정보로서 뿌려진다. 더욱 가관인 것은 일식의 최대 특징은 대낮에 어두워지는 것인데, 실내에 전등을 잔뜩 켜 대낮처럼 밝히고는 어두워지는 밖과 상관없이 인터넷이나 TV에서 전해지는 정보를 통해 즐긴다는 것이다. 직접 본다 해도 불 켜놓은 실내에서 밖을 보니 제대로 보일 리가 있겠는가. 이상해도 한참 이상하다. 우리의 일상은 이렇듯 뭔가 이상하다. 일식은 낯설어 보이지만 지극히 자연스러운 현상, 날마다 뜨고 지는 태양과 달에서 무심해지지 말라고 일식이 생기는 것은 아닐까? 그렇듯 무심함으로 채워진 일상은 얼마나 자연스러움에서 멀어졌는가.

일식이 끝나니 점심시간이다. 점심은 '마음 속에 찍는 점'이지만 가볍게 넘기는 사람보다 의례히 위 속을 채우는 사람이 더 많다. 같은 시간대에 사람들이 몰리니 식당은 만원. 시장해서가 아니라 시간이 되어서 먹는 것이다. 대부분 하루에 세 번 식사를 한다. 시간을 정하고 횟수를 정하니 때가 되면 먹어야 하고 안 먹으면 오히려 이상하다. 신체 리듬이 규칙적인 것은 좋지만 모두가 획일적인 것은 어딘가 이상하다. 자연스럽게 각자의 몸이 원할 때 먹는 것에서 멀어져 시계가 모두에게 밥을 먹도록 지시한다. 우리는 그렇게 먹는 것부터 시계(기계)화되어 있다. 먹고 일하고 자는, 아니 쉬는 것까지도 기계적 규칙에 들어 있다. 일상이 된 사회적 생활은 사회적 리듬이다. 당연하게 여기는 일상의 틀이란 '자연'에서 멀어도 한참 멀다.

먹고 살려니 일터를 오간다. 옛날, 일터가 곧 삶터였을 때는 낮-해뜨고 해지는 사이-엔 바쁘게 할 일을 다하고 어두워지면 쉬었다. 모든 일을 삶터에서 가까운 일터에서 시작하고 마무리했다. 생산을 위해 이동하는 데 들이는 시간도 짧았다.

요즘엔 자연과 상관 없는 조건들이 더 많다. 일(행위)과 장소(일터)가 사는 곳과 달라도 관계가 없다. 오가는 데 시간도 더 걸린다. 일하는 시간만큼을 오가는 데 들이기도 한다. 일하는 시간보다 오가는 시간이 더 긴 경우도 있다. 일하는 조건과 삶의 조건이 한참 어긋나고 밤낮이 따로 없다. 일과 쉼에 밤낮의 구분이 없어진 지 오래, 우리 모두 밤을 잊고 잃은 존재다. 어디 잊은 게 밤뿐일까. 밤을 잊으니 실은 낮도 잃은 것이다. 낮이 사물의 외면을 보기 좋은 시간이라면 밤은 각자의 내면을 느끼기 좋은 시간이다. 밤을 잊으니 내면을 살필 시간도 줄어든다. 자연은 밤낮의 균형을 이르는데 우리 사는 방식은 밤낮이 엉켜 있다. 당신은 온전한 밤을 느낀 지 얼마나 되었는가. 어둠의 말을 들은 적이 있는가.

개인과 세상 모두가 밤을 낮으로 지탱(?)하는 데 많은 에너지를 소비한다. 한밤중에 영업하는 주유소를 보면 혼돈이 따로 없다. 대낮보다 더

밝힌 불빛 아래 만국기를 걸어놓고 자동차에 기름을 넣는다. 석유를 파느라고 석유를 태워 얻은 전기를 소비하며 흔들리는 만국기는 축제를 알린다. 무엇을 위한 밤의 축제인가를 생각하면 세상의 미래가 아찔하다. 나도 그 소비 대열에 끼어 있다는 데 생각이 미치면 더 아찔하다. 일식이 있던 날도 아무 일 없었다는 듯이 석유를 태운 전기로 도시의 밤은 대낮처럼 밝다.

TV는 쉴새 없이 수다를 뱉어낸다. 때론 즐거움을 주는 수다도 있으니 수다 자체를 뭐라 할 수는 없다. 하지만 대상과 방향이 사람을 놀려먹는 수다가 되면 경우가 다르다. 수다는 쓸데 없는 말인데, 사람을 폄훼하는 수다는 오히려 쓸데 없는 정도를 넘어 나쁜 생각, 나쁜 말이 된다. 거친 말로 남의 흉보며 입담을 팔아먹고 사는 연예인도 있는데 그걸 같이 즐거워하는 시청자들의 심리는 도대체 뭐란 말인가. 특히 선천적-자연적-신체조건을 놀림감으로 삼는 것은 참 나쁜 일이다. CD 한 장으로 가려지는 작은 얼굴을 예쁘다 말할 수는 있겠지만 얼굴 큰 사람을 놀리는 말을 해서는 안 될 말이다. CD로 얼굴 가리는 놀이가 뻔뻔하게 방영된다. 가려지지 않는 것을 부끄러워한다. 이쯤 되면 TV는 바보상자가 아니라 무지한 폭력 기계다. 태어날 때부터 얼굴 크기를 스스로 결정한 사람은 아무도 없지 않은가. 말더듬이가 답답하긴 하지만 흉볼 일은 절대 아니며, 오히려 남 흉보는 일이 더 흉한 일이다. '숏다리'라는 비속어도 버젓이 방송을 타는데 다리 긴 것이 뭐가 그리 대단한 자랑이고, 다리 짧은 것이 몹쓸 흉이라도 된단 말인가. 오히려 다리 길고 생각 짧은 무례함이 더 큰 흉이다. 개인이 선택할 수 없는, 선택하지 않은 신체적 조건을 놀림의 대상으로 삼는 사람들은 야만인만도 못하다.

속담의 예라고 다 좋은 것이 아니다. '친구의 망신은 곱사등이 시킨다' '과물전 망신은 모과가 시킨다' '어물전 망신은 꼴뚜기가 시킨다'… 곱사등·모과·꼴뚜기는 아무 잘못이 없다. 곱사등은 장애일 뿐이고, 모과는 향기 좋은 열매다. 차나 술을 담그면 좋은 것을 사과처럼 먹지 못한다고 탓할 수는 없는 일 아닌가. 꼴뚜기는 크기는 작지만 젓갈을 담그면 제격이니 오징어와 크기를 비교할 아무 이유가 없는 것이다. 모과·꼴뚜기 없는 자연이 오히려 비정상 아닌가.

일식은 태양이 찌그러지는 것인데 비웃는 사람이 있던가. 초승달은 달이 일그러지는 것인데 아무도 비웃지 않는다. 세상도 그랬으면 좋겠다. 우리는 얼마나 '자연'스럽게 살고 있는가. 자연스럽게 태양이 가려지는 날, 몇 가지 생각으로 심사가 흉흉하다.

시장과 책방 그리고 숲

　지방 출장이나 여행을 가면 일부러 찾아가는 곳이 있다. 그곳은 널리 알려지고 유명한 명소가 아니다. 처음 가는 곳에서 물어 찾아가는 곳은 재래시장과 헌책방이다. 시장이 예전 형태로 남아 있으면 땅마지기 남은 고향을 찾은 듯 기분이 좋다. 재래시장에선 그 동네의 오래된 냄새가 난다. 오래된 냄새-흔적-속에서 그 지방만의 독특한 삶의 가닥을 살필 수 있다. 요즘엔 어딜 가나 재래시장을 개선한다고 새 건물을 지어놓으니 예전의 사람 냄새가 나질 않는다. 재래시장의 위생 환경은 고치는 것이 마땅하지만 재래시장의 판매 방식이나 의사소통 방식까지도 대형 마트식-형식적인 거래 방식-으로 바꾸는 것은 오래된 상행위의 특성을 없애는 일이기에 좋아보이지 않는다.
　재래시장은 각 점포마다 점포 앞의 외부를 점유하고 사용하는 방식에서 공동체적 합의가 보인다. 누구 혼자서 점포 밖을 다 쓰는 것이 아니라 사람 다니는 길을 열어놓고 나머지를 지혜롭게 나누어 쓴다. 언뜻 재래시장이 무질서하게 보이는 것은 취급 품목의 특성에 따라서 점포 밖을 제각각 다르게 사용하기 때문이다. 물건을 쌓아놓고 펼쳐놓는 방식은 다르지만 지나가는 사람-손님-의 동선을 막지 않는다는 불문율이 지켜진다. 즉 점포가 먼저가 아니라 길이 먼저라는 질서가 있는 것이다. 많은 점포에 주인도 여럿인데 길을 먼저 생각하니, 그것이 시장이라는 공동체의 보이지 않는 아름다운 질서인 것이다. 많은 점포에 주인이 다르다는 것은 장사로 먹고 사는 사람들이 여럿, 즉 어울려 사는 한 동네라는 뜻이기도 하다. 그렇다. 재래시장은 물건을 사고 파는, 사람 사는 동네다.

대형 마트는 매장을 꾸미는 방식이 다르다. 판매 품목마다 칸을 먼저 정하고 길-통로-을 나중에 만든다. 판매 효과와 면적 사용의 효율을 전체적 배치 계획을 통해 철저하게 따지고 조정한다. 철저하게 계산된 동선으로 구획된 진열대가 질서 있게 보이지만 그것은 상술에 따른 획일성에 다름아니다. 품목별로 나뉜 칸은 많아도 주인은 하나다. 아무리 손님이 많이 꼬이고 물건이 많아도 혼자 사는 넓은 집이지 여럿이 모여 사는 동네가 아닌 것이다.

　재래시장의 특질은 여럿이 일구어 내는 비정형의 공동체적 장소이지만 대형 마트는 철저히 계산된 상업 공간이다.
　재래시장이 오래되고 손 타지 않은 못생긴 자연의 숲이라면 대형 마트는 철저히 관리되는 깨끗한 인공의 숲이다. 재래시장이 이것저것 많이 섞인 잡다한 숲이라면 대형 마트는 깨끗하게 유지되는 산업형 관리림이다.

　처음 가는 도시에서 책방을 찾아보는 것은 즐거운 일이다. 새 책을 파는 서점은 어디에 있건 비슷하지만 헌책방은 동네마다 색깔이 조금씩 다르다. 처음 가는 도시에서 헌책방을 만나면 참 좋다. 오래된 시간이 고여 있는 헌책방에는 그 도시의 삶의 깊이를 짐작하기 좋은 단서들이 헌책들 사이사이에 끼어 있다. 헌책이란 누군가 읽은 책이니 헌책방에 고여 있는 채취는 결국 누군가의 흔적이란 얘기다. 철학 분야의 헌책이 많은 동네는 철학에 관심 있는 사람들이 많다는 것이고, 헌책 중에 고서가 많다는 것은 고서를 읽었던 삶의 궤적 아니던가. 골목길이 동네의 배치 형태를 보여준다면 헌책방은 그 동네의 정신적 흐름을 보여준다. 하지만 안타깝게도 요즘의 작은 도시엔 참고서와 문구를 같이 파는 작은 책방이나 겨우 있을 뿐이다. 예전의 정취가 사라졌다 해도 처음 간 곳의 낯선 책방에 가서 어슬렁거리는 일은 즐거운 일이다. 그러고 보니 책방도 숲과 닮았다.

책방에 가는 사람들이 꼭 책을 사러 가는 것은 아니다. 그냥 구경삼아 가는 사람도 있고, 친구 따라 가는 사람, 시간 때우려고 가는 사람, 약속 장소로 이용하는 사람, 별의별 사람이 다 있다. 숲도 그렇다. 숲에 가는 모든 사람이 나무 심고, 연구하고, 숲을 가꾸러 가는 것은 아니다. 숲이 좋아 가는 이도 있지만 어떤 이는 친구 따라 그냥 가기도 하고 어떤 이는 뭘 캐러 가기도 한다. 책방과 숲은 가고 싶을 때 가면 더 좋고 아무 때나 그냥 가도 즐겁다는 점에서 닮았다. 책방과 숲은 찾아온 이들의 정신을 이롭게 한다는 점도 닮았다. 책 훔치러 오는 사람과 수석 캐고 나무 꺾으러 오는 사람 구분 않고 누구나 받는 자세도 닮았다. 무엇보다 책방과 숲은 은근한 위로와 치유의 공간이라는 점이 참 닮았다.

새 책방과 헌책방은 분위기가 참 다르다. 마치 인공 조림의 숲과 자연 숲이 다르듯이.

새 책방은 신간 위주로 진열한다. 하지만 팔리지 않으면 바로 갈아 치운다. 오래전에 나왔어도 꾸준히 팔리면 진열대의 중심에 있다. 팔리는 것만이 진열의 조건이 된다. 진열하는 방식도 분야별, 종류별로 잘

나눈다. 찾기 쉽게 눈에 띄는 방식으로 체계적으로 진열한다. 일정한 체계를 지키면서 유행을 따르며 판매 효과를 높이는 방법이 동원된다. 눈에 띄는 책은 더 잘 팔린다. 새 책방은 베스트셀러를 우선한다. 베스트셀러는 잘 팔리는 책이라는 의미일 뿐 내용과 질이 최고라는 뜻이 아니지만 새 책방에서는 최고의 대우를 받는다. 아무리 잘 만든 책도 일정 기간 팔리지 않으면 바로 반품이다. 새 책방은 무조건 반응 있는 책만을 우선한다. 오래전에 나온 책은 새 책방에서도 특별히 주문하기 전에는 구하기 어렵다. 새 책방은 출판사를 대신한 판매 이익만을 챙긴다. 안 팔리는 책의 보관료를 떠안지 않는다. 새 책방은 모든 면에서 현재 진행형이다. 새 책방을 숲으로 보면 보기 좋고 예쁘게 꽃피는 나무만 잔뜩 심어 사진 찍기 좋게 만든 현재 진행형의 장삿속 수목원이다. 잘 생긴 숲?

  헌책방은 진열의 방식도 정해진 것이 없다. 꽂고, 쌓고, 묶고… 마치 고물상 같다. 아무리 정리를 잘해 놓아도 체계적 분류에 한계가 있다. 원하는 책이 제때에 들어오질 않으니 대책이 없다. 헌책방에서 분야별, 종류별 구색을 제대로 갖추기는 매우 어렵다. 헌책방은 오래 묵어 언제 팔릴지도 모르는 책들을 늘 껴안고 있다. 헌책방에서는 안 팔리는 책을 반품할 곳이 없다. 폐지로 헐값에 버리지 않는 한 계속 가지고 있어야 한다. 그래서 헌책방은 늘 어수선하고 퀴퀴하다. 헌책방은 그 퀴퀴함이 미덕이다. 여기저기 쌓인 책 더미 속에서 뜻하지 않게 오래전에 나온 책을 찾는 수도 있으니 말이다. 헌책방의 책값은 보관하느라 들인 시간의 비용이다. 말하자면 보관료다. 헌책방은 매사 과거 진행형이다. 헌책방을 숲으로 보면 경제성은 뒤져도 생물의 다양성이 풍부하고 오래된 자연 숲이 아닐까. 못생긴 숲!

시장과 책방 말고도 숲에 비유할 대상은 많다. 우리가 사는 마을과 도시-큰 도시만 도시가 아니다. 작은 읍내도 공동체적 속성에서 도시다-는 사람의 숲이다. 오래된 마을은 오래된 숲이고, 신도시는 새로 만든 숲이다. 국립공원 같은 공원은 오래되고 넓은 자연에 '공원'을 붙였으나 자락 깊은 역사의 숲이고, 서울숲 같은 시민의 숲은 멋들어지게 '숲'이라고 부르지만 얄팍한 숲이 붙어 있는 '공원'이다. 꾸민 지 얼마 되지 않아 어설픈 신도시 같은 풋내나는 숲이다. 오래된 도시는 소멸과 확장을 거듭하며 성장, 변화한다. 도시 구조에 시간의 켜가 쌓인다. 오래된 도시는 시간의 층위가 겹치고 삶의 양태가 다양하다. 그것이 도시의 역사다. 아니 역사의 도시다. 오래된 숲도 비슷해서 식물군이 다채롭고 생물종들이 다양한 연계를 갖는다. 좋은 숲이란 식물만 있지 않고 갖은 생물과 동물이 같이 있는 것이다. 철따라 가꾸는 화초가 많다고 숲이라면 천만의 말씀이다.

신도시도 세월이 지나면 묵은 도시가 된다. 그러나 도시의 구성이 아파트와 소비시설 몇 종류뿐인 도시는 오래 지나도 좋은 도시가 되기 어렵다. 도시란 휴식, 문화·교육 등의 시설이 균형 있게 유지되며 무엇보다 자급자족의 생산성을 지녀야 삶터로서 좋은 도시가 된다. 아파트로만 가득찬 도시는 오래되어도 계속 잠만 자는 도시다. 숲으로 말하면 몇 종류의 나무로만 가득 채워진 이상한 숲인 것이다. 이상한 도시도 이상하지만 이상한 숲이란 정말 괴이하다. 어디 숲만 그럴까. '4대강정비사업'도 강을 이상하게 만드는 일이다. 한반도 지형은 양쪽의 산줄기 사이에 강이 흐르니 강이 이상해지면 산도 숲도 다 이상해질 것이 뻔하다.

서울 남산(굳이 서울 남산이라 하는 것은, 남산은 앞산의 의미로 전국에 수십 개가 있기 때문이다)에 이상한 바람이 불고 있다. '남산 르네상스' 사업의 바람이다. 남산을 보기 좋게 치장하느라 난리다. 전망과 휴식을 위한다고 철 구조물에 나무 바닥을 새로 만든다. 꼭대기까지 걷는 길 따라 조경 공사도 한다. 원래 남산의 식생과 전혀 관련 없는 수목과 초본류를 옮겨 심는다. 르네상스란 재생·부흥이란 뜻이니 울울창창한 본래의 목멱산을 되찾는 방향으로 장기적 투자를 하는 것이 옳지 않을까. 케이블카 없애고, 자동차 길 없애고, 자연에 가깝고 사람이 불편한 산다운 산을 만들어야 남산을 제대로 살리는 것인데, 당장 눈에 보이는 전시 효과와 접근의 편리성에 몰두하는 디자인(?) 자세가 안타깝다. 서울의 청계천이 멋있다-콘크리트 어항에 불과한 청계천이 무엇이 멋있는지 모르겠지만-고 하니 다른 도시도 다 따라서 하천을 청계천 식으로 고친다. 서울 남산 따라서 전국의 남산도 다 르네상스를 맞는 것은 아닌지 모르겠다. 서울 남산이 원하는 것은 유원지처럼 만들어지는 '공원'이 아니라 숲다운 숲, 산다운 산 목멱산으로의 회귀일 것이다. 그것이 자연의 르네상스다.

통계상의 녹지 면적은 늘어나도 숲다운 숲이 귀해진다. 시장의 소비량은 늘어나도 재래시장과 점포 수는 줄어든다. 도서출판의 양은 늘어나도 시점은 줄어든다. 헌책은 늘어나도 헌책방은 줄어든다. 이 무슨 해괴한 톱니바퀴란 말인가. '잘' 생긴 숲과 '못' 생긴 숲을 구분 못하는 이 시대에 뭔가 '잘못'하고 있다.

우리가 살 데는 어디인가?

'오라는 데는 없어도 갈 데는 많다'는 말에는 '데'가 두 번 들어간다. 데는 곳이나 장소의 뜻을 나타낸다. 올 데, 갈 데, 잘 데, 먹을 데, 놀 데, 일할 데, 공부할 데… 모두 생활 속에서 흔히 일컬어지는 장소, 즉 살 데다.

자리나 장소의 뜻을 나타내는 말로는 또 '터'가 있다.

집을 지으려면 집터가 있어야 하고 농사를 지으려면 농사터가 있어야 한다. 일하는 곳은 일터, 노는 곳은 놀이터다. 빨래하는 곳은 빨래터, 낚시하는 곳은 낚시터다. 공부하는 곳은 배움터, 약수가 나오는 곳은 약수터다. 피륙을 말려서 바래는 곳은 마전터, 사기그릇을 굽던 자리는 가마터다. 성이 있던 자리는 성터, 사람이 살았거나 사건이 일어났던 장소는 옛터다. 절이 들어서기 좋거나 절이 있던 자리는 절터, 쉬는 장소는 쉼터다. 사냥하는 곳은 사냥터, 장이 서는 곳은 장터다. 물놀이하기 좋은 곳은 물터, 비어 있는 자리는 공터다. 나룻배가 닿는 곳은 나루터, 시체를 태우는 곳은 화장터다.

삶과 죽음을 다 아우르는 곳이 세상이다. 한마디로 우리가 사는 것은 삶, 즉 살림이다. 그래서 세상에선 살림을 꾸리며 살아가는 살림터를 중요하게 인식해야 하는 것이다. 세상에서 없어져야 할 곳 단 한군데는 싸움터, 그곳은 사람을 살리는 데가 아니라 죽이는 곳, 곧 죽음터이기 때문이다. 남을 살리며 살아도 부족한데 남을 죽여야 자신이 사는 싸움터는 바로 지옥 아닌가.

사람이란 살아가는 존재다. 사람이 사는 터는 살림터, 바로 살 만한 '터'란 살만한 '데'를 이른다.

앞날에 '우리'는 어디에서 살 것인가. 그림 같은 풍경의 전원을 꿈꾸는 이도 있고, 낭만이 넘치는 영화 속의 마을을 그리는 이도 있을 것이다. 그러나 개인이 어디서 살 것인가를 묻는 것이 아니라 '우리'가 살 곳을 물으면 그 답은 원치 않아도 할 수없이 '도시'다.

지금 도시에 사는 사람들도 계속 도시에 살아야 하고, 지금은 도시가 아닌 곳에 사는 사람들의 동네도 점점 규모가 커지면서 도시가 될 것이다. 주거 단위가 늘어나서 도시의 모양을 갖추기도 하지만, 거주 규모는 크지 않아도 생활 방식이 도시화되는 추세를 막을 수가 없기 때문이다. 혼자 깊은 산 속에서 살 수도 있지만 그 수는 다 더해도 얼마 되지 않으며, 또 우리가 다 산 속에 들어갈 정도로 넓은 산과 숲도 이 땅에 없다. 그러니 우리는 원치 않아도 도시에서 살 수밖에 없다. 도시적 삶의 방식을 포기하지 않은 채로 도시 아닌 곳에서 살 대안이 마땅치 않은 것이다. 자연의 입장에서 보면 밀도 높은 도시에서 많은 사람이 사는 것이 자연 훼손을 덜 시키는 측면도 있다. 무분별하게 많은 인구가 흩어져 사는 것이 자칫 자연을 더 많이 훼손시킬 수도 있으니 말이다.

마을이나 도시는 그 지역적 구분과 면적은 달라도 다 '터' 위에 형성

돼 있다. 자연 취락이란 자연스럽게 한 터에 모여 살기 시작한 동리이며, 계획 도시란 모여 살기 위하여 일정한 터 위에 한꺼번에 만든 도시다. 자연스럽게 이루어진 도시건 급하게 만들어진 도시건 오래되면 변화가 일어난다. 도시에는 자연적인 변화보다 인위적인 변화가 더 많다. 전쟁·재해·재난 등으로 파괴돼 재건하는 경우도 있고 도시의 팽창으로 확장하는 경우도 있다. 도시의 문제는 언제나 급한 현실의 문제를 해결하기 급급하다. 앞뒤 살피지 않고 무조건 빨리 만들고 본다. 그러나 급하게 만들고 고친 도시는 십중팔구 몇십 년 후에 더 많은 돈을 들여 고치는 일이 발생한다. 발등의 불만 끄는 상황이 미래의 밝음을 가리는 것이다.

도시의 상징은 무엇일까. 네온사인, 자동차·지하철, 고층 건물, 광장… 등등 많지만 도시의 본질적 구조를 이루게 하는 것은 길, 즉 도로다. 도시에는 기능·목적·형태·재료에 따라 구분되는 모든 도로가 다 있다. 도로야말로 도시의 상징이다.

도시는 터와 터를 연결하는 각종 도로의 연결망 위에 있다. 그 연결망의 신속성과 접근성으로 유지되는 도시와 도시는 전국적으로 연결, 확대되고 있으며 더욱 심화될 것이다. 전국토의 도시화가 멀지 않았다. 아니 이미 전국이 하나의 도시다. 그것은 각종 도로의 건설로 가능해진 현상이다. 전국이 하나의 도시처럼 변해 가는 것이 소비와 경제적 혜택을 동시에 누린다는 점에서는 효과적인 면도 있지만, 각 지역의 고유한 문화적 유전자와 풍토성을 상실하고 획일화한다는 면에서는 부정적이다(전국의 도시화 현상에 대해서는 사회·경제·문화·정치적 관점에 따라 많은 입장 차이가 존재한다). 어쨌든 도로가 없으면 도시가 없으니 도로와 도시를 같이 보자.

도로/도시의 확장과 건설 과정에는 역사와 자연 환경에 대한 고려가 거의 없다. 있다 해도 의례적이고 형식에 그치니 맹점이다. 현대 기술로 아무리 훌륭한 도로/도시를 건설할 수 있다 해도 인간은 자연을 만들 수 없다. 우주선이 달나라를 갔다 올 수 있어도 풀 한 포기, 나무 한 그루, 물고기와 새 한 마리 만들지 못한다(유전자 조작 기술이나 복제 기술은 생명체를 만드는 것이 아니다). 방대한 토목공사로 그럴듯한 지형을 만들어도 자연을 만드는 것이 아니다. 인간은 자연보다 훌륭한 생태적 강과 산을 만들지 못한다. 인간은 자연에 손대며 오로지 변형과 파괴만 할 수 있다. 그 점을 현대의 도로/도시가 놓치고 있음은 큰 실수다.

지형·지세, 경관 다 무시하고 두부 자르듯 닦은 도로 한가운데 고목나무 한 그루 살려놓고는 '보호수'라고 명찰 달아놓는 알량함이 이 시대의 자연관이다.

전국을 바둑판처럼 연결하는 각종 도로는 깎고 메운 흔적으로 보기 흉하다. 도로 중심적 사고로는 연결이지만 자연과 생태적 관점에서는 분열과 절단에 다름아니다. 도로는 산과 산, 산과 하천, 하천과 하천을 단절시키니 생태가 연결되지 못함은 자명하다. 고속도로 수십 킬로미터 중간에 어쩌다가 야생동물들의 이동을 위한 생태통로를 만들지만 별 도움이 되지 못한다. 형식적으로 만든 생태통로를 볼 때마다 동물들에게 미안하다.

도로는 이용 목적에 따라 분류한다. 고속도로는 자동차 전용도로, 걷는 사람을 위한 길은 보행자 전용도로다. 그럼 자전거도로는? 자전거는 사람이 타니 보행자 전용도로와 같이 안전해야 한다. 하지만 요즘 급하게 만드는 자전거도로는 자전거 전용 아닌 겸용 도로가 많다. 걷는 사람과 부딪치고 자동차에 떠밀린다. 어느 곳에선 자전거 길이 좁아지고, 갑자기 없어진다. 위험천만한 길이다. 정치적 명제와 대중의 이해가 맞아떨어지는 것이 모두 좋은 것은 아니다. 녹색산업의 육성과 자전거 이용의 활성화는 사람의 안전보다 급하지 않다. 자전거 타기 전에 자전거 전용도로를 세심히 만드는 것이 순서다. 모든 도로의 원칙은 연결과 빠름에 있는 것이 아니라 생명의 안전에 있다.

 도로 중에는 훗날 없어지면 더 좋을 도로도 있다. 아니 만들지 않았으면 더 좋았을 것이다. 바로 강변도로와 해안도로다. 강변도로는 강을 따라, 해안도로는 바닷가를 따라 달린다. 하늘에서 보면 그림 같은 도로를 자동차로 달릴 때는 기분이 좋지만 살펴보면 문제가 많다. 제방 따라 만든 강변도로는 강과 사람을 연결한 듯 보이지만 따져보면 강과 사람을 갈라놓는다. 강변도로는 정작 물가로 가깝게 가려는 사람들의 접근을 막고 있다. 또 강변도로 밑에는 둑과 둔치를 만들기 위한 각종 구조물들이 구축되어 있다. 그런 인위적 구조물들은 몇 가지 편의시설을 제공한다는 명분으로 생태 지형을 훼손시키고 있다. 제방을 쌓기만 해도 생태계가 바뀌는데 다짜고짜 강가에 바짝 붙여 도로, 운동장, 꽃밭, 주차장 등을 만드는 것은 아예 생태 파괴다. 강변 따라 도로를 개설하는 것은 토지 이용의 경제성과 공사의 편리성이 주된 이유다. 강과 하천은 시민의 공유 자산이다. 공유의 가치란 현실적 이용 가치에만 국한되지 않는다. 현실의 이용 욕구보다 더 근원적이고 장기적인 안목을 유지할 수 있다면 그것은 공유의 본분에 부합될 것이고, 그것은 필시 환경과 생태의 가치를 높일 것이다. 도시가 개발/발전될수록 자연 환경의 가치가 귀중해짐은 말할 필요도 없다.

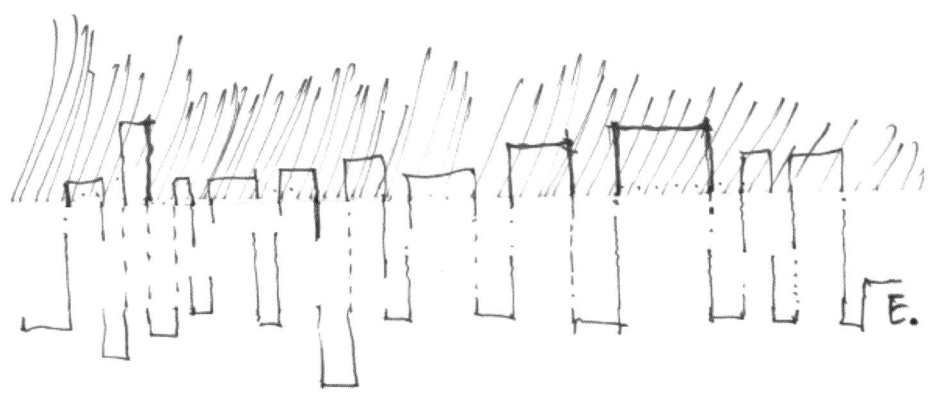

자동차로 달리기만 하는 길이 아닌, 유원지 비슷한 꽃밭이 아닌, 포장된 산책로 아닌, 포장된 자전거 길 아닌, 자연의 생태 구조를 온전히 유지하는 강과 하천을 품은 도시! 바로 환경의 질이 높은 도시다.

해안도로도 없어지면 더 좋을 도로다. 해안선 따라 개설된 해안도로야말로 해안선을 망치는 주범이다. 자동차도로는 한마디로 거대한 인공 구조물, 뭍과 바다가 만나는 자연의 선형은 자동차 주행 속도와 회전 반경이 만들어내는 인위적 곡선으로 대체된다. 바닷가에 붙어 있으니 자동차를 빼고는 무엇도 바닷가로 직접 갈 수 없다. 뭍과 바다를 넘나드는 동물들에겐 철벽이나 다름없다. 또 해안도로는 육지에서 바다로 공급되는 토사 유출을 방해하고 해안 침식을 돕기도 하니 해안 붕괴의 원인이 된다. 도로가 자연의 생태 순환고리에 도움을 주는 일은 하나도 없다. 부득이 만들어야 한다면 강변도로는 강에서 되도록 멀리, 해안도로는 해안에서 멀리멀리 닦을 일이고, 강변도로 없는 강, 해안도로 없는 바다, 고속도로 없는 산, 그게 바로 우리 모두가 살아야 할 좋은 물·뭍이다. 도시에 붙어 있는 강과 산도 그러하다. 아니 강과 산에 도시가 붙음은 마땅하지만 도로는 오히려 갈라놓는다. 도시는 철저한 인위적 소산. 늘 그 인위가 문제다. 자연을 자연답게 보전하는 것이 최상의 인위 개념 아닐까.

아무런 막힘 없이 강으로 산으로 다가갈 수 있는 도시야말로 사람이 살기 좋은 터이다. 어디 그런 데 없을까.

하나를 보고 열을 안다

'하나를 보고 열을 안다'는 속담은 일부만 보고 전체를 미루어 짐작한다는 말이다. 무서운 예단이다. 하나로 전체를 가르는 것은 그릇되게 판단할 위험성도 있지만 속담이 살아 있으니 맞는 경우가 많았음일 게다.

나도 가끔(섣부른 단정의 위험성을 안은 채) 하나를 보고 열을 짐작할 때가 있다. 아무리 사소한 일이라도 커다란 판단의 실마리가 되었던 경험을 지우지 못하기 때문이다. 전체가 하나로 엮인 분야나 관련성 있는 일들이야 당연히 하나를 보면 열을 알 수 있다 치지만 연관성이 멀어보이는 경우라도 하나를 보고 열을 짐작하게 한다. 어떤 이가 후배를 대하는 태도를 보면 선배를 대할 태도가 짐작되고 술자리 습관을 보면 일터에서의 인격이 보인다. 무심하고 사소한 태도 하나에서 열이 아니라 백을 짐작할 수도 있다.

지하철 객차 한 칸은 54명이 앉고 76명이 손잡이를 잡고 선다. 합해서 130명이지만 출퇴근 시간에는 배도 더 탄다. 어른 발은 밟히고 아이가 든 풍선이 터진다. 그런데 '장애인·노약자·임산부 보호석'은 겨우 12자리뿐이다. 평상시 이용자 수로 재면 채 10%가 안 된다. 그러니 서서 가는 노약자가 많다. 말로는 노령화 시대를 준비하자 하면서도 그 비율은 낮다. 노인인구 비율에 맞추어 경로석을 늘리는 것이 마땅하다. 임산부 보호석도 마찬가지다. 정책적으로 아이 낳기를 장려하면서 임산부 보호석은 왜 안 늘리는 것인가. 장애우를 보호하자면서 장애인 자리는 왜 늘리지 않는 것인가.

계단 턱이 없으면 좋으련만 공공 시설에 웬 턱은 그리 많은가. 그 한 가지를 보면 이 사회가 약자를 보호하는 데 얼마나 인색하고 무관심한 가를 알 수 있다. 그러니 흔들리는 차 안에서 노인은 힘들게 서 있고 청년은 앉아 졸고 있다. 동방예의지국이라서 노인들에게 자리를 양보하자는 것이 아니다. 노인들은 기운 없는 약자이기에 자리를 내주어야 하는 것이다. 그것은 양보가 아니다. 약자를 보호하는 것은 건강한 사회의 당연한 의무다. 하나를 보면 열을 안다.

여럿이 바쁘게 일할 때 음식을 시켜 먹는다. 배달 음식은 종류마다 그릇마다 랩wrap으로 싸여서 온다. 그 중에는 한 사람씩 먹을 것과 여럿이 먹어야 하는 반찬이 구분되어 있다. 각자 시킨 종류를 제 앞에 놓고 랩을 벗길 때도 각자 무의식적 습관이 나타난다.

자기 먹을 것만 먼저 벗기는 사람, 아직 자리에 앉지 않은 동료 것을 미리 챙겨주는 사람, 벗겨놓은 그릇을 당연하다는 듯 먹는 사람… 다른 이를 먼저 챙겨주고 공동 반찬을 벗겨놓고 나서야 자기 몫을 챙기는 사람도 있다. 먹을 것을 앞에 두고 하는 행동을 보면 사람마다 감춰진 소양이 짐작된다.

제 먹을 것만 미리 챙기는 사람은 대부분 자기가 할 몫의 공동 일도 잘하지 않고, 다른 일을 할 때도 자기 주장과 욕심을 앞세우는 일이 잦다. 자기밖에 모르니 다른 일에서도 티가 난다. 반면 여럿이 먹을 반찬을 먼저 준비하고 제 밥그릇을 나중에 챙기는 사람은 뒤처리까지 깔끔하다. 남을 먼저 위하고 자기 할 일을 다하는 자세를 짐작하게 한다. 여럿이 식사한다는 것은 같은 자리에서 각자 '먹는 것'이 중요한 것이 아니라 여럿이 '어떻게' 먹느냐가 더 중요한 것이다. '어떻게'의 자세는 식사중에만 보이는 게 아니라 집짓기에서도 그대로 나타난다.

오래된 마을을 보면 여러 채의 집들이 주변 자연과 어울리게 배치되어 있다. 오랜 세월을 두고 각자 필요한 집을 지으면서도 자연과 어떻게 어울릴까, 이웃과 어떻게 어울릴까, 마을 전체를 해치지 않게 하려는 고민이 묻어난다.

고샅을 돌아가며 옆집에 드리울 그늘을 염려하고, 마당을 마련하며 아랫집 물길을 생각한다. 그것이 오래된 마을을 이루는 '어떻게'의 근본자세다. 그런 정신적 바탕 위에 서는 집들은 집이라는 물리적 구조물로서의 형태 이전에 공동성의 의식을 드러낸다. 그것이 생각하는 동물인 사람이 짓는 집이다. 모여 산다고 공동체가 아니라 공동성이 깃들어야 공동체이며 마을을 어떻게 만들고 옆집과 어떻게 조화되나 하는 자세가 보여야 비로소 이웃이다.

사촌이라서 가까운 것이 아니라 가까워서 사촌이 되니 그게 바로 이웃사촌 아니던가. 이웃을 잃고/잊고 내 집만 잘 지으면 된다는 요즘의 세태는 반성거리가 많다.

대학 캠퍼스를 보자. 대학은 하나의 도시다. 학교의 규모가 크건 작건 기본적인 학사 행정과 교육 시설의 근간이 같고 가르치고 배운다는 원칙이 같다. 큰 도시나 작은 도시가 규모의 차이를 떠나 공통의 시설

요소가 있는 것처럼 대학도 공통의 시설 요소가 있다. 대학 캠퍼스도 하나를 보면 열을 알 수 있다. 캠퍼스의 배치 개념이 대학의 정신을 드러낸다.

도서관과 학생회관이 전면에 배치된 대학은 학생 중심의 시각을 드러내고, 대학본부가 전면에 배치된 대학은 행정 위주의 권위적 자세가 읽힌다. 접근이 어려운 구석에 도서관을 위치시킨 대학은 책도 몇 권 없을 것 같은 짐작을 하게 하고, 캠퍼스 한복판에 대학본부를 지은 경우는 학생이 학교의 주인이라는 생각이 보이질 않는다. 그런 경우는 보나마나 정문을 지키는 수위마저 권위적일 것이다.

도시도 마찬가지인데 관공서가 위세 좋게 들어선 도시는 어딘지 구태의연하고, 시민을 위한 공동시설을 중심으로 하는 도시는 말할 수 없는 편안함이 감돈다.

정치·사회·경제·문화적 행위의 주체로 항상 인간을 앞세운다. 그러나 늘 문제의 중심엔 사람이 있다. 사람이 세상의 중심에 있다보니 '사람만이 희망'이기도 하지만 사람만이 절망일 때도 있다. 인간 중심적 사고란 지고의 가치를 인간에게 두는 것인데 행위의 옳고 그름을 따지지 않고 불순한 목적을 감추며 사람을 위하는 척만 하니 늘 문제가 생긴다. 환경 문제가 사회적 화제로 떠오를 때마다 그런 의구심이 생긴다.

공장 폐수를 비 오는 날 골라 하천에 몰래 버리던 공장도 누군가를 위해 버렸을 것이다. 멀쩡한 산을 불법으로 개발한 사람도 누군가를 위해 그리했을 것이다. 목청 높여 개발을 막으려는 시민 단체도 누군가를 위한다. 개발도 개발 반대도 다 인간을 위한 것이라 한다. 어찌 한 가지 일에 두 입장 다 맞는 경우가 있겠는가. 필시 한 쪽은 그를 것이다. 그런데 서로 맞다 한다. 입장은 다른데 위한다는 사람은 같다. 아, 사람만이 문제다.

웃어야 할지 울어야 할지 모를 지나간 이야기. 동강을 막아 댐을 만든다고 할 때, 댐의 건설을 막고자 하는 사람들이 높은 관리를 만나서 입장을 물었더니 대답하길 '막아야 합니다' 하더란다. 막아야 한다? 묘한 말이다. 건설하는 입장은 강물을 '막는' 것이고, 반대하는 입장에선 건설을 '막는' 것이다. 그 관리는 양 쪽에 대고 똑같이 '막아야 합니다'를 되풀이했다 한다. 판단의 가치관을 노출시키지 않는 '막아야 한다'는, 듣기에 따라 댐을 건설하자는 데 찬성하는 것일 수도 있고 반대하는 것일 수도 있으니 그 정도면 가히 정치적 처신을 넘어 희망도 절망도 가질 수 없는 고도의 언어적 기만이다. 한마디를 들으면 속셈이 읽힌다.

한반도 대운하 건설 계획도 사람만이 갖는 희망과 절망 사이의 혼돈을 극명히 보여준다. 어떻게든 삽질하려는 목표를 세운 이들은 홍수 조절, 수자원의 효과적 관리, 관광개발 효과, 경제적 이윤 등을 역설하고, 막으려는 이들은 환경 파괴, 국토 재앙, 경제적 비효율성, 구시대적 발상 등을 외친다. 삽질은 빠를수록 좋다며 서둘고, 호미질도 안 된다며 결사 반대다. 이렇게 입장이 완전히 다른 경우는 분명 중심을 이루는 가치관도 다를 텐데 겉으론 똑같이 사회와 사람을 내세운다. 이럴 때 인간 중심적 사고는 해결책이 못된다. 개발 이윤을 중심으로 놓는 것도 사람이고, 개발 피해를 역설하는 것도 사람이기 때문이다.

이럴 때는 각자의 입장을 떠나 온전히 다른 입장으로 봐야 한다. 자연·환경·생태·지형·기후 등을 중심에 놓는 객관적 성찰이 필요하다.

그러나 성찰이 될 리 만무하다. 양쪽 다 가슴이 뜨겁고 머리도 뜨겁고 주먹도 뜨거우니 차가운 성찰은 꿈도 못 꿀 일이다. 큰일이다. 이럴 때는 끓는 물과 얼음 사이의 미지근한 처방이 최고다. 미지근하게 천천히 서두르지 않고 에둘러 가며 쉬기도 하면서 주변도 구경하고, 성글지 않게 다시 살펴보는 게 최고다. 만약 그렇게 좋은 삽질이라면 한 10년 더디게 하자. 절대 안 되는 일이라면 더욱더 늦출 일이니 우리 다 같이 천천히 가면 될 일 아닌가. 정치적 계산과 경제적 이윤과 위선의 술수를 모두 버리고, 물길과 산길을 바탕으로 생각해 보는 데 한 10년은 더 필요하지 않겠는가.

사람은 살면서 무엇인가를 짓는 존재다. 노래·이름·밥·옷·글·짝·농사 다 짓는 것이다. 세상에 중요한 것은 다 짓는다고 한다. 그러니 신축이건 재개발이건 운하건, 삽질 잘하면 대지에 내리는 축복의 찬가가 되지만 잘못하면 이웃과 사회는 물론 자연과 역사에 죄짓는 것이다. 급한 삽질하기 전 우리에겐 더 깊은 성찰이 필요하다. 하나를 보니 열이 급하다.

서둘지 말지니! 삽질 잘못하다 금수강산 뻥짜 된다.

가짜와 공짜가 판치는 세상

숲·나무·풀 자가 뒤에 들어간 말은 이유 없이 기분이 좋다. 유전자 속에 아주 먼 옛날로 이어지는 숲의 향기가 남아 있기 때문일 것이다. 하지만 '짜' 자로 끝나는 단어들은 언짢은 게 많다. 아주 먼 옛날 숲에서 걸어나와 어울려 살기 시작하며 억지로 만든 말이라서 그렇지 않을까. 본시 글자는 소리에서 오고 문장은 말에서 온 것이니 단어나 어휘에서 삶의 냄새가 나는 것은 지극한 일이다.

도시를 한 권의 책으로 보면 개별 건축물들은 낱글자이고, 가로 따라 이어진 거리 풍경은 한 줄의 문장과 같다. 이어진 거리는 연속되는 이야기가 된다. 한 동네나 지역은 각 장을 구성하고, 보이지 않는 제철과 제본의 결구는 도시의 기본구조에 비유될 수 있다. 좋고 나쁨을 가르는 책의 내용이란 궁극적인 우리 삶의 내용이 될 것이다. 읽을 수 없는 책이란 살 수 없는 도시이며, 삶의 질이 좋지 않은 도시란 질 나쁜 책과 같다.

하나의 건축물을 한 권의 책으로 본다면 도시는 많은 책이 모여 있는 도서관이 될 것이다. 책이든 도서관이든 그 출발은 말이다. 말이 생각이니 결국 책과 도서관은 생각의 집이다. 나아가 건축과 도시도 생각의 집인 것이 마땅하건만, 과연 그런가? 건축과 도시, 나아가 우리의 삶이 다 생각에서 생각으로, 끝없는 생각으로 가득찬 것은 틀림없는데 그 많은 생각들이 다 멀쩡하고 권유할 만한 것인가? 과연 그럴까? 오늘은 '짜' 자로 끝나는 몇 단어로 세상을 보자.

● 가짜들의 행진

진짜라는 말은 참이란 말이다. 참된 것에 더할 게 뭐 있고 또 무엇을 빼겠는가. 진짜란 좋다는 수식의 끝이다. 진실, 그 자체다. 과연 그럴까. 요즘엔 진짜란 말도 못 믿는 세상이다. 진짜를 못 믿는 것은 가짜와 구별이 안 되어서다. 아니 구별할 수 없다.

참기름이라 하면 다 된 것인데 어떤 상표는 '진짜 참기름'도 있다. 진짜 참기름? 그러니 가짜 참기름이 많다는 반증이다. 진짜를 넘어 '진짜 순 참기름'도 본 적이 있다. 진짜·순·참이 다 같은 것이니 참참참기름이라는 말인데, 참이 세 번이나 들어가니 가짜가 아닐까 덜컥 의심이 난다. 무엇이든 강조와 반복이 지나치면 의혹이 생긴다. 진짜라면 구구절절 반복할 리가 없지 않은가. 하지만 세태는 과묵한 진짜보다 수다스런 가짜가 더 설친다. 아마 시장에서 팔리는 모든 것이 그럴 것이다.

요즘에는 같은 업종끼리 몰려 있는 곳이 많다. 웨딩드레스, 족발·삼치·돼지갈비·냉면·떡볶이… 등은 떼로 몰려 영업하면 더 잘 되는 모양이다. 같은 업종끼리 몰려 있으면 괜히 풍성해 보이고, 다양한 선택의 기회가 있고, 뭔가 전문적이며 신뢰할 만한 느낌을 주어 손님들이 몰리나보다.

똑같은 음식을 파는 식당이 밀집된 어느 동네에 '원조' 집이 있다. 그 옆에 '원래 원조' 집이 있고, 건너편에는 '본래 원조' 집이 있다. '옛날 원조'도 있다. 헛갈린다. 이어 '진짜 원조' 집이 있다. 더 헛갈린다. 본시

원조집이라면 원조라는 말을 쓰지 않을 것이다. 장사를 시작하면서 새 간판에 원조란 말을 쓰는 식당은 있을 수가 없다. 처음 시작하는 마당에 원조란 표현이 가당치 않기 때문이다. 그래서 나는 원조, 원래 원조, 본래 원조, 진짜 원조라고 써 붙인 집들은 다 가짜라고 확신한다. 그냥 아무 수식 없이 옥호만 걸린 집이 제일 믿음이 간다. 원조란 처음 시작한 시조나 창시자를 이르니 어떤 식당도 다 원조가 될 수 있는 것인데, 원조란 말을 자신감 부족에서 겨우 남의 가게의 허명을 이용하여 덕이나 보려는 얄팍한 장삿속으로 시작부터 써먹으니 한심할 뿐이다. 문제는 '원조'를 팔아 돈 버는 것이야 주인의 양심불량으로 돌릴 수 있지만 멋모르고 속고 있는 손님 중의 하나가 나 자신이라고 생각하면 몹시 언짢다.

'원조'만 그런 것이 아니다. 진짜를 내세워 가짜 행진에 동참하고 있는 것은 무척 많다.

토종닭도 그 중 하나다. 전국의 수많은 삼계탕 집 대부분이 토종닭을 판다고 주장하지만 토종닭을 기르는 곳은 그리 많지 않다. 토종닭이란 대형 양계장에서 기를 수도 없다. 그러니 살아 있는 토종닭보다 잡아먹는 토종닭이 더 많은 이상한 토종닭 천국이다.

한우를 많이 키우는 지역에서 가짜 한우를 팔고, 소금도 중국산을 국산이라 팔고, 광우병 파동으로 미국산 수입 쇠고기가 팔리지 않으니 호주산이라고 속여 판다. 가짜 행진에는 양심과 국경도 없다. 오로지 목적은 돈, 돈만 있다.

돈이 되면 다 하는 장사꾼들이 파는 '웰빙'은 또 어떤가. 웰빙도 거의가 가짜다. 말만 웰빙이다. 인공 조미료 범벅을 팔면서 웰빙 식당이라 간판 걸고, 합성수지로 무늬목 만들며 '친환경'이라 말하고, 환경을 파괴하며 '지속 가능성'을 말한다. 각 분야에서 벌어지는 가짜들의 행진이다. 무엇이든 '진짜'를 내세울수록 가짜일 가능성이 높다. 아니 가짜는 '진짜'라 말한다.

●악마는 공짜를 좋아한다.

'공짜라면 양잿물도 먹는다'는 속담은 거저 얻는 것을 좋아하는 인간심리를 갈파한 위대한 진단이다. 양잿물, 먹으면 죽는다. 공짜라면 죽음도 불사한다는 말이다. 얼마나 좋으면 먹고 죽을까. 공짜는 죽음의 유혹이다.

죽어도 좋다는 공짜란 받는 사람 입장에서만 본 것이다. 공짜를 정확히 보려면 주는 입장에서 봐야 한다. 주는 사람 입장에서 공짜를 보자. 공짜란 주는 입장에서 할 일 없고 심심해서 주는 것이 아니다. 모든 공짜 제공자는 공짜로 줄수록 뭔가 이득이 더 생기기 때문에 준다. 한마디로 공짜를 내세워 이득 보는 장사를 하는 것이다. 공짜가 좋다고 양잿물 먹고 죽은 귀신을 팔아 돈을 버는 것이다. 공짜 경품, 공짜 핸드폰, 공짜 여행, 공짜 영화, 공짜 음악, 공짜 가방, 공짜 수술… 등 공짜는 셀 수 없이 많다. 거리에서 공짜로 나누어주는 각종 판촉물이 대표적인 공짜 물건이다. 그러나 그것은 공짜 아닌 장삿속일 뿐이다. 노인들을 상대로 물건을 속여 파는 공짜 상술도 극성이다. 산전수전 다 겪어 인생을 달관한 노인들도 공짜에 넘어가니 젊은이들은 더 혹할 것이다.

지하철 입구에서 융단 폭격하듯 뿌려지는 공짜 신문-무가지-들의 경우는 더하다. 언론의 자유를 위하여 공짜로 주는가, 공정한 보도를 위하여 공짜로 주는가. 아니다. 발행 부수를 늘려 광고 수익을 높이려고 공짜로 주는 것이다. 그러니 무가지란 공짜를 빙자한 그들만의 장사일 뿐이다. 기사 반 광고 반, 아니 광고가 더 많은 무가지가 장사가 잘 되는 것이다. 무가지의 속셈은 결국 광고다.

발행 부수 많은 일부 신문사들도 공짜로 유혹하긴 마찬가지다. 신문을 구독하면 자전거·상품권 등을 주는 것도 공짜를 앞세운 장삿속이다. 발행 부수를 늘려야 광고 수익이 늘고, 다른 사업의 부수 이익이 증가하기 때문에 기를 쓰고 사은품을 돌리는 것이다. 마치 공짜인 것처럼. 말하자면 가짜 공짜다. 각종 가짜와 공짜의 더 큰 악덕은 선량한 진짜들의 터전까지 짓밟는다.

가짜와 공짜는 각종 선거철엔 더 극성이다. 그럴듯한 지역 개발, 지역 환경 개선… 등의 선거 때마다 단골로 등장하는 공약(空約)들은 대부분 가짜다. 이루어지지 않는 공약에 왜 표가 몰릴까. 공짜 기대심리가 깔려 있기 때문이다. 내 돈 안 들이고 지역 개발이 된다 하니 마치 공짜로 지역이 좋아진다는 기대로 찍어주는 것이다. 그러나 지역 개발에 공짜가 어디 있는가. 나라 돈이 들어가면 내가 낸 세금이고, 민자 개발이면 사업자가 돈 버는 것이다. 지역 개발에는 절대 공짜란 없다. 공약은 공약의 기망, 즉 가짜 공약이다. 공짜를 바라는 마음이 크면 가짜를 믿는다.

생활의 지혜 한 가지. 오랫동안 교도소를 출입하며 재소자 돌보는 일을 하신 분에게 들은 이야기. 사기꾼들이 가장 겁내는, 즉 사기를 치기 어려운 사람들이 누굴까. 욕심 없는 사람들이란다. 사기를 당하는 사람들은 대부분 사기꾼보다 욕심이 더 많단다. 그러니 사기를 당하지 않는 법은 단 한가지다. 욕심을 버리면 사기를 당하지 않는단다. 욕심 없는 사람은 가짜와 공짜에 대한 헛된 기대심리를 갖지 않아 잘 속아 넘어가지 않는다고 한다.

세상을 살다보면 진짜 같은 가짜에 속기도 하고, 공짜로 잘못 알고 바가지를 쓰기도 한다. 바퀴벌레보다 더 질긴 것, 가짜와 공짜의 유혹일 것이다. 가짜와 공짜가 세상에 이로울 게 없다는 것은 불변이다. 세상살이 좀 못나고 시원찮고 불편하더라도 가짜와 공짜를 일부러 탐하지는 말자(잠깐, 경우에 따라 형식은 진짜인데 내용과 수준이 형편없어 가짜만도 못한 엉터리 진짜들에 대한 화는 여기서는 참기로 하자).

짜로 끝나는 말, 강짜·갱짜·타짜·몽짜·뺑짜·찰짜·말짜·퇴짜의 느낌은 대체로 어둡다. 겉으로 드러나지 않아도 진짜는 밝은 법, 우리 모두 스스로 진짜가 되자. 공짜를 바라지 말자. 세상을 시끄럽게 하는 일들을 바로 살피는 법, 옳다 그르다… 등 시비가 분명치 않은 것은 가짜일 확률이 높다. 공짜로 덕 볼 일이 많아보이는 것들도 가짜일 확률이 높다. 가짜와 공짜의 그물에서 걸러진 것이 진짜다. 당신이 그물의 주인 아닌가.

매사 품격 있는 생각이 먼저다

　품격이란 사람 된 바탕과 성품, 사물 따위에서 느껴지는 품위를 말한다. 사람과 사람, 사람과 사물 사이에 발흥하는 모든 의식이 품격을 따지는 대상이 된다. 품격의 바탕은 세상이지만 품격의 주체는 언제나 사람이다. 품격 있는 사람이 있으니 품격 있는 사회가 있고, 품격 있는 생활이 있어야 품격 있는 환경이 있는 것이다. 누구라 할 것 없이 품격 낮다는 소리보다는 품격 높다는 평판을 좋아한다. 굳이 평판에 신경 쓰지 않는다 해도 살면서 부딪치는 주변 여건에 품격이 따른다면 얼마나 아름다운 일인가.
　흔히 세상을 천당과 지옥에 비유한다. 천당과 지옥의 차이는 무엇일까. 많은 사람들이 그 차이를 선과 악, 죄와 벌, 풍요와 빈곤, 자율과 타율, 화평과 불안… 등으로 설명하는데, 천당과 지옥의 가름은 그리 복잡하지 않다. 그 차이는 한마디로 삶의 조건·관계·결과에서 품격이 얼마나 유지되는가의 문제일 것이다.
　품격을 지닌 사람을 인품 높다 하고 품격 있는 물품을 명품이라 한다. 개인·단체·가문·학교·회사·사회·국가에도 품격의 높고 낮음이 다 다르다. 국민소득 높고 잘살지만 품격 없는 나라가 있고, 경제적으론 궁핍하지만 품격 높은 나라가 있다. 개인도 마찬가지, 인품의 높고 낮음은 배움과 재산의 많고 적음과도 관계가 없다. 품격 없는 부자, 품격 없는 정치인, 품격 없는 학자, 품격 없는 종교인, 품격 없는 유명인이 얼마나 많은가.

앞서 말했듯이 품격의 주체는 사람, 바로 우리 자신이다. 그러니 우리 사회가 품격이 없다면 그렇게 품격 없는 세상에 살고 있는 우리의 품격이 낮다는 말이다. 요즘 젊은이들이 많이 쓰는 말, '싼티 난다'는 표현은 품격 없는 세상의 행동·사물·경우를 한마디로 이른 것이다. 우리 사는 세상이 '싼티'나는 세상이라면 우리들이 바로 '싼티' 아니겠는가. '싼티'란 한마디로 격조 없음을 이르는 것이다.

품격과 격조에 쓰는 격(格) 자는 나무[木]가 각(各)자 자란다는 모양이다. 나무는 어떻게 자랄까. 나무는 자연스럽게 자라는 것이 최고다. 기름진 땅에서 햇빛과 물이 적당하고 바람 잘 통하는 곳에서 자연스레 자라는 나무는 스스로 가지와 줄기를 뻗으며 위치를 조절한다. 그것이 자연스러운 나무의 격이다. 나무 본래의 생리에 어김이 없는 것이다. 빛을 싫어하는 나무는 그늘에서 활기차고, 물기를 좋아하는 나무는 물가에서 춤춘다. 자연에서 자라는 나무의 자연스러움이 바로 나무의 자유다. 그 자유는 모자람도 넘침도 없는 생태적 질서 그 자체다. 억지가 없는 상태이니 주위 환경과 사정에 잘 어울린다. 그것이 바로 나무의 격이 된다. 나무의 품격은 그렇게 이루어진다.

그 격의 지독한 소외를 본다. 바로 분재(盆栽)다. 화분에 나무나 화초를 가꾸는 소박함이야 뭐라 할 일이 아니지만 분재는 다르다. 원하는 모양을 만들고자 물을 주다가 말리다가, 영양제를 주면서 성장을 억제시키고, 줄기와 가지를 휘고 비틀고, 철사로 묶고, 자르고… 난리를 친다. 똥개 훈련시키듯 나무를 훈련시키는 것이다. 한마디로 분재는 만들어진 애완식물이다. 비싼 상품일 수는 있겠지만 어디 낯 두껍게 자연을 앞세워 나무의 격을 묻겠는가.

시대의 노래와 눈물이 쌓이면 역사가 된다. 그 역사에도 격이 있다. 역사를 단순히 지나간 사건의 기록으로 읽으면 천박한 역사가 되지만, 지혜와 교훈으로 배워 인식하는 과거로 새기면 격조 있는 역사가 된다. 역사는 길수록 격이 높게 보인다. 1,000년쯤의 역사는 말처럼 쉽지 않다. 1,000년 묵은 유물은 국가보물, 아니 인류의 보물이다. 그럼 1,000년 넘게 살고 있는 나무는? 당연히 보물이다. 살아 숨쉬는 보물이다.

얼마 전 신문을 보니, 서울 어디 아파트 단지에 1,000년 된 나무가 시름시름 앓고 있다는 보도가 있었다. 그 느티나무는 원래 지방 어딘가에서 잘 살고 있었다. 부근에 댐이 들어서는 바람에 수몰지구가 되어 인근의 개인에게 팔렸다. 그 후 다시 서울로 팔려왔다. 1,000년 된 그 나무는 두 번의 이식과 환경 변화로 탈이 났다고 한다. 천막을 치고 보온 덮개를 하고 영양제 주사를 놓고 있으나 죽어가고 있단다. 전문가들은 고령의 나무를 두 번씩이나 이식한 것과 남쪽 지방에서 자란 나무를 북쪽 지방으로 옮긴 것을 문제로 지적한다. 그 나무의 값은 10억 원이란다. 아파트 단지의 조경이 고급 수준임을 광고하기에 좋았을 것이다. 1,000년 된 나무가 비실거리니 그 조경의 수준과 품격에 문제가 생기는 것이다.

더 큰 문제는 1,000년이나 된 그 나무를 옮기겠다는 발상 자체가 도대체 격이 낮은 생각이라는 것이다. 격이 문제가 아니라 그 발상 안에 인간의 욕심만 가득차 있는 것 같아 몹시 거북하다. 1,000년 된 나무도 옮겨서 아파트 정원수로 활용할 수 있다는 생각, 비싼 나무를 자랑하려는 생각, 식물도 훈련시키면 될 것이라는 지독한 애완적 사고의 무모함이 그 나무를 죽이려 하고 있는 것이다(1,000년 된 나무여, 제발 소생하시라).

사람은 살면서 이사를 다닌다. 집을 두고 세간을 옮기는 것이 이사다. 무거운 집은 그 자리에 있고 가벼운 것은 옮긴다. 하지만 경우에 따라 건축물을 옮기는 경우도 있다. 이축(移築) 또는 이전(移轉)이다. 건축물을 해체/분해하여 옮기고 다시 조립/결합하는 방법이다. 건물을 해치지 않고 그대로 이동시키는 공법도 있다. 지금의 독립문은 고가도로를 놓는다고 뜯어서 옮긴 것이다. 댐 건설로 수몰되는 지역에서 보존 가치가 있는 건축물들을 다른 곳으로 이전한 예는 많다. 댐 주변의 문화재 단지들이 그런 곳이다. 민속촌에 있는 건물들도 대부분 옮겨온 것이다.

헐릴 처지에 있는 가옥을 다른 곳으로 옮긴 예도 많다. 목조 건축물들은 한마디로 조립식으로 지어진 것이므로 자리를 옮겨 짓는 것(조립)이 가능하다. 현대적 기술로 웬만한 건물은 다 옮길 수 있다. 그러나 이전한 건축물들은 아무리 온전하게 옮겼다 해도 예전의 그 건축물로 볼 수가 없다. 집은 그대로 옮겼지만 건축이 위치하는 장소가 달라졌기 때문이다.

건축은 특정한 장소와 고유한 관계를 맺으며 성립한다. 아무 곳이나 굴러다니는 자동차와 달리 건축물의 자리잡음에는 방향·지형·지질·풍경… 등의 장소적 특성이 반영된다. 옮겨진 건축물은 그 고유한 장소와의 관계성이 다 사라진 것이다. 장소는 바뀌고 껍데기만 옮긴 것이니 정신은 사라지고 뼈대만 남은 꼴이다. 한마디로 오픈세트 신세다. 세트는 건축이라기보다는 그림에 가까운 특별한 목적의 장치를 말한다. 세트는 영화 속에서 필요한 배경을 만들면 되지만 건축물은 생활의 세트가 될 수 없다. 아니 세트 속에선 사람이 살 수 없다. 건축물을 옮긴다는 것은 고유한 지형의 망실을 의미한다.

1,000년 된 나무를 옮긴다는 생각은 나무를 분해/조립되는 단순한 건물-사물-로 인식했음이다. 건축물도 옮기면 장소성을 잃는 판에, 나무인들 별수 있으랴. 나무는 옮기는 순간 1,000년 된 장소와 함께 시간의 뿌리까지 뽑힌 것이다. 쉽게 한 생각, 참 격이 낮다.

세상이 시끄럽다. 말로는 공정사회 운운하지만 불법과 비리가 판을 친다. 불평등과 차별도 사회 곳곳에, 각종 제도에, 이러저러한 현장에 음험하게 숨어 눈을 반짝이고 있다. 4대강 사업도, 강을 살리는 것이 아니라 죽이는 것이라는 항변과 분노가 크다. 같은 자료의 해석도 다르고, 같은 장소의 조사 결과도 다르다. 같은 수치를 놓고도 달리 본다. 왜 시끄러울까. 이유는 참 간단하다. 정파와 사안의 이익만을 좇아 본질과 관계 없는 각자의 주장만 펴기 때문이다. 지속 가능한 사회 환경과 미래를 준비하는 데 견해 다른 입장을 존중히고, 머리 맞대고 토론하는 자세를 찾을 수 없다. 국가적 사안에 입장이 다르면 이해할 때까지 서로 설명하며 기다리는 것이 옳다. 당장 삽질부터 시작하는 것은 그저 급한 자기 주장만 세우기 때문이다. 그러는 사이 슬금슬금 콘크리트 보(洑)가 설치된다. 도대체 공동체적 품격을 찾을 수 없다.

슬프다. 1,000년 된 나무를 옮기겠다는 발상과 다름이 없다.

우리가 진정 격조 높은 환경을 만들려면 조경공사 핑계로 나무를 억지로 옮길 것이 아니라 준비된 장소에 작은 묘목을 심고 나무가 멋지게 자라도록 가꾸어야 한다. 그래야 우리가 죽은 후에라도 후손들의 격이 높아지리니.

격식 격(格) 자에 천천히 자라는 나무 목(木)을 왜 쓰는지 자연의 이치를 살피며 반성 좀 하자.

절규 속에 희망이 꽃일다

숭례문이 불에 탔다. 사고에 연관된 사안마다 옳다 그르다, 이리 하자 저리 하자 남 탓하며 밤이 가고 한숨 속에 날이 샜다. 차분히 곱씹으며 숭례문에 대해 생각해 보자. 과연 우리는 숭례문을 진중하고 소중하게 생각하고 있었던 것일까. 아무래도 아닌 것 같다.

형식적이고 허술한 관리 방식을 보면 숭례문을 그냥 애물단지 다루듯 생각한 게 틀림없고, 화재보험금의 액수가 고급 자동차 한대 값에 불과한 걸 보면 문화재 사랑은 애당초 없었다는 생각마저 든다. 잿더미 불씨도 가시지 않은 현장에선 시청이니 구청이니 문화재청에 연락이 안됐느니, 소방당국이 잘못했느니 서로 핑계 대며 발뺌하느라 부산하다. 숭례문 개방을 치적으로 자랑할 때는 언제고 불탄 현장에선 '내 탓이오' 자책의 말 한마디 없다. 국민 성금 모으자고 했다가 욕 들으니 금방 나랏돈을 쓴단다. 정치인들은 서로 나와 둘러보는데 불탄 숭례문이 걱정되어 나온 것이 아니라 공짜로 언론에 얼굴 비칠 기회를 놓칠까봐 서둘러 나온 것은 아닐까 얄밉기만 하다. 워낙 놀란 일이라 말도 많고 탓도 많다. 웬만한 시각의 이야기는 다 나왔다. 방송 뉴스는 사후 약방문으로 문화재 강좌하듯 연일 떠들어 댔으니 국민 상식이 꽤나 높아졌다. 숭례문 최후의 날이 가장 사랑받은 날이다. 씁쓸하다. 한 가지 분명한 것은 이렇게 시끄럽던 일도 몇 달이 지나면 잊혀진다는 사실이다. 사회 전체가 숭례문을 곧 잊을 것이다. 숭례문을 태운 연기처럼 빠르게 잊을 게 분명하다. 두렵다. 나는 그 사실이 참으로 두렵다. 그 두려움을 덜기 위해 몇 가지를 짚는다.

불 끈 물도 마르기 전에 '복원하는 데 2~3년, 예산은 200억 원' '광화문보다 숭례문을 먼저 복원'한다는 말이 이른바 장(長)들의 입에서 나왔다. 한심한 인식이다. 새로 손대는 일이 '복원'이 될지 '복구'가 될지 그것은 한참 따져봐야 할 일이거늘 마음도 어지간히 급하다. 아니다. 급한 게 아니라 당혹감을 감추느라고 아무 말이나 뱉은 거라고 이해하자.

복원 : 원래대로 회복함.
복구 : 손실 이전의 상태로 회복함.

불타고 남은 부재들이 몇 퍼센트라는 것은 중요치 않다. 많든 적든 남은 부재를 살리고 손봐서 쓴다면 그것은 복구다. 숭례문만 문화 유산이 아니다. 우리말도 문화 유산이다. 눈에 보이는 건축 유산도 중요하지만 눈에 안 보이는 무형의 유산도 중요하다. 말은 집만큼 중요하다. 뿌리가 깊은 문화 민족은 말의 갈래와 결이 많다. 그러니 어휘가 많고 표현이 다양하다. 언어의 적확한 표현과 사용은 문화적 잠재력을 높이는 절대 조건이다. 그러니 복원과 복구는 엄연히 다르고 상황 파악이 안 된 상태에선 함부로 복원과 복구를 속단해선 안 될 일이다.

더 우스운 것은 어떻게 손볼지도 모르는 상황에서 불쑥 200억 원이라는 예산과 2~3년이라는 공사 기간을 말한 것이다. 예산이란 무엇을 어떻게 얼마 동안 어떤 방법으로 할 것인가를 다 정해 놓은 다음에 파악되는 것인데 아무리 급하고 경험이 많다 치더라도 숭례문의 상징성이나 사회적 파장을 일으킨 중요성을 감안할 때 불 끄면서 공사비를 말한 것은 듣기에 편치 않다. 또 공사 기간도 5년이 걸릴지 10년이 걸릴지 짚어 보기 전에 2~3년이면 된다니 어이없는 성급함이 드러난다. 아마 2~3년 안에 공사를 빨리 끝내놓고 치적으로 자랑하고픈 속셈이 있는 모양이다. 한술 더 떠 '광화문보다 숭례문을 먼저 복원'하겠다는 발표는 기가 막힐 노릇이다. 이미 복원 공사중인 광화문과 불탄 숭례문이 무슨 관계가 있단 말인가. 광화문과 숭례문 둘 다 최선의 방법으로 마무리하면 되는 것이지 상황 다른 두 문에 선후를 다툴 일이 뭐가 있을까.

불 끄자마자 현장을 보지 못하게 가림막을 설치한 것도 자던 소가 웃을 일이다. 비판이 일자 들여다보이는 것으로 바꿨으나 마음은 편치 않다. 전세계에 생중계된 화재 현장을 그토록 잽싸게 가릴 생각을 하다니 손바닥으로 하늘을 가리는 격이다. 그런 협량의 행정 문화 수준이 문화 행정의 결핍을 불러오는 것이다. 부끄러웠을 것이다. 관청도 관리도 낯들기 어렵게 생겼다. 국민들이 다 부끄러운 판이니 관련자들이야 말해 무엇 하리. 그러나 부끄러움을 가리려는 마음은 이해할 수 있으나 화재 현장을 얼른 가리려는 발상은 유치한 행정의 표본이다. 가리려는 속이 보인다. 오히려 숭례문 화재 현장은 뒤처리의 방해를 주지 않는 한 개방해야 한다.

역사는 영광과 수치를 동시에 갖는 법. 영광의 역사만 기록하고 자랑하는 것은 문화 후진국의 자세다. 부끄러움을 가리면 깊은 상처로 곪지만 고통과 치유를 통해 얻은 교훈을 살리면 영예가 된다. 불탄 잔해를 잽싸게 버렸다니 다시 한번 경악한다. 이럴 수가 있는가. 600년 문화재가 불타서 안쓰럽다고 하면서 불탄 잔해를 마치 쓰레기처럼 버리다니,

그것은 비록 불탔으나 역사를 증언하는 귀중한 사료인 것을 왜 모른단 말인가. 역사적 유물이 쓰레기로 보였다니 비극이 따로 없다. 숭례문은 숯이 되었기에 더 소중하다.

숭례문은 1398년에 완공되고 1447년에 크게 고쳤다. 중간에 손을 보았다고 해도 14세기의 숨결에 닿는다. 아픈 가슴 달래려 지도를 찾아본다.

18세기 도성도에는 좌우로 성곽을 거느린 숭례문이 그려져 있다. 남쪽을 지키는 대문의 기세가 웅장하고 성곽은 옹골차다. 20세기 초 조선총독부에서 펴낸 지도에는 성곽은 헐리고 주변에는 신작로가 생기며 전차가 지난다. 문은 섬처럼 고립되어 있다. 요즘 지도를 보면 성곽은 흔적도 없고 더 넓어진 길의 이름은 남대문로다. 개발의 이름으로 성곽을 헐고 숭례문을 초라하게 만든 것은 결국 우리 자신 아니던가. 남대문은 남쪽에 위치한다는 속칭일 뿐 숭례문의 이름이 아니다. 화재 속보를 전하는 방송도 남대문이라 했으니 우린 얼마나 무심했단 말이던가.

내가 생각하는 숭례문에 속죄하는 방법은 '조선의 숭례문을 세계의 숭례문'으로 바꾸는 것이다. 방법은 이렇다. 숭례문을 세 개 만드는 것이다. 보존·복원·신축의 세 가지 방향의 숭례문을 만들어 죽은 숭례문을 위무하자.

1) 보존할 숭례문 : 우리의 무너진 자존심을 일으켜 세우는 문화 전략이다. 불탄 숭례문을 그대로 보존한다. 잔해가 바로 역사다. 역사적 문화재가 한순간에 사라진 것을 반성한다는 뜻을 담는다. 보존되는 잔해보다 설득력이 큰 참회록이 어디 있으랴. 숯덩이로 보존되는 숭례문은

문화재를 소중하게 관리해야 한다는 교범으로 세계적인 건축 웅변이 될 것이다.

새로 만드는 것만 건축이 아니라 보존의 방법을 찾는 것도 건축이다.

보존하려면 더이상 상하지 않게 건축적 장치가 필요하다. 최소한 눈비를 피하는 덮개 구조물이 있어야 한다. 잔해 보존 방식과 덮는 기능의 건축물은 전세계를 상대로 아이디어를 공모하자. 엄청난 상금을 주고 좋은 아이디어를 구하는 것이다. 세계가 주목할 것이다. 국보를 태우는 우매한 국민들이 아니라 잘못을 반성하고 도약하는 문화적 그릇을 만드는 배짱을 부려보자. 세계에 외친다. 우리 국보 불에 탔다. 부끄럽지만 숨기지 않는다. 그리고 보존한다. 600년 된 숯덩이 와서 보라!

그것이 문화적 투자이며 숭례문을 세계적 건축물로 인식시키는 계기가 되는 것이다. 잔해를 해체하여 다른 곳에 옮겨서 보존하자는 의견도 있으나 '지금 여기'에서 보존하는 것이 설득력이 가장 높다.

2) 복원할 숭례문 : 우리의 목조건축 기술을 발휘하는 전략이다. 목조건축 복원 기술을 세계에 자랑할 기회로 삼자. 목조건축이라 하면 어딘가 주먹구구식의 건축 기술로 오해할 수도 있지만 천만의 말씀이다. 전통 목조건축의 이음과 맞춤의 섬세한 기술은 정밀한 과학성을 지닌다. 600년 전 숭례문에 적용된 기술은 당시의 하이테크였다. 그것을 재현하는 일은 의미 있는 일이다. 해체 수리할 때의 상태를 기록한 도면 모형 사진 등의 기록이 있다 하니 복원이 가능하다. 문화재는 원형의 자료가 없을 경우에는 복원하지 않는 것이 옳다. 하지만 정확한 자료가 있다는 것은 불행 중 다행이다.

적정한 장소를 마련하여 원래의 숭례문을 최고의 자재와 기술을 동원하여 복원하는 것이다. 그 자리에 복원하지 않고 장소가 바뀌는 문제로 복원 아닌 복제라는 지적도 있을 수 있지만, 잔해를 보존하자면 새로운 장소에 복원하는 차선책이 상책이다. 사용할 목재(금강송)를 구하는 일도 만만치 않다. 한반도 남쪽을 다 뒤져도 충분하지 않을 수 있다. 혹시 북한에 좋은 목재가 있다면 그것을 구해 쓰는 것도 방법이다. 민족문화재 복원에 남북이 따로 있겠는가.

3) 새로 지을 숭례문 : 21세기의 숭례문을 만들자. 개념·재료·기술 프로그램을 새롭게 인식하여 21세기의 정신을 담는 새로운 문을 건축하자. 보존과 복원이 과거를 향해 있다면 새로 만들 숭례문은 미래를 지향하는 문이다. 아니 단순한 문이 아니라 공간이 더 좋겠다. 이름하여 숭례 공간! 숭례문과 관련된 각종 자료를 모아 연구하고 감상하는 시설이 되어 600년 후에 후손들이 자긍심을 갖는 문화재가 될 걸작을 만들자. 기와 지붕이 아닌 새로운 형태, 기둥과 대들보가 아닌 새로운 구조 방식, 금강송이 아닌 새로운 재료, 지루한 자료관이 아닌 재미 있는 시설을 만들자. 이 또한 세계적 건축문화 축제가 될 여러 방법을 강구하자. 불타며 사라지는 전 과정을 보여주는 방이 핵심이어야 한다. 그 방을 속죄의 방으로 불러야 하리라.

이렇게 되어 숭례문을 보려면 세 군데를 둘러봐야 한다. 잔해로 남은 숭례문에서 눈물 흘리고, 복원된 숭례문에서 건축술에 감탄하고, 새로 지은 숭례문에서 속죄와 꿈을 동시에 갖는다. 이참에 허물어진 성곽과 사라진 문들을 복원하는 큰 꿈도 세워보자.

빨리 뛰는 세상 무엇을 또 태울지 모른다(불나자마자 노숙자의 짓거리일지 모른다는 추측성 보도는 아주 잘못된 것이다. 그렇게 편협한 시각으로는 문화를 꽃피울 수 없다. 노숙자는 가난한 사람이지 범죄자가 아니다. 노숙자를 만든 것은 이 사회 아니던가).

모든 일들을 제발 천천히 하자. 느리게, 그것도 아주 느~리게! 그 속에 세상 꽃일게 하자.

올림픽은 쇼다

　베이징 올림픽이 '드디어' 끝났다. 올림픽이 끝나기를 노박이로 기다린 나도 실은 스포츠를 좋아한다. 인간의 한계에 도전하는 열정은 아름답고 여럿이 호흡을 맞추며 이뤄내는 조화는 단체 운동 속에 공동체 정신이 포함되어 숭고하다. 열심히 뛰는 인간의 육체는 성스럽고 땀방울은 귀하다. 땀에 맺힌 정신은 순수하다. 하지만 아무리 좋은 스포츠라도 과정과 결과에 있어 정도가 지나친 것은 거북하다.
　올림픽은 참가에 그 의의가 있다고 누가 말했던가. 거짓말도 그런 거짓말이 없다. 올림픽은 참가하는 데 뜻이 있다는 말은 마치 직업에 귀천이 없다고 말하는 것같이 믿는 자만 바보가 되는 허무한 거짓말이다. 위선은 무엇으로도 정당화되어선 안 된다고 가르치고 배우지만 세상은 위선의 무대다. 아니 위선이 현실이다. 스포츠 자체는 순수할지 모르지만 행사로 포장된 스포츠는 불순한 욕망 앞에 자유롭지 못하다. 각종 스포츠 축제를 통해 전달되는 내용은 순수한 스포츠 정신과 거리가 멀어도 너무나 멀다. 특히 세계적 규모의 행사들은 더욱 심하다. 베이징 올림픽 또한 그 화려함으로 여러 그늘을 가린다.
　개막식은 가짜 폭죽 가짜 피아노 가짜 립싱크 가짜 소수민족 등 온통 가짜로 얼룩지고, 폐막식은 집단 훈련의 강도를 보여주는 가히 고난도 서커스 수준의 볼거리를 제공했으나 경기에 참가한 선수들은 어디에 있는지 보이지도 않았다. 집단은 있으나 개인이 없는 이른바 전체를 위한 개체의 실종이었다. 개인이 없는 이유는 올림픽 개최의 목적이 다르기 때문이다. 중국 정부는 전세계로 중계되는 올림픽을 기회로 지난 역사의 중심이었던 영광을 재현하며 세계 제일 강국임을 선언하고 싶어 했고 개·폐막식은 그 뜻을 잘 받들었다. 올림픽 정신에 빛나는 스포츠보다 올림픽을 기회로 한편의 과시용 중국 선전 영화를 만드는 장소가 베이징이었던 것이다.

한마디로 그런 올림픽은 쇼다. '하나의 세계 하나의 꿈'은 단지 슬로건일 뿐 소수민족의 독립과 인권을 주장하는 정당한 요구조차 묵살하며, 중국은 무엇이든 할 수 있다 아니면 중국은 위대하다를 보여주려는 물량·집단·전체 호화주의는 모든 면에서 패권주의 그 자체로 '오버'를 바탕에 깔고 있다. 쇼 중에서도 '오버'를 주제로 한 패권주의 쇼다. 베이징 올림픽의 성공을 자화자찬하는 그들의 자신감 뒤로 강대국 횡포의 그림자가 언뜻 보인다. 중국의 그 대담함(?)이 제발 베이징 올림픽을 끝으로 사라지길 바라지만 오히려 그 '오버'하는 자세는 정치·군사·경제 외교·역사 문제 등을 통해 더욱더 자주 나타날 것이다. 그것도 '오버'를 당연시하는 오만한 자세로 말이다.

'오버'했던 행사가 끝나고 손님들이 떠난 자리에 올림픽은 결국 건축으로 남는다. 건축이야말로 올림픽을 증언하며 대물림될 물증이기 때문이다. 말이 물증이지 속셈은 자랑이다. 스포츠를 앞세우나 시대의식의 총체적 결과가 건축 기술의 결과로 남는다. 즉 문화적 총체가 건축물인

풍경의 둘레 233

셈이다. 때문에 올림픽을 개최하는 도시들은 올림픽 시설의 건설에 특별히 신경을 쓴다. 많은 투자가 따르는 올림픽을 계기로 도시가 도약할 수도 있지만 잘못하면 재정적 손해를 보고 문화적으로 쇠퇴할 수도 있기 때문이다.

올림픽은 도시 이름으로 개최하지만 후진국일수록 국가가 개입하여 지원하는 비중이 높다. 어느 도시는 행사 기간 중에 온 도시가 소란스럽고, 실속도 별로 없다는 이유로 시민들이 오히려 올림픽 유치를 반대하는 경우도 있다. 하지만 대체로 올림픽을 유치하려는 경쟁은 매우 뜨겁다. 특정 도시나 국가의 정치적 목적을 과시하기에 그만인 세계적 쇼는 기회가 드물기 때문이다. 오죽하면 베이징은 2008년 올림픽을 개최하며 100년을 기다렸다고 말할 정도로 어깨에 힘을 주었을까. 100년을 기다린 중국의 속셈은 무엇일까. 뻔하다. 지난 100년 동안 세계 속에 각인된 열등감 털어내기다. 지난 세기 동안 중국은 서구 열강에 시달리며 빈곤에 허덕이고 정치적인 분열과 냉전 그리고 수준 낮은 삶의 질에 시달려 왔다. 이제 내부적 모순을 감추며 전세계를 향해 중국의 존재를 과시할 때를 맞은 것이다. 이 거대한 패권주의 선언에 어울리는 무대는 순수함으로 포장된 상품, 즉 올림픽이라는 국제적 쇼가 최적이다. 정치적 쇼에는 정치적 건축이, 과시적 쇼에는 과시적 건축이 있어야 한다.

베이징 올림픽 건축물들은 유래 없는 과감한 투자와 건설의 업적을 기록하고 있다. 경기장 신설을 비롯해서 공항·방송국·공연장 등의 관련 시설을 만들자니 그야말로 도시를 다 뜯어고치는 지경에 이른다. 올림픽을 개최하는 도시들은 올림픽을 계기로 도시의 새로운 활력을 기대한다. 신도시를 건설하고 도시 구조를 개선할 때 올림픽은 좋은 계기가 된다. 무엇보다 과감한 사업비를 들여 그야말로 세계적 잔치를 핑계로 일벌이며 도시도 고치고 새 집도 짓는 것이다. 이때 주경기장을 비롯한 각종 올림픽 건축물은 시설의 꽃이 된다.

잘 지은 올림픽 건축 시설은 그야말로 훗날 국가의 보물이 된다. 쇼가 진행되는 동안 눈길을 사로잡아 볼거리를 제공함은 물론 두고두고 관광 자원으로 활용할 수도 있으니 말이다. 물론 대회가 끝나고 시민들이 사용하기도 한다. 건축사에 기록되고 빛나는 시설을 시민들이 유용하게 쓴다는 사실은 그 자체로 문화적 가치 상승을 의미한다. 뭐든 지으려면 제대로 지어야 하는 이유다. 건축 미학과 기술의 새로운 진보를 이루지도 못한 그렇고 그런 시설들은 관광객은커녕 운영도 제대로 안 되는 애물단지로 전락하는 경우도 있다(서울을 찾는 외국 관광객들이 88년 서울 올림픽 시설을 구경하려고 줄기차게 찾는지는 잘 모르겠다).

어쨌든 올림픽을 개최한다는 것이 도시와 지역을 살리는 강력한 동기가 될 수 있음은 분명하다.

화려한 빛에 가린 잔치일수록 잊지 말아야 할 것이 있으니 그것은 정책적으로 희생된 시민 문제다. 엄청난 규모의 건축이 빛나는 바탕에는 그곳에 살던 주민들의 집이 헐리는 수가 많은데 그들이 어디에 어떻게 이주해서 살고 있는지, 아니면 집 없이 빈민으로 떠돌고 있는지 살펴봐야 한다. 베이징에서도 대규모의 주택이 경기장 건설로 철거되었다. 남 흉볼 형편이 아니다. 서울 올림픽이 열릴 때 우리는 보기에 나쁘다고 무허가 판잣집을 철거하고 혐오감을 준다고 보신탕집을 없앴던 부끄러운 기억이 있는데, 그 또한 얼마나 유치한 열등감의 표출이었는지 한심할 뿐이다. 베이징은 한술 더 떠 성화 봉송 방해, 소수민족 독립 주장, 인권 단체 시위… 등 소수의 주장을 다수의 힘으로 눌러버렸다. 다수의 명분을 앞세워 소수를 억압하는 잔치라니, 아! 나는 베이징 올림픽을 칭찬할 수 없다.

올림픽을 보고 나면 이 생각 저 생각에 피곤하다. 한마디로 올림픽은 지나침의 종합선물 세트다. 스포츠 정신은 국제적 정치 문제보다 항상 뒷전이며, 모든 종목의 기록과 에피소드는 광고의 소재로 전환되어 상업화된다. 성공한 선수는 상품 모델이 되지만 실패한 선수는 그저 고독한 패배자일 뿐이다. 스포츠는 승리의 단맛과 패배의 쓰라림을 가르치는 데 목적을 두지 않고 참여의 즐거움을 가르치는 것임을 모두 지나치게 잊고 있다. 정치적이고 상업화된 이 시대의 올림픽은 그 지나침의 증좌다.

올림픽이 끝나면 뒤이어 패럴림픽이 열린다. 장애인 올림픽으로 불리며 국제장애인올림픽위원회에서 개최한다. 올림픽의 함성과 화려한 볼거리에 취했던 시선이 다 빠져나간 뒤라서 파장 분위기처럼 관심이 적다.

나는 패럴림픽을 올림픽보다 먼저 개최하는 것이 좋다고 본다. 패럴림픽의 종목과 참여 대상을 비정상으로 보는 우리의 시각을 전환할 필요가 있기 때문이다. 상업 그 자체로 변한 올림픽보다 패럴림픽은 오히려 스포츠의 본질을 질문하며 사회의 반성과 성찰을 우리에게 촉구한다.

우리는 누구나 예비 장애인이다. 장애는 부끄러운 일이 아님에도 많은 이들이 편견을 갖고 있다. 장애를 부끄럽게 여겨 뒤에 세우기 쉽다. 그 고정관념을 바꿔서 패럴림픽을 올림픽보다 먼저 시작한다면 장애우를 대하는 우리의 인식도 달라질 것이다. 혹 경기장을 장애자용으로 먼저 손보는 수고가 필요하다면 그쯤은 멀쩡한 사람들이 감수해도 될 만한 일이다. 그 이유로 패럴림픽을 뒤에 연다면 그것은 더 없이 옹졸하고 부끄럽기 짝이 없는 일이다.

베이징·아테네·시드니·애틀란타·바로셀로나·서울… 등은 하계올림픽이 개최된 도시들. 공통점은 도시 경제 규모가 크다는 점이다. 올림픽 개최지를 선정할 때는 경기 시설, 경기 운영, 경비 조달 등을 포함하는 총괄계획서를 검토하고 현지 조사까지 한다. 하지만 상업화된 올림픽은 한마디로 돈 많고 큰 도시에서 열려야 장사가 잘된다는 의식이 지배한다. 개최하는 도시의 개발 욕망과 부합한다는 것. 실제로 올림픽을 개최하는 도시는 눈에 보이는 수익도 수익이지만 세계를 향해 도시 이미지를 광고한다는 엄청난 부가 혜택을 누리기에 올림픽 유치 경쟁에 그야말로 안간힘을 쓴다. 앞서 '~올림픽을 개최한다는 것이 도시와 지역을 살리는 강력한 동기'가 됨을 말했다. 그 동기를 본질적이고 거시적으로 주목하자.

우리나라는 전 인구의 90% 이상이 도시에 살고 있다. 전 국토가 도시화되어 간다. 전 세계가 마찬가지다. 도시화가 증가하는 반면에 몰락해 가는 도시도 생겨난다. 몰락을 모른 체하며 신도시를 자꾸 만든다. 그 경우 도시 면적의 증가는 지구적으로 환경 파괴 면적의 증가를 불러온다. 올림픽이 지구 환경에 공헌하려면 확장과 개발을 원하는 도시보다 재생과 부활을 원하는 쇠락한 도시에서 열려야 한다.

올림픽이 도시를 살리고 나아가 지구 환경을 살리는 모범을 보였으면 좋겠다. 해서 경기장을 친환경(?)적으로 거대하게 짓는 것보다 근본적으로 작게 짓는 것이 건설과 유지 관리, 에너지 비용을 줄이고 환경 부하를 줄이는 일임을 올림픽이 앞장서 보여줬으면 좋겠다. 재생을 꿈꾸는 도시에서 열리는 올림픽은 자연스럽게 검소할 것이니 상업적 불순함도, 정치적 음흉함도 끼어들 여지가 좁을 것이다.

　금·은·동으로 구분되는 메달도 다르게 생각할 수는 없을까. 녹슬지 않아 오래 기념하기 좋은 재료 특성은 이해하지만 왠지 비싼 순서대로 주는 것 같아서 스포츠 정신이 느껴지지 않는다. 금·은·동은 모두 금속성이라서 쇠의 냄새가 난다. 쇠는 투쟁적인 총칼을 연상시킨다. 올림픽이 평화를 꿈꾼다면 그윽한 의미가 담긴 흙·돌·나무로 만든 메달을 주는 것은 어떨까. 또 있다. 육상·수영 등의 기록 경기는 결승점에 신체의 일부가 먼저 '닿는' 것을 기준으로 삼는다. 그러다보니 머리·손·발·가슴 등을 미리 내미는 얌체(?) 같은 동작이 나오게 된다. 이는 선수를 나무랄 일이 아니다. 먼저 닿기만 하면 된다는 경기 규칙이 얌체를 만들어 내는 것이다. 규칙을 바꿔 신체의 전부가 '통과'하는 순간을 기준삼으면 얌체 짓은 기록 경기에서 사라질 것이다.

　닿기만 하면 되는 규칙을 통과하는 것으로 바꾸는 것은 스포츠뿐만 아니라 이 세상에 횡행하는 결과 지상주의에 대해 통렬한 반성을 촉구한다는 의미가 있다. 매사 끝까지 과정을 중요하게 여기자는 뜻이다. 그리 된다면 장사치나 정치꾼이 불순하게 끼어들 틈이 조금이라도 줄지 않을까? 나는 어리석게도 그런 순수한 스포츠를 갈망한다. 그런 쇼라면 날마다 보고 싶다.

정월에서 섣달까지 삼가는 마음으로

연말연시에 넘쳐나는 것이 있으니 바로 연하장이다. 친구나 선후배끼리, 진심으로 고마운 사람에게, 지위 높은 사람이 아랫사람에게, 정치인이 유권자에게, 고맙지도 않은데 마지못해 형식적으로… 연하장을 보내고 받는 관계도 그야말로 각양각색이다. 우표 붙여 오기도 하지만 전자우편으로 오기도 한다. 형식도 방법도 보내는 이유도 다르지만 새겨진 인사말은 거의 같다. happy new year! 아니면 근하신년!

둘 다 새해를 맞아 보내는 축하인사다. 인사를 건네는 상대의 마음이 반갑기 그지없다. 안부 묻고 잘되기를 바라는 진심어린 마음이 인사의 바탕이니 그 뜻을 살피고 행하면 더 없이 좋을 일이다. 보기엔 그럴듯한데 가만히 생각하면 해피 뉴이어는 싱겁기 짝이 없다. 행복한 새해를 맞으라는 말인데, 행복이란 게 딱 부러지는 기준이 있는 것도 아니고 사람마다 입장이 다르니 그저 그런 형식적인 말이다. 일상적 아침인사 굿모닝도 비슷하다. 하긴 형식적으로 쓰면 good이나 happy나 그게 그거다. 한때 유행했던 '부~자 되세요!'란 광고 문구를 듣는 것과 비슷하다. 언뜻 소비자에게 부자의 꿈을 기원하는 것 같지만 광고 목적은 카드사의 매출 증가가 목적 아니던가. 당신이 돈을 써야 내가 부자가 된다는 것이

상업 광고의 속셈이다. '소비자는 왕'이라는 문구는 '소비자는 봉'이라는 인식을 감추고 있는 유혹이다. 과대포장 속의 상품처럼 형식적 언어 표현도 찜찜하다. 뭐든 진심으로 표현하고자 하는 것은 그 문구에 담긴 뜻을 사소하게 실천하는 것이 더 의미가 깊다. 교회와 사찰을 찾는 동안만 잘못을 속죄하고 바로 잊는 것보다 일상의 작은 일부터 잘못하지 않으려는 마음으로 늘 진실하게 실천하며 사는 것이 더 옳다.

아침인사는 하루 종일, 새해 인사는 일년 내내 마음에 새길 일이다. 찡그린 얼굴로 말하는 굿모닝과 인사 받는 입장을 헤아리지 않은 해피 뉴 이어는 참 형식적이다. 해피 뉴 이어와 달리 근하신년(謹賀新年)은 살필 게 많다. '삼가' 새해를 축하합니다. 여기서 축하하기 전의 자세, '삼가'의 의미가 깊다.

삼가다는 뜻의 근(謹)이라는 표현엔 몸가짐이나 언행을 조심하라는 의미와 함께, 상대방의 처지를 배려해 인사한다는 속깊은 뜻이 담겨 있다. 새해가 어떤 이에게는(세상엔 불우한 사람이 얼마나 많은가) 축하받을 일이 아닐 수도 있다는 미묘한 배려가 그 인사 안엔 숨어 있는 것이다.

새해 인사는 일방적 희망사항이 아니라 일년 내내 간직할 마음을 담는 것이니 '삼가다'의 공손함을 앞에 둔 의미를 살필 일이다. 받는 이와 하는 이 모두가 공손히 매사 삼가는 마음을 정월부터 섣달까지 간직한다면 그것이야말로 진정한 새해 인사 아닐까.

여기저기 새 건축물이 들어선다. 주변의 상황과 관계 없이 독불장군의 덩치 큰 건축물이 들어선다. 주변 지역과 크기도 조화를 이루고 쓰임새도 유익한 것들이라면 좋은 일이지만 그 반대의 경우가 더 많다. 상업 시설은 이윤 추구를 위해 덩치를 키우고 공공 시설은 과시 욕구를 위해 덩치를 키운다. 이윤 추구와 과시욕은 확장 본능의 공통점을 지니며 그 끝을 모른다. 멋진 산을 막고 들어선 아파트 단지나, 창문 하나 없는 거대한 벽으로 동네를 다 가리는 백화점이나 모두 법에서 허용하는 최대 규모를 확보해야 사업주의 이윤이 커지기 때문이다. 자연 풍경을 가렸느니 동네 분위기를 망쳤느니 하는 시민들의 불만은 겨우 투덜거림으로 끝난다. 운영 프로그램과 활용도가 시원찮은 공공 문화시설들도 따지고 보면 엄청난 세금을 들여 콘크리트 덩어리의 잠자는 공간을 만든 것에 불과하다. 사용이 목적인지 건설이 목적인지 종잡을 수 없다. 그런 시설에 대한 시민들의 참여는 역시 투덜거림뿐이다.

이런 일이 왜 생길까. 근본적으로 건설 이전에 사업의 본질에 대해 스스로 '삼가'는 마음이 적기 때문이다. 삼가는 마음이 크면 목적은 진실해지고 결과에선 사용자에 대한 배려가 늘어나며 사회적 반응이 좋아진다.

시장은 단순히 물건만 팔던 것에서 문화를 끼워 판다. 이제 더 나아가 아무 상관없는 사람들까지 쉽게 접근할 수 있도록 열린 공간을 마련하고 있다. 백화점 안에서 물건을 사야 쉴 수 있는 쉼터를 만드는 것은 진부하고 소극적인 방법이다. 오히려 백화점 밖에 누구나 약속하고 아무나 쉴 수 있는 장소를 넓게 만들어놓는 것이 시민에 대한 배려이며 적극적인 상술이다. 잠재 고객까지 유치하려면 장삿속을 잠시 '삼가'야 더 큰 실속을 얻는 법이다.

문화회관이라고 이름 붙은 시설들도 마찬가지다. 공연 있는 날에만 열리는 것이 아니라 항상 개방되어 아무나 기웃거리며 드나들어야 공연시설이라는 것이 친근해지는 법이다. 제일 좋은 것은 문화시설에 개구쟁이들이 놀이터처럼 들끓는 것이다. 떠들고 뛰어다니며 마음대로 놀면서 공연 연습하는 것도 구경하고, 무대 고치는 것도 구경하고, 청소하는 것도 구경하면서 문화 시설과 자연스레 접하는 것이다. 그렇게 문화 시설과 친해지면서 아이들이 성장하면 저절로 문화와 가까워지는 것이다. 많은 문화 시설들은 관리를 편하게 하기 위해 평소에 문을 닫고 있다. 문화를 위하고 이용자를 위하려면 관리자 중심의 입장을 잠시 '삼가'고 평소에 문을 활짝 열어놓아야 한다.

세상 시끄럽게 만드는 문제란 모두 개인이나 집단이 스스로 '삼가'는 마음을 잊어서 생긴다. 뇌물 받았다는 검찰도, 탈세한 정치인도, 세금 떼어먹는 공무원도, 공무를 빙자하여 해외 관광하는 의원들도, 가난한 사람 위한다며 뒤로 축재하는 복지 단체도, 권위를 앞세워 부정에 개입하는 심사위원도, 유전무죄 무전유죄로 판결하는 법관도, 신앙심과 기복심리 사이에 불안해하는 신자에게 영업하는 불순한 종교인도, 학문의 단련 없이 군림하는 엉터리 학자들도⋯ 등등도 모두 스스로 자신을 살피며 '삼가'는 자세가 없기에 욕을 먹는 것이다.

근하신년! 연하장에 새겨진 글자처럼 정월에서 섣달까지 뭐든지 '삼가'는 태도를 갖자!

새해 머리에 사람들은 계획을 세우고 소망을 품는다. 나도 사소하게 '삼가'는 것을 간절하게 소망한다. 산과 숲도 바라는 일이 아마 그러할 것이다.

새해에는 호젓한 산길에서 라디오를 크게 틀고 걷는 사람들 만나지 않기를, 조용한 숲에 떼지어 와서는 판(술판·놀이판·불판·먹자판·싸움판)을 벌리는 일행들 보지 않기를, 솔향기 깊은 숲에서 누군가 버리고 간

쓰레기 냄새 맡지 않기를, 나물 캔다고 산을 헤집는 사람 보지 않기를, 산길 좁다고 길 옆 나뭇가지에 톱질하는 사람 만나지 않기를, 앉아 쉬는 새에게 재미로 돌 던지는 사람 만나지 않기를, 애완견의 고리를 풀고 등산하는 사람들 만나지 않기를, 골목길에 풀어놓은 애완견 똥 밟지 않기를, 계곡이나 바위에 유리병 던져 깨는 사람 보지 않기를, 교육용으로 달아놓은 나무 이름표를 바꿔다는 짓궂은 사람이 없기를, 넝쿨자국 새겨진 나뭇가지를 잘라 지팡이 만드는 사람이 없기를, 바위틈에 뿌리내리고 자라는 나무를 분재용으로 파가는 사람들이 없기를, 야생화 사랑한다며 희귀한 꽃들을 집으로 옮겨 심는 사람들이 없기를, 산 속 약수터에 두 말들이 물통 서너 개를 한꺼번에 메고 오는 사람이 없기를, 깊은 산 큰 바위에 붉은 페인트로 +자 표시를 하는 광기어린 사람들 만나지 않기를, 그렇게만 될 수 있으면… 좋으리.

어디 숲에 대해서만 소망이 있을까. 도시에 대해서도 소망이 있으니, 깍두기처럼 가로수를 자르는 일이 없었으면, 궁여지책으로 대형 건물 앞에 설치한 조악한 수준의 환경 조형물 대신 튼실한 나무 한 그루 심었으면, 주차 금지 팻말이 주차 가능으로 다 바뀌었으면, 여럿이 다니는 골목에 자기 차만 세우려 갖다놓은 의자·타이어·드럼통 같은 욕심쟁이 방해물이 사라졌으면, 어린이 놀이터가 동네에서 제일 좋은 환경의 휴식 공간이 되었으면, 난잡하게 간판 옷을 입은 건물들이 시원하게 바뀌었으면, 모든 건물의 계단과 보도 턱이 완만한 경사로로 바뀌었으면, 재개발하면서 사라지는 골목길의 정취가 어떻게든 남아 있었으면, 도서관·문화센터·체육관·급식소 같은 공공 복지시설들이 가난한 동네에 더 많이 생겼으면… 좋으리.

못생긴 나무가 숲을 지키듯 대수롭지 않은 시설들과 사소한 일상의 건강함이 도시의 삶을 지탱하게 한다. 복지와 환경 문제에선 전체에 영향을 미치는 작은 일이 가장 큰 일이다.

새해 아침, 유엔 환경구호군의 창설을 생각한다. 세계 각지에서 발생하는 각종 환경 사고에 동네 일하듯 잽싸게 대비하는 조직이다. 지금은 세계화 시대, 세계화는 경제대국 아니면 다국적 기업 중심으로 돌아간다. 위험한 세계화다. 경제 중심의 세계화를 환경 중심의 세계화로 바꾸어야 한다. 환경 문제야말로 세계 공통의 관심사다. 세계 여기저기서 단위 국가가 대처할 범위를 넘는 재앙 수준의 재해나 사고가 잦다.

이럴 때 유엔 환경구호군이 필요하다. 총칼과 폭탄 대신 방재와 구호 장비를 들고 가는 것이다. 적국을 기습하는 속도만큼 빠르게 출동하여 유엔의 이름으로 각국이 앞다투어 환경을 지키러 가는 것이다. 캘리포니아 산불, 인도네시아 쓰나미, 체르노빌 원자력 사고 등 한 국가가 수습하기엔 역부족인 경우에 유엔이 나서는 것이다. 아, 서해안 기름 유출 사고에도 그들이 와야 한다. 그것이 강대국의 눈치를 보며 초라해진 유엔이 어깨에 힘주며 새로 할 일이다. 환경 협약은 각국의 이해가 다르지만 환경 구호는 이해를 따질 일이 아니니 명분도 가히 세계적이다. 세계화란 강대국이 약소국을 등쳐먹는 것이 아니라 세계적 일이 동네에 좋고 동네 일이 세계에 좋아야 한다.

환경을 위하는 일이란 사소함이 큰일이고 동네와 세계가 결국 같음을 새해 아침에 '삼가' 생각한다.

지리산 둘레길을 응원하며

운동경기에서 하는 응원을 오늘은 지리산 둘레길에 해야겠다. 지리산 둘레길은 지리산 아래를 바퀴처럼 둘러싸는 길. '지리산생명연대(www.myjirisan.org)'가 설립한 '사단법인 숲길(www.trail.or.kr)'에서 만들어간다. 지리산을 한바퀴 돌면 그 거리가 무려 340여 km, 약 850여 리다. 지리산이 워낙 큰 산이라서 3개 도(전북·전남·경남)에 걸치고 인접한 시군 다섯(남원·함양·산청·하동·구례)에 16개 읍면 100여 개 마을을 연결한다. 현재 70km를 걸을 수 있다. 시민들의 응원과 산림청의 지원이 계속된다면 2011년에는 길의 완성을 볼 수 있을 것이다. 나는 얼마 전에 몇 구간을 걸었다. 행복했다. 이 글은 둘레길에 대한 답례와 기대이다.

둘레길은 길을 만드는 방법에서 배울 것이 많다. 우선 예전부터 있던 마을과 마을을 이어주던 옛길을 찾아 나간다. 옛길을 찾고 이어나간다는 것은 언뜻 새로울 것이 없어 보인다. 그저 그렇게 보인다. 그런데 새롭게 느껴지는 이유는 길을 만드는 방식이 획일성을 훌쩍 벗어나고 있기 때문이다. 포크레인으로 산을 파고 다리를 놓고 포장하는 자동차를 위한 도로를 만드는 방식을 수십 년을 봐온 경험에선 옛길을 찾는다는 것은 겸허한 반성을 포함한다. 있는 것 다 밀어버리는 것은 쉽지만 옛길을 보듬어 찾는 것은 어렵다. 시간도 더 걸린다. 굳이 어려운 방법을 택해 둘레길 만드는 방법이 그 길의 상징처럼 다가온다. 건설을 빙자한 파괴적 '도로'가 아니라 옛길을 찾는 반성의 '길'이다. 달리고 뛰도록 만드는 기계적 도로가 아니라 생각하며 걷도록 만드는 그야말로 사람의 길이다. 공사하는 건설회사만 좋아하는 길은 나쁜 길, 만드는 사람들이 불편하면 좋은 길이다.

둘레길은 마을과 마을을 이으며 간다. 마을을 잇는다는 것은 마을을 있게 하는 것이다. 둘레길을 따라가면 마을에 사는 사람들을 만나게 되니 종국엔 사람을 잇고, 있게 하는 것이다. '잇고 있음'은 길을 이어 사람의 존재를 확인케 하는 것이다. 말이 길이지 도로란 이름의 큰길들은 자동차가 주인이 된 지 오래고 사람은 거친 속도에 밀려 눈치를 본다. 언제나 위태로운 죽음의 속도가 스친다. 그런 도로에서 인간의 존재란 초라하다. 하지만 느리게 걸어도 눈치 볼 일이 없는, 아니 오히려 느림을 권유하는 둘레길은 인간을 존중하는 존재의 길이다.

둘레길은 풍경의 종합선물 세트다. '옛길·고갯길·숲길·강변길·논둑길·농로길·마을길'에 콘크리트길·아스팔트길·낙엽길·자갈길·풀길·흙길이 더해진다. 계절이 바뀌면 먼지도 나고 진창도 되었다가 눈이 내리면 미끄러운 길이 되기도 한다. 가파르다가 평평하기도 하고, 호젓하다가 수선스런 구간도 있다. 오롯한 옛 풍광이 있는가 하면 시대 따라 변화된 풍정도 있다. 예전에 영화 보기가 귀하던 시절 볼만한 영화를

'총천연색 시네마스코프 70mm'라고 했는데 과연 둘레길이 그렇다. 과자 귀하던 시절엔 사탕·비스킷·초콜릿·껌 등이 다 들어 있는 종합선물 세트가 위용을 부렸다. 과연 둘레길이 그렇다. 종합선물 세트보다 한 가지 더 낫다면 종합선물 세트는 과대 포장이 문제인데 비해서 둘레길은 지형과 풍광이 실하니 걷는 기분이 짭짤하다. 풍경의 여러 모습이 포장하지 않은 채 널려 있다.

둘레길은 의식 전환의 공간이다. 방향 전환이다. 무조건적 수직 방향을 수평 지향으로 바꾸는 대전환의 길이다. 세상은 뭐든 높이 솟는 것에 몰두하여 수직으로만 솟는다. 건물이 그렇고 에너지 소모량이 그렇고 쓰레기 발생량이 그렇다. 곧추 선 고층 빌딩들이 상징하는 수직의 욕망이 결국 지속 가능한 미래를 위태롭게 한다. 석유를 태우는 무조건적 성장은 계속될 수 없지만 세상은 반성하지 않는다. 요즘 등산 문화도 꼭 세상을 닮았다. 수직적 오르기에만 몰두한다. '산이 있어 산에 간다'는 산 사랑이 산을 꼭 정복(?)해야 직성이 풀리는 조급증이 되었다. 산은 정복 대상이 아님에도 봉우리 몇 개를 밟았다고 자랑한다. 그것도 빨리 오른 것을 내세운다. 한심한 등산 자세다. 마치 등산을 전투 아니면 쇼처럼 한다. 수직적 욕망의 추태다. 하지만 둘레길은 수평적 길의 연속이다. 각 분야에서 수평적/수평성을 지향하는 사유와 행동은 광분의 시대를 반성하는 미래의 화두다. 둘레길이 그 단서가 되길 희망한다(둘레길을 걸으면 아름다움을 만난다. 주민들과 나누는 정겨운 인사, 길의 이음을 위하여 자신의 논둑을 내놓은 사연, 목마른 이들을 위하여 음료를 내놓은 사연, 무인 판매대에 분실이 없다는 사연… 하지만 길가의 고사리나 농작물 등을 따거나 관광버스를 이용한 단체가 소란스레 지나는 모습… 등. 거치는 동리에 폐해를 주는 우울한 염려도

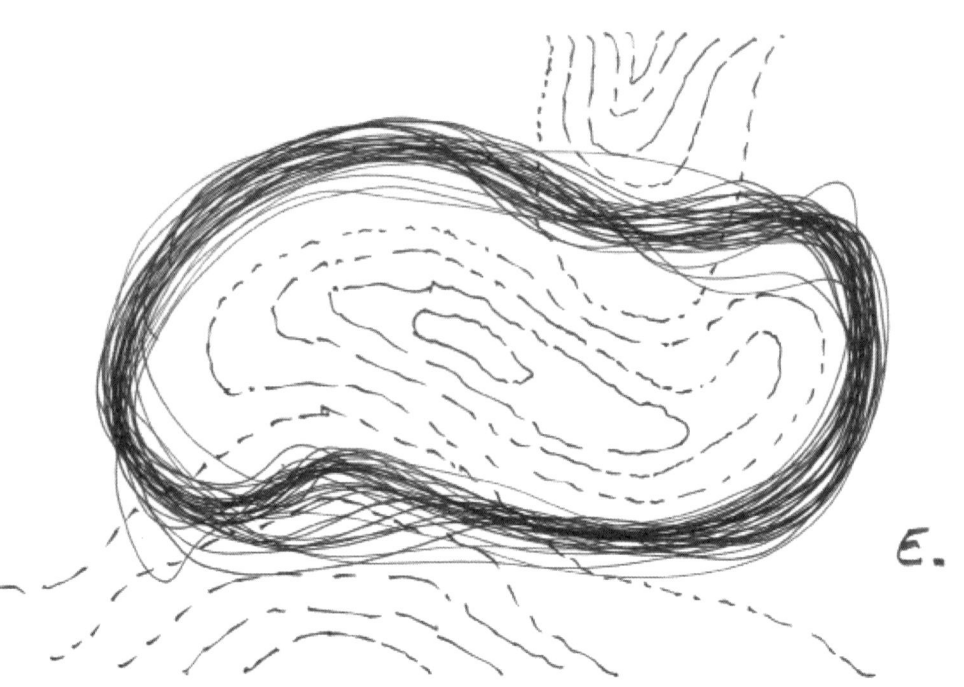

있다). 둘레길을 걸으며 어쭙잖은 감상에 젖어, 적는다.

지리산둘레길 - 에둘러 내일로 가는 길

한반도 남녘에 큰 가슴 있으니 지리산이다.
자락 넓고 깊어 물 바람 고이고
빛까지 좋으니 중생들 붙어살기 좋아라.
밭고랑 일구며 대지와 호흡하고
다랑논에 쏟아진 하늘과 숲을 만지며 허기를 달랜다.
고사리 더덕에 소태껍질 쓴 맛, 영혼을 맑게 한다.

이 마을에 남는 것 저 마을로 보내고
저 마을에 부족한 것 재 너머로 나른다.
넘쳐도 나누고 모자라도 나누던 수다분한 살림
궁핍한 소문이야 참는다지만 어디 사랑이야 참을 일인가.
사랑이 고플 때면 길을 나서니,
그 길은 경라도와 전상도로 불러야 할 피 섞인 길이다.
남원 함양에 산청 더하고 하동과 구례, 물처럼 어울리고 구름처럼 흐른다.

즐거울 땐 짧고 서러울 때는 긴
정든 이 보낼 땐 짧고 기다리면 긴
꽃피는 봄날엔 짧고 언 바람 부는 겨울에는 긴
동네 잔치 있는 날 짧고 초상 치를 때는 더 긴

풍년이면 만만하고 가뭄엔 가파른 그 길

둘레길 800리 다 이어 옛길이 살아나면
그 길은 둥근 가락지길.
개떡처럼 둥근 길,
시작이 어디고 끝이 어디랴.
떠나는 마을 시작이고 쉬는 고개 주막이다.

숲길 흙길 콘크리트 농삿길 벼랑길 논둑길 아스팔트 자동차길
산길 물길에서 사람을 만난다.
밭 가는 이 삼촌이고 경운기 모는 이 당숙이다.
뽕잎 따는 저 이모는 벼 베는 고모부와 사돈일 게다.
둥근 길 이어가는 사람들일 게다.
길에서 만난다, 세상을 만난다.
가위눌린 마음 풀며 에둘러 가는 그 길로 가자.

걷는다는 것은 자신의 내면과 만나는 일, 오래 걷다보면 저절로 자신과 세상을 성찰하게 된다. 걷기엔 정해진 속도가 없어 몸이 자유로우니 정신도 그리 따른다. 스스로 찾는 편안함이다. 성찰은 편안하고 자유로운 영혼들만의 특권이다. 불안하고 불순한 영혼은 성찰에 들 수 없다. 걷는 몸을 통해 정신까지 아우르니 곧 명상과 치유다. 사유도 깊어진다.

나는 몇년 전 건축을 전공하는 대학원생들에게 '걷기'를 디자인의 주제로 삼은 적이 있다. 건축 또는 공간을 만드는 과정에 '걷기'의 사고방

식을 연결시키고자 했다. 현대 도시/건축은 걷기를 거부한다. 뭐든 단축시키려는 강박감이 건축의 동선을 짧게 하고 시간마저 단절시키는 현상을 비판/반성케 하려는 의도의 주제였다. 학생들과 몇 시간을 같이 걷는 것으로 스튜디오를 시작했다. 건축 공간 속에서 어떻게 하면 걷기의 양과 질을 늘릴 수 있을까를 고민하도록 권유했다. 짧은 동선을 구사하는 방법에 익숙한 학생들은 당황하고 혼란스러워하면서도 '걷기'를 위한 공간이 만들어지는 과정에 빠져들었다. 무엇보다 디자인이 발전할수록 각자가 즐거워했다. 걷기가 없는 공간에서 찾아낸 걸을 수 있는 가능성에 학생들도 놀랐다. 걷기를 현대인 스스로가 버린 것임을 알고 더 놀랐을 것이다. 오로지 상업성, 유행·경향, 표현 방법에 밀착하여 현대건축이 잃어버린 건축정신이 한두 가지가 아니건만 그 중 '걷기'의 상실은 참 우울한 일이다. 같은 기능의 건축물에서 '걷기'가 반영된 공간은 그 질이 다르다. 공간의 형태도 다르다. 건축물 사용자를 위한 배려도 다르다. '걷기'를 주제로 한 학생들과의 수업의 즐거움이 아직도 생생하다.

걷기란 직립한 인간의 본능적 행위다. 도시와 실내 공간 위주의 생활을 즐기고 자동차를 일상적으로 이용하는 사이 걷기를 잊은 사람이 많다. 요즘 걷기가 유행이다. 개인의 건강과 즐거움이 걷기의 일차적 목적이다. 그것만으로도 반갑다.

걷기는 세상에 유익한 행위다. 우선 자동차를 덜 이용하니 에너지를 아낀다. 다음으론 높은 산의 꼭대기까지 오르지 않고 웬만한 곳에선 가능하니 자연 보호에 좋다. 어디 걷기가 거기에서 멈추랴. 끝없는 내면으로 자신을 열어보게 하니 그만한 행선(行禪)이 어디 있으랴.

지리산 둘레길이 완성되는 날 우리는 트레일코스 하나를 세계에 자량할 수 있을 것이다. 하루에 50리 씩 걷는다면 보름이 걸리는 장대한 거리. 혹 길 위의 다른 풍경과 눈 맞추느라, 해찰하며 걷느라 한 달쯤 걸리면 또 어떠랴. 둘레길이 완성되면 백두대간 파헤쳐 도로나 만들고, 갯벌 메우고 공장 짓고, 논바닥에 쓰레기 버린 후 건물 짓는 개발지상주의 국가 이미지를 조금 낫게 할 것이다. 겉만 빛나며 삽질 소리 시끄럽게 무늬만 요란한 '저탄소 녹색성장' 시대에 스스로 부끄럽고 미안한 마음으로 둘레길을 걸어보자! 걷기야말로 '녹색'의 친구 아닌가.

3장

건축의 둘레

건축이라 말하기엔 왠지 쑥스러운
좋은 집이란 무엇인가?
생태건축 유감
공간에도 어두움이 필요하다
다리가 많아질수록 세상의 단절도 심하다
물구나무서기를 오래 할 수는 없다
느린 기억은 오래 간다
새로운 지형을 꿈꾸는 단서, 그 간절함에 대하여
'채나눔'으로 건축하기-1
'채나눔'으로 건축하기-2

건축이라 말하기엔 왠지 쑥스러운

사람은 태어나서 죽을 때까지 환경과 삶의 궤적은 각자 다를지라도 생의 과정은 대략 비슷하다. 유년기를 거쳐 성장하여 청년기를 맞고 장년을 거쳐 노년에 이른다. 신분의 높고 낮음도, 부자와 가난뱅이도, 가방끈의 길고 짧음도, 거룩한 성직자와 대낮의 협잡꾼도, 혁명을 꿈꾸는 자와 변절의 정상배도 가릴 것 없이 누구나 어린아이에서 점점 노인이 된다. 그것이 자연스런 일생의 과정이다. 일생은 날마다 살아가는 것이지만 생물학적으로 보면 날마다 죽어가는 것이기도 하다. 태어나서 죽을 때까지, 순간마다 일상에 달라붙고 새겨지는 자질구레하고 때로는 멋없고, 단맛은 짧고 쓴맛은 길기도 한 사연들… 한없이 고귀할 수도 추할 수도 있는, 그것이 인생이다. 죽어서도 이승을 그리워할 일생이 있는가 하면 두 번 살기 싫도록 회한 깊은 일생도 있다.

그러나 모든 걸 가리지 않는 소중함이 있으니 그것은 생명이 지닌 존엄성이다. 생명의 존엄성 앞에는 귀천·빈부·고하의 가름이 있을 수 없다. 인간의 존엄성을 뒤에 놓는 어떤 제도나 목적도 찬양될 수 없고 찬양되어서도 안 된다. 생명보다 고귀한 것은 세상에 없다. 이런 말은 사찰이나 교회까지 갈 것도 없이 초등학교 교과서만 펼쳐도 나오는 말이다. 세상에서 가장 존중받아야 할 것은 생명 그 자체의 존엄성이다. 그것이 상식이다. 하지만 과연 그럴까? 현실은 상식을 배반한다.

이 사회는 개인 삶의 자유가 보장되는 만큼 생명의 존엄성이 존중되지 않는다. 가난한 사람이 병원 갈 돈 없어 치료를 받지 못하는 현실은 '가난 구제는 나라도 못한다'는 속담에 세뇌되어 참는다지만, 응급처치가 필요한 환자가 병원비가 없어 죽었다거나, 수술비가 없다고 이 병원 저 병원 기웃거리다 아픈 이가 죽으면, 세상에 어찌 이런 일이… 아, 이걸 어쩐단 말인가 한숨이 절로 나온다. 위급한 환자에게 등 돌린 병원의 생명을 살리는 일보다 더 중한 사정이란 도대체 무엇일까. 입원 '절차'가 생명보다 더 중한 것일까. '치료비'가 생명보다 더 중한 것일까.

아무리 돈 중심의 세상이라지만 절박한 상황에 처한 사람의 목숨만은 구할 수 있는 제도가 마련됐으면 좋겠다. 한마디로 생명의 존엄성을 보장하는 제도 말이다. 돈이 생명보다 앞서는 것이 아님을 제도적으로 보여주는 장치는 없을까. 이를테면 '생명 119' 같은 제도 말이다. 긴급구조 119는 위급할 때 출동하여 좋은 일을 많이 한다. 불 끄고 조난자 구하고 아픈 사람 병원에도 데려다준다. 도움이 필요할 때 119는 참 고마운 존재다. 그것처럼 돈 없이 아픈 사람을 구해 주는 '생명 119'는 생명이 위중한 경우에 아무 병원이나 가면 조건 따지지 않고 사람부터 치료하는 제도로, 일단 사람을 살려놓고 보자는 것이다.

의료기술 수준과 정책이 아무리 좋게 시행된다 해도 경제적 차이에 따라 생명이 경시/무시되는 함정이 있다면 그 사회는 생명에 대한 존엄성이 바탕을 이루고 있다고 보기 어렵다. 알량한 표현으로 의료 서비스가 잘 이루어지고 있다고는 말할 수 있겠지만 말이다. 모든 서비스는 대가를 지불하게 되니 비용에 따라 그 운영이 영향을 받는 것은 부득이하다. 하지만 생명의 존엄은 그 부득이한 이유의 대상이 될 수 없다.

일생에 겪는 큰일-출산·돌·결혼, 각종 행사와 잔치… 사고나 죽음 등-들은 모두 건축 공간과 직간접으로 이어진다. 건축은 인생과 어떻게 길항하는가?

예전에는 모든 것이 다 사는 집에서 이루어졌다. 애기도 집에서 낳고, 초상도 집에서 치렀다. 물론 혼례도 집에서 치렀다. 그럴 때마다 집은 산부인과가 되고 장례식장이 되었다가 결혼식장이 되었다. 그 사이사이 손님이 오면 숙박시설이 되기도 했다. 그야말로 사는 모습이 그대로 담기고 변화하는 살아 있는 '살림' 집이었다. 삶이 사는 것이라는 것을 보여주는 집이 '살림' 집이고 살기 위해 하는 것이 살림인데, 요즘의 집은 '살림'의 행태를 다 담지 않는다. 불과 2,30년 전만 해도 집 안에서 하는 일과 집 밖에서 하는 일을 굳이 나누지 않고 웬만하면 다 집 안에서 일을 치렀으나, 요즘은 웬만하면 집 밖에서 일을 치른다. 그것은 주거 형식과 가족 단위가 바뀐 탓이 크다. 대가족 제도에서 핵가족으로 바뀌니 당연히 집의 공간 구조가 바뀌고, 주거 양식도 아파트 형태가 일반화되었다. 단독주택도 점점 줄어들고 있다. 그러니 집안에서 무슨 잔치나 행사를 치를 공간이 없다.

당장 눈에 띄는 변화가 대다수 집에 사랑방 또는 손님방이라는 개념이 사라졌다는 것이다. 예전처럼 묵어가는 손님도 드물지만 혹 있다 해도 좁은 평형의 아파트에 손님을 위해 늘 비워둘 수 있는 방을 갖추기란 어렵기 때문이다. 그러니 사람을 만날 일이 있으면 밖에서 만난다. 먹고 사는 방식이 변하면 세상이 변하고 세상이 변하면 집이 변한다. 다시 집이 변하면 사는 방식도 변한다. 집 한 채 짓는 일은 사는 방식을 탐구하는 일인데, 요즘 집은 삶의 방식을 탐구하며 짓는 집이 드물다. 상품으로 파는 집을 사서 집에 사람이 맞추어 사니 그것도 세상 바뀐 모습 중 하나일 것이다.

전에는 아이의 친구들이 집에 놀러 와 부모가 그 친구들을 알 수가 있었지만 요즘은 다들 학원 가기 바쁜 시대라 아이 친구들을 알 수가 없다. 더구나 각자 손전화를 가지고 있어 직접 통화하니 집으로 오는 전화도 없다. 부모가 자녀의 교우 관계를 파악하기 쉽지 않다. 또 집안에 방마다 컴퓨터와 TV가 있으면 서로 얼굴 볼 일도 줄어든다. 일상의 가전제품 이용 방식이 사람끼리의 소통 방식에 영향을 준다. 사소해 보이는 변화들이 일상과 건축의 존재 방식을 바꾸며 우리들 삶의 방식까지 바꾼다. 그 변화는 과연 바람직한 것일까를 묻기 전에 이미 그리 되었다. 이제는 당연하게 받아들이는 몇 가지 용도의 건축물들에 대해서 생각해 보자.

● 유치원 : 유치원에 다니는 시기는 일생에서 가장 순수하고 소중한 시기다. 성인들이 지닐 법한 고정관념이 없을 때다. 일정한 프로그램에 의한 획일화된 교육이 아니라 그야말로 꿈과 상상력이 필요한 시기다.

건축은 인간의 상상력에 봉사해야 한다. 그것이 공간과 건축의 힘이다. 그런데 유치원 건물들을 보면 하나같이 알록달록하게 칠하고 도깨비뿔 모양의 정체 불명, 국적 불명, 출처 불명의 세트를 만들어놓았다. 어린아이들이 그런 것을 좋아하리라 짐작해서 만드는 것일 터인데 천만의 말씀이다. 어린아이들은 어른들 짐작과 다르다. 어린아이들에게 필요한 것은 알록달록한 색상이 아니라 색상을 스스로 택하고 스스로 그릴 수 있는 장소와 공간이다. 아이들이라고 무조건 알록달록함을 좋아하는 것이 아니다. 색상은 단조롭지만 멋지게 조화된 그림을 보여주면 더 좋아한다.

어른들은 아이들을 너무 모르거나, 그냥 아이로만 여긴다. 유치원 건물은 자유분방한 가능성을 지니며 변화가 가능한 공간이어야 한다. 그러기 위해서는 형태도 색상도 중성적 자세, 즉 담백한 형태와 공간이 필요하다. 알록달록하게 획일화된 유치원은 그야말로 어른들의 유치함만 드러낼 뿐이다. 그것도 아주 유치한 방법으로.

● 모텔 또는 카페 : 모텔은 자동차 여행자가 숙박하기에 편하도록 만든 여관을 이르는 말인데 요즘은 숙박업소의 대명사처럼 되었다. 피곤한 이들이 '쉬었다' 가는 이 모텔은 기상천외한 형태의 집합소, 아니 고물상이다. 그야말로 건축이 이렇게도 망가질 수 있다는 조잡함의 끝을 보여준다. 아니 건축이란 말을 입에 담기도 껄끄럽다. 오로지 기이한 형태의 질주만 있을 뿐이다. 피리미드와 스핑크스가 있는가 하면, 사라센 양식도 있고, 비잔틴에서 르네상스 바로크… 신고전주의 양식까지 다 있다. 한국 전통건축의 복제도 있다.

모텔 건물들은 형태와 이름이 뜬금없다는 것, 주변과 장소에 어울리지 않고 생뚱맞다는 것, 시도 때도 없이 조명이 요란하다는 것 이외에도 한결같이 대충 만들었다는 절대적 공통점이 있다. 어떤 연유로 건물을 저리 만들까를 생각하면 한마디로 정신분열증이 아니고서는 이해할 방도가 없다. 어이없게도, 어떤 건물은 커다란 풍차를 전기로 돌리는 곳도 있다.

이런 양태는 카페나 식당에선 더 극에 달한다. 돛 달린 배가 산에 올라가 있는가 하면, 비행기가 밭에 있기도 하고, 논에 처박힌 기차도 있다. 그들 모두가 서비스업의 기능을 수행한다. 돈 받고 방 빌려주고 음식을 파는 곳인데, 오로지 돈을 벌기 위해 손님의 눈길만 잡을 수 있다면 뭘 하건 뭘 만들건 상관없다는 선언처럼 들린다.

● 예식장 : 결혼을 알리는 청첩장은 혼인 맺는 자리에 축하하는 증인으로 와달라는 것이다. 장소는 대부분 예식장이다. 혼인이란 엄숙한 일이므로 식장도 엄숙하면 좋으련만, 엄숙한 공간이나 장소를 찾기란 힘들다. 엄숙하진 않아도 도떼기시장보다는 질서가 있어야 할 장소가 예식장이다.

하긴 엄숙함보다는 특별함을 택해 결혼식을 치르는 경우도 있다. 어느 산악인은 산꼭대기에서, 스킨스쿠버를 즐기는 사람은 바다 속에서, 어떤 경우엔 주례까지 비행기 날개 위에 올라타고 하늘을 날며 결혼식을 올린 사례도 있다. 그러나 누구나 특별하게 식을 치를 수는 없는 일이다. 요즘 소위 이벤트가 유행인데, 예식장에서 폭죽이나 볼거리를 만드는 것은 얄팍한 상술이지 진정한 이벤트도 아니다. 이벤트 없는 평범한 결혼식은 흠이 아니다. 오히려 결혼식이란 소박하고 평범한 것이 좋은 면도 있다. 하지만 소박하고 조용한 예식장은 눈을 씻어도 없다. 이 시대의 평범함은 도떼기시장 같은 상업적 난삽함을 의미하는지도 모른다. 그래선지 예식장 건물의 외관을 보면 유치원인지 모텔인지 카페인지 구별이 안 간다. 그런 공간에서도 주례사는 대부분 '성스러운 결혼' 운운하며 시작된다. 하지만 예식 공간 어디에서도 성스러움이나 엄숙함은 고사하고 조용함도 찾기 어렵다. 명색이 예식장인데 소중한 의식을 치를 동안만이라도 '사람중심'의 공간이 돼야 하지 않을까. 예식장에 사람의 '예'는 없고 '식장' 중심의 번잡스러움만 넘치니 그것은 호화스러움과도 거리가 멀다. 오직 상술만이 살아 있을 뿐.

겉모습이 모든 것을 지배하는 세상이므로, 건물 또한 예외일 리가 없다. 마치 모든 업종 뒤에 서비스란 말을 붙여 노골화된 상술을 감추려는 듯 말이다. 국적 불명의 괴상한 겉모습의 유치원을 다니고, 유치원 비슷한 형태의 모텔과 카페를 찾고, 유치원 비슷하게 치장한 예식장에서 결혼식을 올린다. 그 형태적 일관성은 참 질기기도 하다. 치장 없이 건강하고 담백한 공간에서 아이들이 뛰어놀 수 있는 유치원과, 깨끗한 위생 수준과 편안함을 우선하는 모텔과, 소박한 공간일지언정 기품을 내세우는 예식장을 기대하기란 정녕 어렵단 말인가.

건축은 어떤 경우건 주변의 각종 맥락과 관련을 맺는다. 지역의 역사적 사실에서 지형적 특징까지 맥락의 결은 수없이 많다. 건축물이란 반드시 자신만의 대지/장소를 갖는다. 이른바 장소성이다. 그것이 건축디자인의 단서가 된다면 얼마나 좋을까. 하지만 눈에 뜨이도록 하는 기이함만 늘리며 유혹에만 몰두하는 치장 중심의 건물을 '건축'이라 말하면 왠지 언짢다. 사용자를 존엄하게 대하지는 못해도 최소한 유치하게 여기지는 않았으면 좋겠다. 정치·경제·문화 가릴 것 없이 묘기대행진만 하려는 시대, 기괴한 건물은 많아도 사람을 존중하는 '건축'은 드물다. 존엄까지는 바라지도 않는다.

좋은 집이란 무엇인가?

이런저런 자리에서 강의 요청을 받는다. 건축학과에서 건축가를 초청하는 일이야 당연한 일이지만 환경·문화·교육… 등 다양한 분야에서도 건축에 대한 관심이 의외로 많다.

건축을 전공하는 학생들이나 건축 관련 동아리에서 하는 강의는 아무래도 '건축'이라는 배경에서 출발하는 딱딱한 내용이 주가 된다. 강의가 끝나면 질문을 받는다. 질문은 강의를 반사하는 거울이다. 청중이 강의를 어떻게 이해했는가를 질문을 통해 짐작할 수 있다.

건축 전공자들은 건축을 기술·예술·학술이라는 구분으로 나누어 생각하는 경향이 짙다. 기술적 바탕으로만 서 있는 분야는 공학을 강조하고, 예술적 이해를 표방하는 분야는 독창적 디자인(?)을 강조하고, 학문적 연구를 우선하는 분야는 학술성을 우위에 두려 한다. 같은 내용에 대한 질문도 방향이 묘하게 다르다. 하지만 건축은 기술과 예술, 예술과 학술, 학술과 기술인 동시에 문화이며 경제이며 정치인 동시에 산업이며 사회학이다. 산업과 예술로서의 건축, 정치와 산업으로서의 건축, 학술과 기술로서의 건축, 다 가능하다. 아니 모든 학문의 총합이다.

흔히 건축을 '삶을 담는 그릇'이라 하는 말은 용기-형태, 껍데기-만을 이르는 것이 아니라 그릇 안에 담기는 '삶의 방식'까지를 포함하는 것이 진정한 건축이란 뜻이다.

　다른 분야의 전공자들처럼 건축 전공자들도 자기 분야만을 생각하는 협량의 위험에 곧잘 빠진다. 의학을 전공하는 이 모두가 환자의 아픔에 주목하는 것은 아니듯이, 법학을 전공하는 이 모두가 정의구현에 주목하는 것은 아니듯이, 사람이 입는 옷보다 보여주는 쇼-쑈라고 해야 더 실감이 난다-에 관심을 더 갖는 패션디자이너가 있듯이, 건축을 전공한다고 모두가 삶에 주목하는 것은 아니다. 삶의 이해와 관찰에 소홀한 건축이 안타깝긴 하지만 탓할 수는 없다. 건축을 통해 세상을 이해·해석하고 행동하는 각자의 시각과 방식의 차이가 또다른 삶의 태도일 테니 말이다.

　많은 건축 전공자들이 흥미 있어 하는 것은 건축적 표현이다. 표현 중에서도 겉으로 드러난 결과-형태-에 집착한다. 조형적 구성과 형태적 독창성, 새로운 재료의 사용 등, 어떻게 생겼을까 아니면 어떤 방법으로 만들었나에 많은 관심을 갖는다. 건축을, 만드는-공급하는-입장에서 관심을 갖는 것이다(사용자의 입장은 뒷전이다. 정책을 입안하는 사람들이 정책의 혜택보다는 정치적 효과에 빠질 위험성이 크듯이. 그러나 훌륭한 건축은 반드시 사용자에 대한 배려가 먼저다).

　만드는 입장-건축 전공자들은 건축의 각종 분야에서 공급, 생산자 입장에서의 활동을 전제한 교육을 받는다-에서의 관심은 당연히 건축적 '개념'을 궁금해한다. 건축가들도 개념을 앞세우며 설명한다. 그러나 많은 건축물들이 보여주는 현실은 개념이라기보다는 일반적인 디자인 의도를 말하는 수가 많다. 디자인 의도와 개념은 전혀 다르다. 인간의 인식과 행위에 따른 고정관념을 의심하고 해결의 방법에 보편성을 지니지 않은 어떤 주장도 개념이라 볼 수 없다. 즉 변화로 보이거나 낯선 시도라고 해서 다 '개념'이라고 보면 안 된다는 말이다. 개념에 대한 질문이 나오면 대답이 복잡하고 길어진다. 질문자의 개념에 대한 이해 정도를 이해해야 하고, 혹 개념을 오해하고 있다면 개념에 대한 오해부터 깨야 하기 때문이다. 특히 디자인 분야 전공자들의 의식 속에는 디자인에 대한 개념을 오해하여 그저 멋있게 만들면 디자인이라고 생각하는 경우를 종종 본다. 디자인을 겉으로만 이해하고 있음이다. 건축 또한 겉만 보고 말하기 쉽다. 안타까운 일이다. 삶 속으로 녹아 들어간 개념 있는 건축은 참 드물다.

환경 단체, 문화 교실, 책읽기 모임… 등 다양한 상황에서 건축에 대한 강의를 할 때가 있다. 그런 자리는 건축 관련 분야 아닌 사람들이 월등히 많다. 건축이라는 전공의 테두리에 갇히지 않고 일상과 건축의 관계성을 말하기 좋다. 건축 전문용어를 쓰진 않지만 오히려 더 건축적인 관심의 열기가 많다. 물론 평당 공사비, 부동산 매매, 인테리어 공사, 유망한 투자 지역, 집수리 공사, 불법 공사, 건축법 위반에 따른 고발, 옆집과 건물에 얽힌 분쟁, 아파트 발코니 확장… 등의 애교(?)스런 질문도 빠지질 않는다. 건축의 일반적 이해를 위한 교양 강좌든, 특정한 분야와 건축의 관련성을 말하든, 개인적인 건축 활동을 말하든, 강의가 끝나면 꼭 나오는 질문이 있다. 좋은 집이란 무엇인가?

좋은 '건축'을 묻지 않고 좋은 '집'을 묻는다. '건축'보다는 '집'에 관심이 더 있는 것이다. 왜 그럴까. 일반적으로 생활/일상/경험에서 건축은 어렵고 멀지만 집은 가깝기 때문이다. 건축을 전공/전업하는 사람들은 '건축'을 먼저 말하지만 일반시민들은 '집'을 먼저 말한다.

건축은 집을 포함하지만 집은 건축의 전체가 아니다. 건축은 복잡하고 집은 쉽다고 여길 수도 있다. 하지만 좋은 '집'에 대한 질문은 좋은 '건축'을 묻고 있는 것임에 틀림없다. 답한다. 좋은 집은 좋은 건축이고 나아가 좋은 생활이라고. 그럼 무엇이-어떻게 생긴 것이-좋은 집인가?

● 건강한 집이 좋은 집이다.

건강하다는 말은 공간이 쾌적하다는 뜻이다. 아름다운 집에 사는 것은 눈이 즐거운 일이지만 몸까지 건강한 집이 아니라면 피곤한 일이다. 비싼 집은 재산 가치로 흐뭇한 일이지만 몸이 느끼는 감각이 쾌적하지 않다면 짜증나는 일이다. 못생기고 싼 집이라도 오감이 쾌적한 공간 구성이면 최고의 집이다. 무엇이 쾌적성을 이루게 할까. 자연의 빛과 바람이다. 방마다 빛과 바람이 들고 나며 통해야 숨 쉬는 집이다. 건강한 사람의 호흡처럼 공간도 빛과 바람이 통해야 숨 쉬는 것이다. 하지만 요즘의 집들은 방 여러 개가 붙어 있거나, 큰 방-거실-중심으로 연결되어 방 뒤에 다른 방이 있는 겹친 꼴이 많다. 넓은 집은 세 겹 네 겹의 공간구성도 있다. 해서 겹친 방은 1년 내내 햇빛이 들어오지 않는다. 평생 암흑 공간이다. 그런 방들은 바람도 통하질 않는다. 비싼 인공 환기설비로 작동되는 고층 건물들과 달리 별도의 인공 설비가 없는 집들이 채광과 통풍이 안 되면 그야말로 건강함에서 먼 집이다. 만약 발코니까지 유리창으로 막은 아파트라면 숨통은 더 줄어든다. 통유리 고정창이면 꽉 막힌 숨통이다. 별 생각 없이 아니면 도시의 아파트가 좋아보여 전원주택도 그리 지으니 당연히 쾌적성이 줄고 건강치 않다. 아파트·연립·단독주택·전원주택 가리지 않고 방마다 빛과 바람을 통하게 하라. 살아 있는 자연 요소를 안고 있으면 건강한 집이다. 그게 좋은 집이다.

● 솔직한 집이 좋은 집이다.

　건축에서의 솔직함이란 구조 방식과 사용 재료의 솔직함을 말한다. 물론 형태적 솔직함도 빼놓을 수 없다. 솔직함이란 가식이 없다는 말이다. 한마디로 집을 짓는 방식-구법-이 그대로 보일수록 좋은 건축이다. 구조 방식이 그대로 보이는 집은 지은 대로 보인다는 말, 사람으로 말하면 민얼굴에 화장을 하지 않은 것과 같다. 건축에서의 화장이 지나치면 장식이 된다. 장식이 기능일 수도 있지만, 장식은 구조적 솔직함과는 거리가 멀다. 형태적 장식은 더욱 구조 방식과 관계 없다. 요란한 지붕을 만들고 천장이 평평하면 그 사이 공간은 못 쓰는 것으로, 외형적 장식을 위한 것이다. 장식은 개인의 취향이니 옳고 그름의 잣대를 대기 어려우나 좋은 집으로 치긴 어렵다. 밖에서 보이는 모습 그대로를 안에서 쓰는 집이 솔직한 집이다.

　재료의 솔직함이란 좋은 집을 만드는 방법으로서는 참 쉬운 것인데도 의외로 드물다. 원래 건축 재료의 성질은 다 달라서 적재적소에 맞게 쓰는 것과 재료의 성질을 존중하는 것이 중요할 뿐, 좋고 나쁨이 따로 없다. 각각의 물성 다름이 재료의 맛이다. 하지만 좋은 재료를 쓰면서도 재료의 특성을 살리지 못하는 경우가 많다. 고급 목재의 질감을 덮으면서 칠을 한다든가, 투명한 재료를 쓰며 불투명한 재료로 덧씌운다든가, 내부용 재료를 외부에 쓴다든가… 하는 것은 바람직하지 않다. 재료를 잘못 선택하는 까닭은 재료 선택의 기준을 재료의 물성에 두지 않고 기호-입맛-나 유행에 두기 때문이다. 집-건축-의 디자인에도 유행이 있으나 재료까지 유행을 따르는 일은 바람직하지 않다. 재료가 가진 성질을 그대로 솔직하게 잘 살려 쓰는 것이 상수다. 집 짓는 방식이 그대로 보이고, 재료의 성질을 그대로 드러낸 솔직한 집이 좋은 집이다.

● 생각하게 하는 집이 좋은 집이다.

집은 일차적으로 피난처다. 집이 없는 것은 난민과 다를 게 없다. 노숙자를 홈리스homeless라고 한다. 집이 없는 사람이라는 표현 속에 집의 중요성이 들어 있다. 집은 피난처인 동시에 안식처, 편안하게 쉬는 곳이다. 먹고 자고 싸는 게 다 편안해야 집이다. 그런데 먹고 자고 싸는 것만 해결한다면 동물과 다름이 없다. 씻고 바르고, 놀고 즐기고, 공부하고 가르치고, 웃고 울고… 아, 중요한 게 한 가지 빠졌다. 생각하기다. 그렇다. 인간은 '생각하는 존재'다. 생각-사유·사색-이야말로 인간의 특장 아니던가. 생각은 아무 곳에서나 할 수 있다. 조용하든 시끄럽든, 움직이든 앉아 있든, 낮이든 밤이든, 혼자 있든 여럿이 있든 생각하기는 가능하다. 집은 무엇을 생각하기에 좋은 공간/장소다. 하지만 나는 그런 것을 말하는 것이 아니다. 집 자체에 생각할 부분-요소-이 있어야 한다는 말이다. 남이 지은 집이야 할 수 없지만 스스로 지은 '짓는 집'이라면 어느 한구석, 공간이 사람에게 던지는 질문이 있어야 한다. 질문을 답으로 바꾸어도 좋다. 스스로 지은 '짓는 집'이라면 최소한 한구석 일상을 담는 방식에 대한 나름의 공간적 해석과 제안이 있어야 한다. 더 나아가 삶의 방식을 성찰하는 자세가 공간을 구성하는 결과로 나타나면 더 좋다. 집-건축-속에 생각-고민-의 흔적이 보여야 한다. 사람이 살수록 생각하는 일상을 만드는 집, 참 좋은 집이다.

집은 재화적 가치로만 존재한다. 집은 사고 파는 재산 증식의 도구이다. 집은 사회적 권위를 증명하는 수단이다. 집은 경제적 능력을 과시하는 방법이다… 그렇다.

집은 주인의 인격을 드러낸다. 저렴한 재료를 사용해도 건축미학의 성취를 이룰 수 있다. 집은 살아가는 방식과 고민의 흔적을 보여준다. 비싼 집이라고 무조건 좋은 집이 아니다… 그렇다.

당신의 생각은 어느 쪽인가?

생태건축 유감

요즘 생태건축에 대한 관심이 높다. 아니 화제다. 그런데 이상하다. 세상의 관심만큼 생태건축이 널리 지어지진 않는다. 신문과 방송에 생태건축이 그저 화제가 될 뿐이다. 생태건축물은 더디게 늘고 생태건축이라는 말만 많다. 왜 그럴까. 건축물이란 누구나 짓고 싶다고 지을 수 없다. 많은 돈이 들기 때문이다. 세간의 관심처럼 생태건축이 널리 늘지 않는 것은 경제적 이유가 클 것이지만, 혹시 생태건축에 대한 오해도 한몫하고 있기 때문은 아닐까. 그 오해를 넘지 않고선 생태건축의 보편화는 어렵다.

생태건축에 대한 일반적 이해를 보면 여러가지 관점이 섞여 있다. 친환경적 건축, 에너지 절약형 건축, 재생 에너지 사용 건축, 기후 순응형 건축, 지속 가능형 건축, 자연소재 활용 건축… 등등이 생태건축과 유사한 의미로 이해되고 있다.

생태건축이란 '생태＋건축'이란 말인데, 태생적으로 생태와 건축은 상극이다. 생태란 끝없이 자연적 아니 자연 그 자체지만, 건축은 끝없는 인위적 행위, 행동의 결과물이다. 그러니 자연적 조건에 인위적 행위를 가해 충돌시키는 것이 건축이니, 그 인위적 인식과 요소를 생태적(?)으로 건축화시키는 과정에 어려움이 많은 것이다. 또 생태적 요소를 몇 가지나 건축화시켜야 생태건축으로 구분되는가의 일정한 기준도 없다. 하지만 생태건축이란 기존의 일반적 건축 방식에서 한 가지라도 생태적인 관점을 도입했다면 생태건축으로 볼 수도 있을 것이다. 무엇보다 중요한 것은 건축이 자연에 거는 부하/부담을 얼마나 줄이고 있는가의 철학일 것이다. 아무리 자연적 요소를 많이 도입하고 생태적(?)으로 보여도 자동화 설비로 온도 조절이 되는 온실을 석유와 전기를 필요 이상으로 사용하면서 가동한다면 바람직한 생태적 건축으로 볼 수는 없을 것이다. 몇 가지 예로 생태건축에 대해 생각해 보자.

● 생태건축은 돈이 적게 든다?

아니다. 생태건축은 돈이 많이 든다. 왜 생태건축은 돈이 많이 들까. 생태건축은 근본적으로 생태적 기능이 건축 속에서 발휘되어야 한다. 그러한 장치들을 건축화시키는 데는 노력과 경비가 많이 든다. 비오톱 biotope을 예로 들자. 옥상에 비오톱을 만들면 환경에 좋다. 옥상 녹화로 불리기도 하는 비오톱은 옥상 녹화보다는 더 넓은 의미다. 옥상 녹화란 옥상에 잔디만 심어도 되지만, 비오톱은 풀·나무·못 등을 조화시켜 생태적 서식 환경이 조성되어야 한다. 옥상에 잔디만 심어도 흙의 무게를 버티는 구조체가 있어야 하고, 방수 처리가 되고, 뿌리가 구조체를 균열시키지 않게 대비된 지붕이나 바닥이 있어야 한다. 그렇게 만들려면 옥상 녹화를 하지 않는 바닥보다 건축 공사비가 더 들게 마련이다. 단순한 옥상 녹화도 공사비가 더 드니 비오톱을 만들려면 훨씬 많은 경비가 드는 것은 당연하다. 거기서 그치지 않는다. 생태란 그림이 아니라 현실

이기에 생태적 환경이란 계속 유지되고 살아 있어야 의미가 있는 것이다. 어떤 종류의 생태적 요소를 도입하건 유지 관리를 지속적으로 하지 않으면 죽은 생태가 된다. 살아 있는 생태적 조건을 유지하는 노력과 경비, 그것이 다 돈이다. 막상 건축 계획을 세우면서 곰곰이 따져보면 일반적 공사비보다 비싸게 된다. 한마디로 생태적 개념을 제대로 살리는 건축은 돈이 더 든다.

● 자연 재료를 썼다고 친환경 건축일까?

아니다. 자연 재료를 썼다고 무조건 생태나 친환경 개념의 건축이 될 수는 없다. 재료는 천연 재료일수록 대부분 내구성이 약하다. 흙·목재·종이 등이 대표적으로 약한 재료다. 약하다는 것은 수명이 짧다는 뜻이니 근본적으로 건축 재료로 적합하지 못하다. 건축 재료란 용이한 유지 관리—마모 관리, 청소·보수 등—를 위해서 수명이 길어야 한다. 늘 햇빛·바람·눈·비 등에 노출되고 얼었다 녹는 일기 변화에 재료가 버티는 성질이 약하면 건축물 수명이 길지 못하기 때문이다. 자연 재료는 자연스럽게 썩거나 벌레가 먹는 등의 피해도 있다. 그래서 내구성이 약한 자연 재료는 구조재나 외부 마감재료로 쓰기에 적절치 않다. 수명과 비용을 당해내기 어렵기 때문이다.

상품화된 재료나 제품들은 대부분 자연 재료에 내구성을 높이려 화학 처리를 하거나 화공약품을 섞어서 만든 모조 제품들이다. 그런 제품은 이미 자연 재료가 아니라 무늬만 자연인 재료다. 그러니 생태와 한참 멀다. 그걸 알면 자연 재료처럼 보인다고 다 생태건축일지 아닐지는 초등학생이라도 알 일이다.

내부 마감재료로 쓰인 자연 재료들은 어떨까. 내부 공간에 쓰인 자연 재료들은 심리적인 안정감과 친근감을 준다. 황토가 대표적인 재료다. 황토 벽돌, 황토 몰탈, 황토 벽지, 황토 바닥제, 황토 옷감… 등 다양하다. 하지만 황토가 아무리 좋다 해도 건물에 황토를 그대로 쓰면 시간이 지나면서 균열이 생겨 떨어지고, 표면에 흙가루가 묻어나고, 미세 먼지가 많이 발생하여 건강에 해롭다. 해서 내부용이라 해도 강도를 높이는 각종 혼화제를 섞어 사용한다. 혼화제 중에는 유해한 성분도 있다. 참 위험한 부분이다. 황토 예찬론이 무분별하게 설치다보니 아주 화학 도료를 황토인 척 사용하는 공간들이 늘어난다. 황토칠을 황토로 오해하는 수가 많다. 무조건적인 황토 예찬론은 경계해야 될 상업주의 폐해 중에 하나다.

목재도 비슷하다. 나무는 참 좋은 재료지만 벌레 먹고, 때 타고, 먼지 나고, 불과 물에 약하다는 단점이 있다. 그래서 각종 기능성 도료를 칠한다. 기능성 도료−말이 좋아 기능성이지 벌레가 먹지 못하게 독한 화학 성분을 침투시키는 도료가 방충 도료다−중에는 유해 물질이 많으니 그 점 또한 조심할 일이다.

내부 공간 장식에는 목재가 많이 사용된다. 각종 가구들, 문틀과 문짝, 벽면 장식, 바닥 마감재로 목재는 좋은 재료다. 그런데 단점이 있으니 목재는 비싸다는 것이다. 나무의 종류에 따라서 대리석보다 더 비싼 고급 나무도 많다. 값싸게 좋은 나무를 사용하는 방법은 없을까. 장사꾼들이 그걸 놓칠 리 없다. 그래서 목재도 무늬만 나무인 제품이 많다. 인공적으로 나무 무늬를 새긴 제품들로 꾸민 공간은 언뜻 자연 재료로 보이지만 실상은 화공 제품으로 꾸며진 것이다. 이 또한 친환경이나 생태 개념과 얼마나 먼 것인지는 묻지 않아도 알 일이다.

● 생태와 친환경 개념의 확산을 위하여!

화석 에너지-석유 및 가스-사용 줄이기, 자연 에너지-태양광·태양열·바이오·풍력·수력·지열 등-활용도 높이기, 재생 및 재활용 소재 사용하기, 수자원 순환 활용, 자연-기후·지형-순응형 디자인, 토양 오염 방지, 쾌적성과 건강성 높이기에 대한 관심을 기울이는 건축적 노력은 모두 생태나 친환경 개념의 확장이다. 지속되어 마땅한 일이다. 하지만 경제적·사회적·입지적 상황이 다 다른 조건에서 위의 명분을 살리는 건축을 하기란 쉽지 않다. 건물의 절대다수가 생태나 환경과는 관계없는 판에 어떻게 하면 생태적 효과를 높일 수 있을까. 생태나 친환경과 연결되지 않는 건물이 많을수록 이렇게 생각해 보자.

● 작은 집을 짓자.

작은 집이란 필요보다 조금 작게 짓고, 원하는 넓이보다 조금 좁게 살자는 뜻이다. 사용하는 공간-면적과 체적의 총합-이 적으면 소비되는 에너지도 적게 들고, 건축 자재도 적게 든다. 버리는 자재도 적다. 유지 관리비도 적게 든다. 결국 지구 환경에 거는 부하가 적은 것이다.

아파트 단지에서 수천 세대가 한 평씩만 줄인다면 수천 평이 준다. 환경 부하도 그만큼 줄어들 것이 분명하시만 건설업자들이 수천 평의 어마어마한 이익을 포기하지 않는다. 그럼 환경은? 뻔하다. 자꾸 나빠지거나 개선되지 않는 것이 당연하다. 겨우 장삿속으로 꾸며놓은 그림 같은 조경 공사를 환경의 전부로 위안할 수밖에 없다. 만약 소비자들이 작은 평형의 아파트를 선호하는 것이 유행이 된다면 그 자체로 지구 환경에 도움이 될 것이지만 글쎄, 돈독 오른 건설업자 탓할 것도 없다. 프리미엄 많이 오르는 큰 평형에 침 흘리는 소비자가 줄 서서 기다리고 있는

한 생태나 친환경은 요원하다. 어쨌든 건축물의 규모나 면적을 조금이
라도 줄이는 것은 생태나 친환경에 한 발 가까이 가는 것이다.

● 헌 건축물을 고쳐 쓰자.

건물을 고치면 우선 부수는 것보다 쓰레기의 발생량이 적다. 재활용
이 불가능한 쓰레기를 줄이는 것만으로도 친환경이다. 또 오래된 건물
을 하나 살려서 도시의 역사와 풍경에 일조하는 것이다. 고치는 디자인
을 잘한다면 시간의 흔적이 유지되며 새로운 건축물이 탄생한다. 외국
의 오래된 도시들은 다 그렇게 유지된 것이다. 외국의 역사와 관광 자원
은 부러워하면서 우리는 그렇게 하지 않는다. 심지어 문화재로 지정되
면 보호해야 하니까 지정 전에 후다닥 부수기도 한다. 헌 집을 고치는
일은 번거롭고, 효과에 비해 돈이 많이 들 수도 있다. 규모를 확장하는
데도 불리하다. 그렇지만 싹 부수는 것보다 친환경적인 것은 분명하다.
헐고 새 집을 짓는 이유는 경제적 이유가 절대적인데 누가 경제적 손실
을 감수하면서 고치겠는가. 이유 있는 지적이다. 그렇다면 생태니 환경
이니 말하지 말자. 세상에 싸고 좋은 환경이란 없는 법이다.

● 숨쉬는 공간(건축)을 만들자.

생태적·친환경적 요소가 없는 건물보다 더 나쁜 건축물은 숨 못 쉬
는 공간(건물)이다. 이른바 질식의 공간이 도시를 채우고 있다. 고층 건
물은 자연 환기의 어려움 때문에 기계적인 공기 조화 시스템을 가동한
다. 그런데 높지 않은 건물에서도 열 수 없는 고정창-속칭 통유리·통
창-을 설치한다. 이유는 간단하다. 멋있게 보이려는 욕구 때문이다. 필
시 디자인의 본령을 오해하고 있거나 유행 따라 짓고픈 욕망만이 지배

하는 것이다. 욕망! 항시 욕망은 문제의 씨앗이다. 통유리로 막힌 진열장 같은 공간에서 탁한 공기를 마시니 답답하다. 창틀과 창문이 못생겨 보여도 자연 환기가 잘 되는 공간이라면 최소한 건강한 공간/건축이며 친환경에 가까운 것이다.

생태건축이란 한마디로 지구 환경과 생태에 해코지를 하지 않는 건축일 것이다. 또 생태나 환경은 상호 존재와 작용의 연관성이 특징이니 그 요소를 존중하여 짓는 것이 생태건축일 것이다. 무엇보다 생태건축이란 지구적 차원에서 본 생태적 고민을 단위 건축물이 실천하고 있어야 한다. 특히 건물이 들어선 장소나 사용된 재료만을 가지고 생태건축의 위상을 묻는 자세는 옳지 않다.

오늘 우리는 애완과 완상의 대상으로 환경과 생태를 보고 있지는 않는가, 그 연장선의 호기심으로 집을 지으며 생태건축이라 우기는 것은 아닌지, 더 고민해야 한다. 생태건축이란 바로 그 유기적 고민의 구조를 이른다.

공간에도 어두움이 필요하다

우리가 일상에서 마주하는 제일 가까운 건축은 주거 공간이다. 주거 공간은 아파트·연립주택·다세대주택·원룸·전원주택·단독주택·기숙사 등 여러 유형이 있지만 한마디로 집이다. 집은 방이 모여 이루어진다. 그 방들이 자는 방이면 침실이고 음식을 만들면 부엌이고 물건을 쌓아놓으면 창고. 일하는 기능의 방들만 대규모로 집적한 곳은 오피스 빌딩이고, 여러 기능을 섞어 먹고 마시고 물건 팔고 일하고 행사하는 곳은 복합빌딩인데 본질적으로 모든 건축물을 구성하는 단위 공간은 방이다. 방이란 명칭은 인간의 원초적 향수(?)를 자극한다. 실(室)이나 룸보다 방이라 하면 왠지 편안한 느낌을 받는다. 그래서일까, 집 밖의 거리에도 유독 방들이 많다. 노래방·빨래방·공부방·PC방·게임방·찜질방·비디오방·폰팅방… 등 도시는 갖은 방들로 숲을 이룬다.

우리의 전통적 방 이름은 안방·사랑방·건넌방 등으로 공간의 위치와 성격을 나타낸다. 반면 요즘의 거실·침실·식당 등으로 부르는 것은 서구화된 주거 공간으로 기능을 중시한 명칭이다. 전통적 방에선 밥상을 펼치고 식사를 하면 식당이 되고, 바느질을 하면 작업 공간이 된다.

하지만 요즘은 세탁실에선 빨래만, 침실에선 잠만 자는 곳으로 기능 따라 명칭도 변했다. 안방과 사랑방에서 책을 읽고 손님을 맞는 것은 자연스럽지만 침실에서 손님을 맞고 서재에서 밥을 먹는다면 어쩐지 어색하다. 기능 따라 이름 붙이니 쓰는 방식에도 한계가 있다. 방 이름이 쓰임을 규정하는 요즘의 호칭보다는 위치와 장소적 개념으로 부르며 쓰는 옛 이름이 생활의 다양성을 폭넓게 수용하는 방법임을 보여준다. 하지만 사는 방식 따라 건축이 바뀌는 것은 자연스러운 것이다. 방이 변하듯 집도 변한다.

예전의 집들과 요즘의 집들은 우선 재료와 구조 그리고 형태와 형식이 다르다. 벽돌과 함석에서 콘크리트와 유리로, 저층에서 고층으로, 소규모에서 대규모로, 단독에서 공동으로, 비정형에서 규격화로 많은 변화를 갖는다. 하지만 건축은 삶의 그릇으로서 공간을 얻으려는 욕망과 본성은 변하지 않는다. 다만 그릇을 쓰는 방식과 모양만이 변한다. 건축에서 외부와 내부를 망라하는 공간의 필요와 욕구는 사라지지 않는다. 특히 방으로 불리는 내부 공간은 사람이 사는 한 사라질 수 없다. 계속 변할 뿐이다.

예전 집과 요즘 집의 내부 공간의 가장 큰 변화와 차이는 무엇일까. 편리를 좇아 공간 구성이 달라졌다, 인테리어를 잘 꾸몄다, 가전제품이 많아졌다 하는 변화도 있지만 가장 큰 변화는 내부 공간의 밝기다. 한마디로 현대의 내부 공간은 밝고 예전의 내부 공간은 어둡다.

공간의 밝기는 벽·문·창·천정을 통해 들어오는 빛에 따라 좌우된다. 예전의 건축은 벽이 두껍고 창이 작으니 어두울 수밖에 없다. 현대 건축은 콘크리트 기둥과 얇은 유리로 벽을 대신한다. 유리로 만든 현대

건축은 벽과 창의 구분이 모호하다. 유리창이 넓으면 유리벽이 된다. 유리천정도 가능하다. 햇빛을 마음껏 받아들이니 내부 공간을 밝게 하는 것은 아주 쉬운 문제다. 어디 그뿐인가. 땅 속에 들어간 지하 공간도 전등을 켜면 밝아지니 그야말로 밝은 공간이란 현대 건축이 지닌 특징이다. 시도 때도 없이 밝은 내부 공간은 우리의 삶의 방식을 바꾸어놓았다. 낮에 하던 일도 밤에 하고 밤에 하던 일도 낮에 한다. 낮과 밤이 모호해진 현대 건축의 내부 공간에서 어두움과 밝음을 인공적으로 조절하는 일은 쉬운 일이다. 그러나 밝은 공간이 무조건 좋은 환경일까 물으면 문제는 생각보다 심각하다.

사방이 유리로 된 대형 건물은 넓은 공간의 조도를 균일하게 유지하기 위해서 대낮에도 전등을 켠다. 벌집처럼 복잡한 건물의 방들은 대낮에도 빛이 들지 않으니 전등을 켠다. 밝으나 어두우나 전등을 켜긴 마찬가지다. 마치 대낮에도 전등을 켜지 않으면 현대의 건축 공간이 아닌 것처럼 인식하는 버릇마저 생겼다. 그러다보니 어두워서가 아니라 문만 열면 스위치를 올리는 무의식적 버릇으로 전등을 켠다.

전등 하나가 소비하는 전력 에너지는 대수롭지 않아 보인다. 하지만 방 한 칸의 단위 공간이 모여 큰 건축을 이루듯이 방 한 칸의 에너지 문제가 건물 전체의 에너지 효율을 지배한다. 아무리 에너지 절약형 제품을 사용한다 해도 낭비되는 에너지를 막는 데는 힘이 달린다. 화석 에너지를 대체하는 재생 에너지, 대안 에너지 사용이 활발하게 논의되면 될수록 근본적으로는 에너지 사용의 절제와 절약이 필요하다. 화석 에너지를 아무리 좋은 방안으로 대체시킨들 낭비하는 버릇을 당할 재간은 없기 때문이다.

에너지 고갈을 걱정하기 전에 공간을 조금 어둡게 사용할 마음을 갖는 것이 필요하다. 에너지 절약은 의식의 전환에서 출발할 때 가장 효과가 높은 법이다. 대낮처럼 밝아야 할 특별한 방들을 빼면 일반적인 사무실이나 살림집은 조금 어두워도 크게 불편하지 않다. 적당한 어두움과 적당한 밝기는 오히려 심리적인 안정감을 갖게 한다. 문제는 무의식적 습관이다. 우리 모두 어두워도 괜찮은 공간에 대해 생각해 보자. 환경과 에너지를 생각한다면 공간을 조금 어둡게 사용해야 한다.

에너지 문제를 떠나서 순수한 공간의 밝기를 생각해 보자. 빛은 공간을 인식하는 데 매우 중요한 요소다. 훌륭한 건축 공간들은 공간과 빛의 상관 관계를 치밀하게 예측하여 구축돼 있다. 창의 크기·위치·형태·방향·깊이·투명도 등을 섬세하게 따진다. 왜냐하면 빛은 공간의 질을 높이는 데 절대적 작용을 하기 때문이다. 엄숙한 종교 공간들이 찬란한 빛의 향연을 펼치는 것은 밝음보다는 어두움을 절묘하게 조성한 효과에서 오는 것이다.

자연채광(햇빛)에만 의존하던 시절의 건축물들은 빛을 매우 중요하게 다루었는데 전기의 발명 이후의 건축물들은 오히려 빛을 소홀히 다루게 되었다. 언제 어디서나 인공 빛을 쓸 수 있게 되다보니 넓은 공간도 균일하게 밝힐 수 있는 것이다. 넓은 공간이 균일하게 밝다는 것은 기능적이기는 하지만 무미건조한 공간이라는 말과 같다.

자연의 빛에는 섬세한 결이 있다. 밝음과 어둠 사이에 셀 수 없는 층위가 형성된다. 섬세한 빛의 결과 켜를 공간과 연결시켜 구축하는 것이 건축이다. 그런 공간이 비로소 공간의 질을 인식한 공간이다. 스위치 하나로 손쉽게 시도때도 없이 밝음을 얻을 수 있는 현대 건축은 기능의 편리성을 갖고 있음에 비해 공간의 질에 대해선 참으로 무심하다.

요즘의 도시는 온통 불야성이다. 불야를 이루는 주인공은 다름아닌 건축물이다. 투명하게 치솟은 고층 건물이 밝게 빛나는 야경은 장관이다. 비행기를 타고 내려다보는 도시의 밤은 마치 불꽃놀이를 보는 듯하다. 그러한 광경을 볼 때마다 사실은 지구상의 한정적 자원인 석유가 타는 꼴이니 마냥 기분 좋은 그림이 아니다.

낮밤을 가리지 않고 도로에 서 있는 자동차들의 공회전도 석유를 맥없이 태우는 것이요, 밤을 새우는 가로등도 석유 에너지를 태우는 것이니 도시 전체가 석유로 유지되는 불꽃이다. 석유 전문가들이 불꽃의 화려함에 가린 석유의 고갈을 경고한다. 그 경고를 새기는 제일 좋은 방법은 석유를 아끼기 전에 근본적으로 우리가 조금 어두운 공간에서 살아야 한다는 인식을 높이는 것이다.

길을 밝히려 밤새 켜놓은 가로등 아래서 자라는 식물들은 성장 상태가 어딘가 신통치 않다. 웃자라거나 열매가 부실하거나 탈이 잦다. 빛이 식물에 좋다고 마냥 밝게 해놓으면 오히려 해가 된다. 낮에 햇빛을 잔뜩 받고 밤에 푹 쉬는 것은 식물만이 아니라 동물에게도 좋다. 양계장에서는 더 많은 달걀을 생산(?)하려고 밤새 불을 켜놓는다. 밝음이 계속되는 공간 속에서 어두움의 휴식 없이 알 낳기만을 계속하는 닭은 그야말로 숨 쉬는 달걀기계다. 그 괴로움은 생각만 해도 끔찍하다. 흔히 아파트를 닭장이라 하는데 밤새 불 켜고 공부하는 수험생이나 피곤에 지쳐 불 켜고 잠드는 우리네 일상이 흡사 양계장의 닭과 다를 게 없다. 그 피곤을 도시의 나무들도 겪는다.

밝은 거리와 공원에 심겨진 나무들은 불행하다. 밤을 잊은 나무는 평생을 불면으로 지낸다. 거리와 공원은 밤에 밝아야 범죄로부터 안전하다. 하지만 나무들 입장에서 보면 휴식을 취하지 못한다. 아무도 없는 넓은 공원을 밤새 대낮처럼 밝힐 필요는 없으니 불편하지 않는 한 전등을 끄는 것이 식물의 생태도 위하고 에너지도 절약하는 것이다.

    에너지 절약이라는 실용과, 휴식이라는 실속을 위한다면 가장 가까이 머무는 방의 전등부터 살필 일이다. 이제 우리 조금 어둡게 살자.

다리가 많아질수록 세상의 단절도 심하다

당신은 하루에 몇 개의 다리를 건너고 다리 밑을 몇 차례 지나는가. 아니면 차를 타고 가다가 정체된 다리 위에서 멈춘 적은 없는가.

나는 집과 일터를 오가는 사이 수많은 다리를 건넌다. 여기저기 일보러 다닐 때도 마찬가지다. 버스나 지하철을 타거나, 운전을 하거나 다리를 피할 수 없다. 에둘러 걸어간다면 혹 다리를 건너지 않고 원하는 곳에 갈 수 있을까 지도를 살펴봐도 다리를 피할 길이 없다. 특히나 도시에는 다리가 많다. 강과 하천을 건너려면 다리 말고는 방법이 없다. 도시에는 자동차전용도로·순환도로·고속화도로·간선도로 등 이름 다른 찻길은 왜 그리 많은지…

길 건너갈 때는 찻길 또한 차단된 강과 같다. 차는 편하게 달리고 사람은 힘들게 육교를 오른다. 육교는 땅 위에 놓인 다리다. 찻길 밑으로 내려가는 지하도는 땅 속 다리다. 질러 가도록 편하게 만든 터널은 땅굴 다리다. 복개천은 물길 따라 놓은 다리니 도로처럼 보이는 붙은 다리다. 고가도로란 비좁은 땅을 입체적으로 활용한 자동차를 위한 2층 다리인데, 교차가 심한 곳은 꽈배기처럼 꼬인 3층 다리도 있다. 그러니 도시는 온통 다리의 숲이다.

원래 다리는 그 자체로 끝없는 문학적 상상력을 자극한다. 다리 위는 밝은 길인데 다리 밑이라 하면 왠지 은밀하면서도 음습하다. 예전에는 거지들이 다리 밑에 모여 살았다. 다리 밑에서 주워 왔다는 어린아이 놀림은 할일 할말 다 없는 심심한 어른들이 괜한 다리 밑을 상상하는 짓궂은 말이다. 아폴리네르에게 미라보 다리는 센 강의 강물처럼 흘러가는 덧없는 사랑을 안타깝게 인식하는 장소였지만, 정몽주를 살해하려고 숨어 있던 이방원의 졸개들에게 선죽교는 최상의 은폐물이었을 것이다. 다리는 많은 문학작품 속에서 묘사의 대상이기도 하지만 그 자체로 무대가 되기도 한다. 다리는 환희와 비극의 무대이면서 사랑의 무대다. 어찌 연인들의 애절한 사랑에만 그치랴. 다리는 그야말로 우리의 지난하고도 끈질긴 삶의 애환에서 지울 수 없는 공간이다.

다리는 멈추지 않는 시간을 담는 공간이다. 모든 것을 지나게 하며 스스로는 멈춰 있는 매개체다. 스스로 목적이 되는 적 없이 항상 과정으로서 존재한다. 다리는 만남의 통로이면서 별리의 장치다. 자유와 속박의 이중성을 다리는 소통과 단절로 갖는다. 그것은 다리가 갖는 태생적이며 영원한 딜레마다. 소통과 단절은 언제나 상대를 전제로 한다. 상대가 없다면 통함도 막힘도 없다. 물리적·지형적 조건으로 말하면 장애가 있는 곳에 다리가 놓인다. 왕래·소통·교통이 제대로 되지 않기에 다리를 놓는 것이다.

다리는 지형의 불통을 극복하려는 의지가 구조물로 실현된 것이다. 소통하려는 의지는 단절된 지형에 저항한다. 불통의 조건에 대해 소통하려는 욕망으로 표출한다. 다리는 물길 산길 가리지 않고 길이 끊긴 곳에 놓인다. 곳은 터다. 길이 없는 터는 지형이 험한 곳이니 다리가 놓이는 지점은 자연적 조건이 험한 장소다. 편안하게 다닐 수 있는 대지에

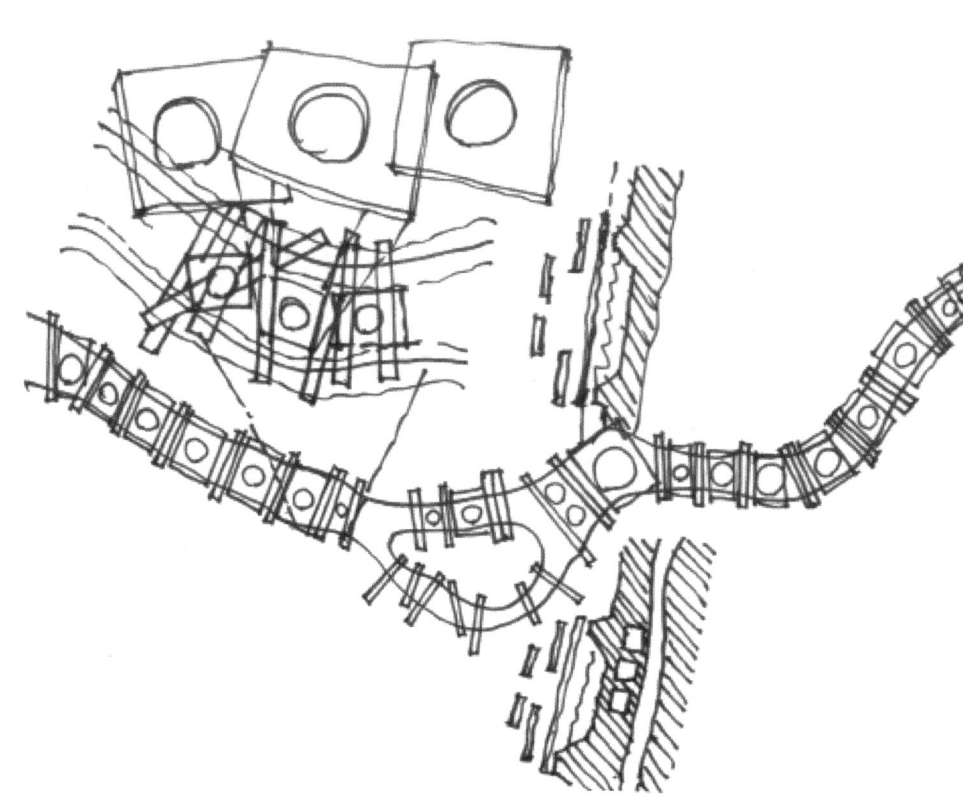

하릴없이 놓인 다리는 세상에 없다.

한강에 놓인 다리를 사진으로 기록한 전시(한강 프로젝트 2 : 25개의 한강 다리, 이득영) 도록을 본다. 헬리콥터를 타고 한강에 놓인 각각의 다리 위에서 수직으로 내려다보고 찍었다. 일반적인 항공 사진과 달리 온전히 다리만을 찍었다. 직각으로 내리찍은 방향은 지도를 그리는 것과 같지만 효과는 사뭇 다르다. 다리의 상판—인간이 다리를 놓는 절대적 이유가 그 평면(바닥)을 이용하기 위해서다—을 보여주지만 평면이 지니는 한계를 훌쩍 넘어서 입체적이고, 다리의 측면 형태가 보이지 않지만 다리 전체의 연결성을 보여준다. 그간의 어떤 사진들보다 한강다리를 잘 드러낸다. 특정한 날짜에 특정한 지점에서 촬영한 사실적이고 객관적인 기록이지만 의미가 남다르다. 객관을 넘어 그윽한 주관의 문을 열게 만든다. 한강다리들은 이렇게 생겼다. 이 사진을 통해 다리를, 한강을, 서울을, 한반도를, 세상을 상상하라고 그 사진들은 말한다. 기분 좋고 경쾌한 작업이다(게으른 나는 전시장에서 보질 못하고 도록을 구해 본다. 도록의 작은 사진으로도 그러니 전시장에서 봤다면 더 큰 감흥이 일었을 것이다). 아무튼 좋은 작업은 여러 상상을 불러온다.

서울이 괴물처럼 계속 성장하다가 한강이 다리로 다 덮이는 날이 오는 것은 아닐까. 마치 다른 종족들이 사는 것처럼 부자와 가난한 동네를 강남과 강북으로 가르는 오늘의 한강은 불행하다. 다 덮어 강남·북이 없어진다면 한강을 어서 덮어야 하리. 하지만 수천 년 흘러온 한강 물을 보지 못하는 것은 모두에게 불행한 일이다.

한강은 서울의 강이 아니라 한반도의 강이다. 한강은 동에서 서로 흐른다. 다리는 남북을 향하고 연결한다. 다리는 언제나 강물의 흐름과 직교한다. 그것이 다리의 운명이다.

도록에 기록된 한강다리는 25개. 문득 다리의 길이가 궁금하다. 다리의 길이는 강의 너비와 관계된다. 강폭 좁은 서빙고와 잠원동 사이에 놓인 잠수교는 795m, 상암동과 가양동을 잇는 가양대교는 1,700m다. 만약 한강다리를 걸어서 건넌다면 다리의 양쪽 끝 동네에서부터 걸어야 하므로 한 십리는 걸어야 한다. 어른 걸음으로도 족히 한 시간은 잡아야 한다.

1km를 훨씬 넘는 한강다리 25개를 다 이으면 28.5km인 강변북로 보다도 더 길어 30km를 웃돈다. 그럼 한강을 다리로 다 덮으려면 몇 개의 다리를 놓아야 할까. 동작대교의 폭이 40m이니 그걸 기준삼아 강변북로 따라 한강을 다 덮는다고 가정하면 713개의 다리를 놓아야 한다.

한강을 느끼고 싶다면 둔치 따라 길게 걷는 것이 좋다. 짧은 시간에 한강을 느끼려면 한강다리를 걸어 건너는 것이 좋다. 눈으로 보는 강보다 훨씬 큰 강임을 몸으로 느낄 수 있다. 다리 위에서 강물의 흐름을 보면 계속 흐르고 싶어 하는 한강의 말을 듣게 될 것이다.

요즘 부쩍 경관의 중요성이 부각되고 있다. 국토 경관에서 국부 경관까지의 문화적 가치에 대한 안목과 인식이 높아졌기 때문이다. 경관의 중요성은 도시건 시골이건 다 같다.

중요한 경관 요소 중에 다리를 뺄 수 없다. 아름다운 다리 하나가 주변 풍경을 돋보이게 하여 상징적 경관을 만들기도 한다. 풍경·경관·경치를 말할 때 다리는 다리 이상의 그 무엇이다. 각 도시마다 다리를 멋있게 보이려고(?) 안달한다. 하지만 볼품없는 다리는 오히려 풍경을 해친다.

　기술적 내용과 미학적 표현이 맞아 떨어진 경우의 다리는 참 멋지다. 하지만 단순 구조의 밋밋함이 부끄러운지 쓸데없는 치장을 한 다리는 보기에 역겹다. 한강대교는 타이드아치 철골 구조 그 자체로 이미 아름답다. 성산대교는 트러스 구조인데 역학적으로 전혀 관계 없는 판을 덧대서 눈썹 모양을 만들어 붙였으나 미학적으로 전혀 도움이 안 된다. 말하자면 쓸데없는 치장이다. 교량 구조를 알고 볼수록 꼴불견이다. 한강 다리들이 멋지게 보이지 않는 이유는 다리 대다수가 교각 사이에 단순한 보를 걸치는 방식으로 만들어 구조미가 강조되지 않았기 때문이다. 말하자면 평범한 구조 방식의 다리인데 그걸 나중에 특색 있게 보이려 하다보니 장식 이외에는 달리 방법이 없었던 것이다.

　한강다리의 야간 조명을 돈 들여 하는 것도 결국은 낮에 못생긴 다리를 밤에 잘 생겨보이게 하려는 욕심에 지나지 않는다. 그러나 야간 조명이 교량의 형태나 구조와 관계 없이 요란할수록 다리는 점점 더 괴상하게만 보인다. 물론 도시의 야간경관에서 다리의 조명은 중요하다. 그럴수록 구조미가 있는 다리는 구조미를 강조하고 평범한 다리는 평범함을 강조하는 조명 방식이 오히려 세련된 것이다. 또한 다리는 장소적 특징과 조화되어야 하므로 다리 자체만을 요란하게 비추는 조명 방법은 바람직스럽지 않다. 새로운 경관·풍경을 만들 조명이라면 다리 밑을 흐르는 강물이 밤에 적막을 원한다는 사실을 잊어서는 안 된다.

　온 나라에 억지춘양처럼 형형색색 조명등과 꽃무늬 철판 범벅으로 치장한 다리와 육교가 넘쳐난다. 교량 기술과 관계 없는 장식과 치장은 도시미관 향상을 위한 눈가림에 불과하다. 차라리 통행의 안전관리에 신경 쓰며 깨끗하게 청소 한번 더하는 게 도시 환경을 위해서는 훨씬 좋다. 다리가 늘어날수록 교통/소통이 불편해지는 것과 평범한 다리를 알록달록 치장하는 심리는 생각할수록 모를 일이다.

    다리는 필요해서 놓는다. 당연한 일. 그러나 당장 당연한 것이 다 좋은 일인지는 확언할 수 없다. 경치 좋은 바다의 여러 섬들을 다리로 묶어 육지와 연결한다는 소식이 남도에서 들린다. 관광과 지역 발전을 위해서란다. 섬에 다리가 놓이면 관광객은 쉽게 오지만, 그만큼 쉽게 빠진다. 머무르는 섬에서 지나가는 길이 된다. 아, 밀려드는 자동차와 버려지는 쓰레기가 걱정이다. 섬이 앓을지도 모른다. 다리가 문제다. 개발과 환경 보존이 다투지 않고 상생할 방식이 다리 말고는 없을까. 빛과 그림자가 서로 다투는 것이 아니라 같이 춤추는 것처럼… 소통을 원하면 그늘에 가린 불통의 영역도 짐작해야 하는 것임을 다리를 놓기 전에 생각하자.

    세상엔 배다리·징검다리·돌다리·구름다리·무지개다리… 그 많은 것 중에 오작교는 건너고 싶은 다리, 원수를 만나는 외나무다리는 당황스런 다리. 그럼 세상에 제일 황당한 다리는? 건너다 무너지는 다리! 1994년 10월 21일 아침 출근시간에 성수대교에서 목숨을 잃은 불행한 영령들을 위해 묵념!

    이러한 슬픔은 '한강의 기적'이 낳은 후유증이다. 이제 우리는 개발로 인한 상처와 사회적 부작용의 그늘에 대해 반성하고 속죄해야 한다. 다리 놓는 이유가 진정 소통을 위한 것이라면 개발을 앞세워 계속 들쑤실 것이 아니라 한강의 자연적 치유를 모색할 때다.

물구나무서기를 오래 할 수는 없다

거꾸로 선 자세를 물구나무섰다 한다. 평균 운동의 하나로 몸의 유연성을 기르는 체조의 일환이다. 두 팔로 땅을 짚기에 균형 잡기가 어렵고 힘들다. 머리대고물구나무서기나 어깨대고물구나무서기는 더 어렵다. 십자물구나무서기는 더더욱 어렵다. 물구나무서기는 어려운 운동이라서 오래 할 수 없다. 체조 선수들이 물구나무서기 운동을 잘하는 것을 보면 운동 아닌 묘기 같다. 보통사람들에게 물구나무서기란 '보통'이 아니다. 잠깐을 거꾸로 서 있어도 힘이 들기에 어떨 때는 운동 아닌 체벌로 악용되기도 한다. 물구나무 운동이 어려운 이유는 무엇일까. 근본적으로 거꾸로 서는 것은 정상적이지 않으니까 어렵고 어지럽다. 운동하느라 거꾸로 서는 일이야 잠깐이지만 종일 거꾸로 시 있어야 한다면 정상이 아니다. 정상의 반대는 비정상, 잘못되었다는 말이다. 뭐든 비정상이 오래 못 가는 것은 아주 당연하다. 정상적이지 않다는 의미의 한자를 본다.

거스를 역(逆) : 거스르다, 거역하다, 어긋나다, 거꾸로, 허물.

넘어질 도(倒) : 거꾸로 하다, 거꾸로 되다, 넘어지다, 넘어뜨리다, 마음에 거슬리다.

엎드러질 전(顚) : 엎드러지다, 뒤집히다, 거꾸로 하다, 넘어지다, 미혹하다.

돌이킬 반(反) : 돌이키다, 돌아오다, 되풀이하다, 뒤집다, 배반하다, 반대하다, 휘다, 팔다.

아닐 비(非) : 아니다, 그르다, 나무라다, 어긋나다, 헐뜯다.

아닐 불, 부(不) : 아니다, 아니 하다, 못하다, 없다.

없을 무(無) : 없다, 아니다, 말다, ~하지 않다, ~막론하고.

이 외에도 빌 공(空), 검을 흑(黑), 빌 허(虛), 어두울 암(暗)… 등의 단어는 대체로 부정적 의미로 많이 쓰인다. 역기능·도립·전도·전복·반대·비상식적·불가·무식·공수표·흑심·허구·암계… 등, 부작용과 거짓, 허식과 과장이 다 모였다. 위의 글자들을 지우개로 다 지워 세상이 깨끗해진다면 좋겠다. 그러나 그것은 꿈에서도 안 되는 세간사요, 인간사 아니던가. 말 바꾸면 위의 개념과 현상들은 인위적 사회/관계에서만 존재한다는 것이다. 그것도 끈질기게. 그러나 자연계에는 오로지 '있는' 것만 '있다'. 자연계는 '자연'스럽다. 자연스럽지 않은 억지는 인간사에만 존재한다. 정치라는 형식으로, 교육이라는 명분으로, 예술이라는 관용으로, 제도라는 악습으로, 때론 종교라는 굴레로… 존재하는 억지투성이가 세상사다.

자연적으로 서 있는 것은 나무처럼 서는 것이고 물구나무서기는 인위적인 것이다. 사람도 나무 자라는 방향으로 서고 건축도 나무처럼 땅을 딛고 선다. 허공을 나는 새도 앉을 수밖에 없으니 결국 땅을 딛고 서는 셈이다. 뿌리 내리고 발 딛는 존재들은 무게 중심을 아래로 두니 까닭은 중력 때문이다. 중력은 거꾸로 서거나 영원히 떠 있는 것을 용납하

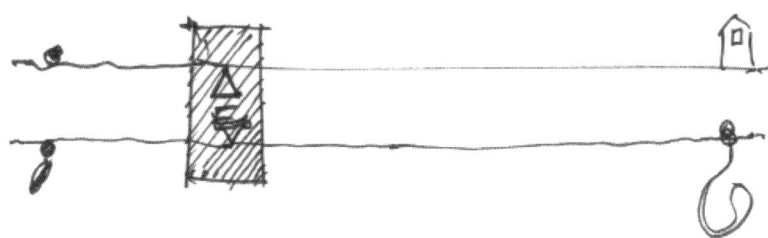

지 않는다. 아, 비상과 도약을 꿈꾸는 모든 존재들에겐 오로지 중력만이 장벽이다.

발레리노 바슬라브 니진스키는 초인적 도약으로 유명하다. 그의 점프력은 어찌나 대단했던지 '한번 도약하면 내려오고 싶을 때 내려온다'고 했을 정도다. 관객들의 숨을 멈추게 한 도약은 천부적 재질에 더한 부단한 노력의 결과였다. 중력을 거부하는 듯 자유롭던 그의 긴 도약도 결국 중력에 끌려 내려온다. 니진스키의 도약에 탄성을 지른 관중들은 그만큼 중력의 무거움을 몸으로 느끼고 있었던 것이리라. 니진스키의 위대하고 황홀한 비상은 거부할 수 없는 중력 때문에 더욱 빛난다. 스스로 무거운 존재일수록 비상하고픈 열망을 품는 법. 니진스키의 도약에 보낸 관중들의 박수는 얼마나 무거웠을까. 날지 못하는 육신의 무게보다도 더.

르네 마그리트의 '피레네의 성'은 중력을 거부하는 상상력을 힘차게 드러낸다. 거대한 성채와 지반이 허공에 둥실 떠 있다. 무겁게 보이는 단단한 덩어리가 떠 있으니 중력에 대한 저항이 더욱 거세게 느껴진다.

가벼운 풍선이 하늘에 떠 있는 그림은 일상의 범주를 넘지 못해 덤덤하지만 무거운 성채가 뜨는 것은 오로지 상상의 힘이다.

'피레네의 성'이 충격을 주는 데 한몫 하는 교묘한 회화적 장치는 그림 하단에 파도가 넘실대는 바다 끝 수평선으로 지구 표면을 나타낸 것이다. 바다의 수평성은 지구의 중력이 떠 있는 성채를 아래로 끌어당기고 있음을 암시한다. 그럴수록 성채는 수직 상승으로 중력을 무시하며 위로 뜬다. 중력을 거부하는 회화적 상상력이 압권이다.

도약과 비상 의지가 돋보이는 공간은 근본적으로 중력이 미치는 영역에서다. 언뜻 무중력 상태에서의 유영은 신기해 보이지만 볼수록 별 게 아니다. 무중력 상태에서는 누구라도 유영할 수 있으니 생각할수록 얼마나 싱거운가. 무중력 상태의 유영은 자유가 아니다. 오히려 무중력은 또다른 조건의 구속이다. 마그리트의 성채가 뜬 그림과 니진스키의 도약이 무중력 상태였다면 무슨 의미를 찾을 수 있겠는가.

중력을 거부하려는 사고를 지닌 존재들 중 하나가 건축가들이다. 땅 위에 기초를 심는 건축은 물리적 구조의 성립 조건인 중력과의 싸움에서 시작되며 스스로 무거운 존재다. 그래서일까. 많은 건축가들은 중력을 거부하는 몸짓으로 건축하고자 열망한다. 그러나 중력과의 싸움은 덧없음으로 끝난다. 건축은 중력을 끝내 이길 수 없기 때문이다.

중력에 저항하는 건축은 비행선처럼 허공에 뜨거나 기둥 없이 서 있는 듯한 마술 같은 눈속임 장면이 아니라, 오히려 중력을 자연스럽게 받아들인 구조 방식이다. 근·현대의 상자형 건물들은 철근 콘크리트와 철골구조 기술의 보편화 결과로서 격자/직각 체계의 구조 방식이 대부분이다. 직각 체계로 만들어지는 건물은 구축의 편의성과 경제성은 높지

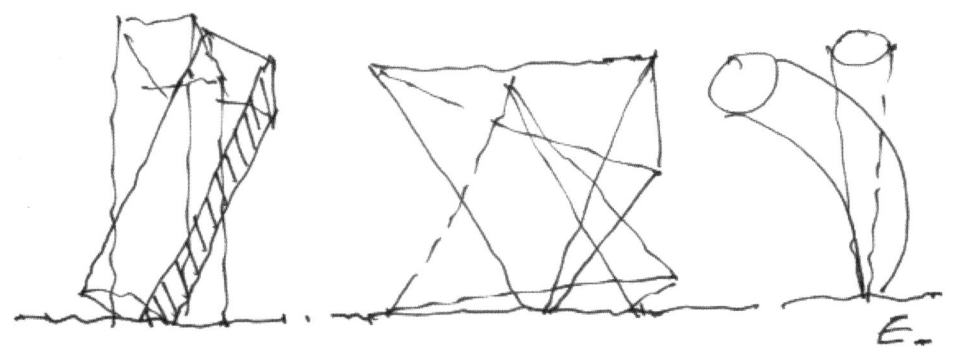

만 역학적 체계로 자연스러운 것이 아니다. 구조 역학 체계에서의 직각 연결이란 힘의 흐름을 자연스럽게 반영하는 것이 아니라 강한 접합력으로 버티게 하는 강제성과 단순함을 의미한다. 경제적이다.

단순반복의 상자 짜듯/쌓듯 올리는 건설 기술은 저층에는 많이 쓰이지만 초고층 구조물에는 적합한 방식이 아니다. 초고층이라면 중력에 합리적으로 순응할수록 높게 오르며 중력으로부터 안전하다. 구조적 경쾌함이란 이를 두고 하는 말이다. 에펠탑처럼 바닥은 넓게 안정적이고 높아질수록 가늘어지는 해법이 그 중 하나다. 세계적 타워들을 보면 위에서 아래로 흐르는 힘이 유연하게 반영된 디자인을 택한다. 밑은 굵고 위는 가늘다(밑둥부터 꼭대기까지 같은 굵기로 올라간 타워는 높을수록 보는 이가 힘들다).

구조체의 구조 원리는 자연의 나무와 비슷하다. 뿌리는 깊고 넓게 자리잡고 줄기의 밑동은 굵고 위로 갈수록 가늘다. 높게 자라는 나무일수록 가지와 잎을 무성하게 갖지 않고, 그늘을 드리우는 나무는 가지를 넓게 펴면서도 스스로 버티지 못할 정도로 높게 자라지 않는다. 외부로부터 받는 힘의 저항을 내부 구조로 수용하는 자연스런 나무와 같은 구조적 해법은 중력과 길항하는 훌륭한 걸작을 탄생시킨다. 한마디로 '자연'스럽다. 그것이 멋진 건축이다.

일상-아니면 중력-의 지배를 받는 것이 답답하다고 느낀 것일까. 사람들은 거꾸로 뒤집은(?) 건축물을 만들기도 한다. 대중의 눈을 끌기 위해 엎어놓는다. 아니 엎은 것처럼 세운다. 흥미를 끌려고 세트장을 그리 만들기도 한다. 지진으로 붕괴된 모양의 집도 있고 기울어진 듯 세운 집도 있다. 비틀어 세운 건물도 있고 옆으로 누운 듯 세운 건물도 있다. 아마 멀쩡하게 서 있는 집들이 어지간히 싫었나보다. 재미로 지은 물구나무선 집이라도 결국 겉모양만 거꾸로일 뿐 중력의 지배를 받긴 마찬가지다. 이상하게 지은 집의 내부 공간에서 사람이 실제로 생활한다면 공간을 뒤집는 것은 불가능할 수밖에 없다. 중력에 대한 해석과 무관하게 뒤집거나 삐딱한 집들이란 그저 잔재미로 꾸민 치기나 장식에 지나지 않는다.

    간판을 거꾸로 단 영업집도 있다. 건물을 뒤집기보다 간판을 뒤집는 것이 만만했나보다. 그런 가게나 식당에는 들어가기조차 싫다. 왠지 손님의 뒤통수를 쳐서 바가지를 씌우거나 속임수를 쓸 것 같은 탁한 기운이 느껴지기 때문이다. 부러 역하게 넘어질 듯, 뒤집힌 듯, 반대로 아닌 듯 어긋난, 엉뚱한 건물들을 보는 일은 즐겁지 않다.

    데니스 오펜하임의 작품 〈악을 근절시키는 장치〉는 건축물 형태를 거꾸로 세워놓은 설치작업이다. 제목이 심상치 않은 작품사진을 돌려보면 거꾸로 세우기 전의 박공지붕과 첨탑의 건축물이 무엇을 의미하는지 금방 알 수 있다(그것이 교회 건물임을 삼척동자라도 알 수 있다). 작가의 의도는 각자 새길 일이지만 한 가지 분명한 것은 기능이 없는 단순한 구조물 역시 중력으로부터 자유롭지 못하다는 것이다. 거꾸로 처박은 모습이되 힘의 흐름을 지탱하는 구조 체계는 변한 게 없다. 상징 의미는 전복되었으나 중력에 영향받는 힘의 흐름-구조 체계-은 어쩌지 못한, 물구나무선 구조물이다. 물구나무서기로 온통 세상이 악다구니다.

    건축을 '자본의 시녀'라고 한다. 그러나 건축을 중력의 시녀라고 하진 않는다. 건축은 중력보다 자본을 더 무거워한다. 검소한 건축은 자본을 검소하게 사용한 것이고, 화려한 건물은 자본을 화려하게 사용한 꼴이다. 건축을 구현하는 방식은 곧 자본을 사용하는 방식이다. 세상은 건축의 숲이면서 자본의 늪이다. 우리가 읽는 건축의 태도와 표정은 중력보다 버거운 자본의 장력이라 할 수 있겠다.

느린 기억은 오래 간다

　세상에는 수많은 직업이 있다. 건축가도 그 중 하나다. 건축가는 '건축에 대한 전문적인 지식이나 기술을 가진 사람. 건축 계획, 건축 설계, 구조 계획, 공사 감리 따위의 일을 하는 사람'이라고 국어사전에 나온다. 전문적으로 하는 일을 구분하면 좀더 복잡해지면서 공학·기술·수학·산업 분야의 분위기가 짙게 풍기는 탓에 언뜻 '건축'이라면 하드웨어로 생각하기 쉽지만 소프트웨어를 다루는 '건축'의 범주가 더 넓다.
　'건축은 예술인가, 기술인가?'라는 물음은 오래되고 진부한 논쟁이다. 하지만 논쟁거리가 될 수 없는 질문이다. 건축은 애당초 예술만도 기술만도 아니기 때문이다. 아니 건축은 예술만이어서도 곤란하고 기술만이라면 더 곤궁하다.
　건축은 하드웨어와 소프트웨어를 다 포함하는 것이며 건축가는 그 둘을 융합하는 사고를 지녀야 한다. 또 건축이 예술이냐 기술이냐를 가르는 것은 참 어리석은 일인데, 그 이유는 건축은 예술과 기술 두 가지를 종합하는 일이기 때문이다. 그렇다면 당연히 그 둘을 잘 종합하고 조율하는 것을 업으로 하는 사람이 건축가일 것이다.
　나는 '삶의 방식을 고민하고 제안하는 사람'이 건축가라고 생각한다. 삶의 방식이란 우리가 사는 그 자체를 좀더 생각하고 바람직한 방향으로 고민하는 자세를 일컫는 것이다. 삶의 자세에 고민이 없다면 우리는 퇴행의 삶에 빠질 것이며 건축 또한 퇴화의 그릇이 될 것이다. 물질의 바탕에서 구축되는 건축의 형이상학적 가치는 삶의 방식을 고민하고 실천하는 데서 출발한다. 그 고뇌의 흔적을 구축한 것을 건축이라 부르고 기술은 그 바탕을 이룬다. 예술은 그 다음 단계에서 저절로 얻어진다. 삶을 하드웨어로만 지탱한다면 그것은 얼마나 참혹한 일이겠는가. 또 건축이 사람에 대한 따뜻한 시선 없이 기술로만 이루어진다면 얼마나 비속한 일이겠는가. 그러니 건축은 마치 삶과 같이 소프트웨어의 영역에 들어야 마땅하다. 건축가는 그런 일을 행할 뿐.

작든 크든 건축 현장에서 만나는 사정들은 다 급하고 나름 이유가 있다. 집을 지을 때 서두르는 사람은 많아도 느긋한 사람은 드물다. 십중팔구는 서둔다. 왜 서두르는지 생각도 않고 습관적으로 서둔다. 급히 먹는 떡 체하듯 급하게 서두르면 이리저리 일이 엉켜 오히려 시간이 더 걸리는 경우도 생긴다. 건축주가 서두르면 건축가의 마음은 더 조급해진다. 일이 끝나고 건축주가 만족해하더라도 건축가는 차분한 생각을 할 수 없어 아쉬운 기억이 많이 남는다. 그럼 건축주와 건축가 둘 다 흡족하고 오래 가는 기억은 어떤 것일까. 그것은 서두르지 않고 대화했던 느긋한 일들이다. 느긋하면 마음에 여유가 생기고 이것저것 궁리하는 사이 건축에 대한 여러 의문이 풀리는 수확을 얻는다. 집을 지으며 자신의 생각을 가다듬는 성찰이 된다. 느린 기억은 오래 간다. 나의 느린 경험 몇 가지를 적는다.

● "공사하지 않는 날도 찍겠습니다."

몇 년 전, 어느 시골 성당의 주임신부를 만났다. 공소에서 승격된 지 얼마 안 되는 작은 성당이었다. 젊은 신부의 고민은 저렴한 예산으로 교회가 생각하는 의미와 미학을 담아낼 수 있을까 하는 것이었다. 보편적 재료와 공법이 가장 저렴하고, 종교 건축은 공간의 구성과 기능을 새롭게 해석할 필요가 있다는 사실에 의견이 모아졌다. 부활절과 성탄절의 미사 참가자를 기준한 공간 크기가 평소 미사에는 너무 크다는 고민을 내부 공간에 측랑(側廊)을 만들어 해결했다. 즉 평소엔 측랑을 비우고 특별할 때는 측랑을 채워 언제나 미사 분위기가 충실하게 구상했다. 제대 위에는 빛우물을 만들어 천장에서 빛이 쏟아지도록 했다. 장애자도 계단 없이 다닐 수 있는 통로도 만들었다. 시간이 제법 걸렸다. 디자인 과정에서 온갖 질문을 던지고 토론하되 결론은 항상 건축가에게 맡기고, 그것을 끝까지 존중하는 성숙한 건축주였다. 나도 디자인을 협의하는 동안 계획안에 대한 애정이 더 깊어졌다. 공사하는 동안 풍경과 주변이 변하는 과정을 기록하고 싶었다.

건축 공사를 앞두고 한 가지 부탁을 했다.

"신부님, 공사 기간 동안 건축가는 현장에 어쩌다 옵니다. 신부님께서, 매일 같은 지점에서 공사 진행 과정을 촬영해 주실 수 있겠습니까?"

"그럼요. 공사하지 않는 날도 찍겠습니다."

'공사하지 않는 날도 찍겠다'는 말에 기록의 의미와 본질이 담겨 있었다. 건축 공사가 멈춘 날도 주변의 자연 풍경은 계속해서 변하고 있으니 말이다. 나의 부탁을 정확히 이해한 주임신부는 성당의 공식 일정과 신학교에서 강의하는 날을 빼고는 계절이 바뀌는 긴 공사 기간 내내 열심히 기록해 주었다. 공사가 끝나고 받은 슬라이드필름을 지금도 간직하고 있다. 사진작가가 찍은 작품보다도 소중한 기록이다. 아니, 그것은 기억이 아니라 감동이다.

- "365×5 = 1825, 살아 있는 자료를 만듭시다."

건축 디자인을 하다보면 집이나 건축물만 생각하는 것이 아니다. 주변과 관계된 물리적 환경도 디자인하고, 연관된 분야에 대한 의견도 찾는다. 하나의 단지를 조성한다면 토목·교통·조경, 각종 설비, 운영 계획… 등등을 염두에 두어야 한다. 그런 모든 사항이 프로그램으로 가정되는데 공간을 디자인하려면 먼저 스페이스프로그램이 마련되어야 한다. 그 스페이스프로그램은 흔히 기능 발휘에 필요한 시설의 건축 면적으로 이해되기도 하지만 사실은 면적을 포함하지 않는 외부 환경요소도 포함되어야 한다. 건축이란 구획, 구축된 구조물만 말하는 것이 아니라 공간을 이루는 제반 사유를 포함한다.

어느 연구 단체의 연수원을 디자인하면서 조경 계획을 같이하게 되었다. 시골에 위치한 특성을 살려 도시에서 흔히 보는 상투적인 조경을 피하고 싶었다. 그 동네에서 자라고 쉽게 구할 수 있는 유실수를 심는 것으로 계절 감각을 살리고 싶었다. 사과·배·매실·대추·감·은행나무는 제각각 꽃피고 열리는 시기가 달라 고유한 시간을 느끼게 한다. 멋들어진 조경용 수목은 아니지만 자연스럽고 은근한 풍경을 일구어낸다. 보기 좋았다. 그러나 뭔가 아쉽다. 새로 만든 단지에 시도할 뭔가 새로운 생각이 없을까, 고민하다가 아주 오래된 생각을 끄집어냈다.

기초공사를 하기 위해 파낸 흙-때 묻지 않은 새 흙-을 한군데 쌓아놓고 아무 것도 심지 않고 지켜만 보자! 지름 10m쯤 되는 크기에 불룩하니 맨 흙을 쌓아놓고 지켜만 보자. 인위적인 가공이 없는 조경이다. 비

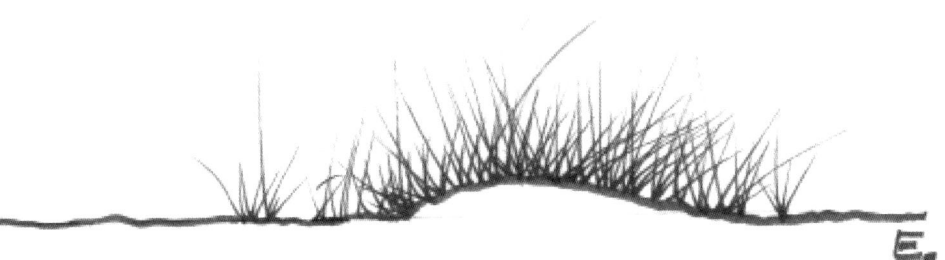

건축의 둘레 301

와 눈이 흙을 만지고 바람과 새가 씨앗을 심을 것이다. 그저 자연의 변화를 지켜만 보자. 1년은 겨우 싹이 트는 기간, 3년도 짧다. 그럼 한 5년쯤 지켜보자. 엄청난 변화가 있을 것이다. 이름모를 꽃씨가 날아들고 나무가 자랄 것이다. 그 자체가 조경이다. 손대지 않고 자연이 완성시키는 조경 말이다.

나는 그 자리를 '볼록자리'라고 이름지었다. 매일매일 지켜보며 한 장씩 사진을 찍자. 하루하루의 변화는 미미하지만 계절이 바뀌면 엄청난 변화가 보일 것이다. 운영 책임자에게 제안했다. 5년만 찍으면 좋은 생태 교육 자료가 될 수 있다고. 다들 좋아했다. 365×5=1825, 한 장에 1초면 30분, 한 장에 0.5초면 15분짜리 영상 교재가 된다. 안타깝게도 운영자들이 바뀌는 탓에 지속적인 촬영이 실현되지 않았다. 하지만 '볼록자리'는 몇 년째 그대로 있다. 어디선가 날아온 씨앗이 자란다. 계절따라 꽃이 피고 잎이 진다. 그 자리를 생각하면 나의 기억은 사라지기는커녕 갈수록 점점 무성해진다.

어차피 해야 할 일이라면 빨리 해치우는 것이 경제적이라고 생각할 수 있다. 하지만 경제적 관점은 경우마다 다르다. 처음 하는 일은 무조건 빠른 것이 경제적이 아니라 좀더 잘하는 것이 경제적인 것이다. 천천히, 꾸준히 하는 것이 더 경제적인 일도 세상엔 많다.

설계와 시공을 동시에 진행하는 공법을 패스트 트랙fast track이라 한다. 패스트 트랙의 최대 장점은 빠른 속도에 있다. 도면 그리면서 철근 박고, 도면 나오면 콘크리트 붓는다. 얼마나 빠른가. 물론 단점은 시행착오가 발생하면 손실이 더 많을 수 있다는 점이다.

음식에도 패스트푸드가 있다. 부실 음식이라는 반성이 일지만 그 달콤한 유혹에 소비가 많다. 패스트푸드는 결국 빨리 먹는 음식 아니던가. 사실은 빨리 팔기에 적당한 상품이다. 이러한 패스트푸드가 각종 질병의 원인으로 꼽히면서 근래엔 그 대안으로 슬로푸드가 떠오른다. 하지만 슬로푸드는 전혀 새로운 것이 아니다. 우리가 예전의 방식으로 가정에서 조리하던 음식이 슬로푸드다.

슬로시티는 전통 보존과 생태주의 관점의 지속 가능한 발전을 추구한다. 궁극적으로는 지속 가능한, 행복한 삶을 겨냥한다. 물론 빠름을 버리고 느림의 철학을 취해야 가능하다. 오래된 역사도시만이 슬로시티를 구현할 수 있는 것은 아니다. 신도시를 슬로시티로 만드는 것도 얼마든지 가능한 일이다. 물론 느림의 철학이 전제되어야 한다. 설명용·포장용·광고용의 표제적 느림이 아닌 진정한 느림의 철학 말이다.

느림은 단순히 속도만을 의미하지 않는다. 느림은 근본주의다. 느림은 지루하고 가시적 효과가 적어보여도 장기적인 안목으로 천천히 가는 것이다(원고를 마치려는데 사상누각 두바이의 몰락 소식이 들린다. 모래 위에 오로지 자본만으로 모든 것을 다 이룰 수 있다는 망상이 깨진 것이다. 두바이는 더 큰 자본을 다시 끌어들여 부활을 시도할 것이지만 오로지 투기자본만으로 만든 두바이는 결국 침몰할 것이다. 새만금 막아놓고 그 두바이를 벤치마킹하겠다니… 굿바이 두바이!).

세상에선 매사 패스트는 편하고 슬로는 불편하다고 생각하지만 지속 가능성, 환경·생태·녹색… 등으로 수식되는 모든 사고방식은 슬로가 마땅하다. 그 느림과 불편이 우리의 미래를 구원하리라!

새로운 지형을 꿈꾸는 단서, 그 간절함에 대하여

　금시초문의 지형이 서울 한복판에 탄생했다. 희한하고 낯선 지형이다. 올해가 쥐띠 해 무자년이니 무자지형(戊子地形) 아니면 달리 부를 말이 없다. 건조지형·빙하지형·유적지형·퇴석지형·장년기지형·유년기지형·화산지형·빙하지형·원지형·종지형·미지형… 등의 지리학적 지형과 달리 그 지형은 순식간에 만들어지고 순식간에 사라진 이 시대와 이 사회를 보여주는, 한마디로 오늘의 지형이다.

　2008년 6월 10일, 경찰은 광화문 한복판을 가로질러 컨테이너를 2단으로 쌓고, 견고하게 용접하여 넘어가지 않도록 모래까지 채워넣었다. 흔들리지 않도록 철선으로 당겨 고정시키기까지 했다. 난데없이 나타난 컨테이너 벽은 문자 그대로 '철의 장막'과 다름없다. 철의 요새를 배경으로 서 있는 충무공 동상은 마치 외적과 맞서는 작전을 지휘하는 듯 보인다.

　경복궁과 북악산이 배경으로 펼쳐진 평화로운 도시에서의 기상천외한 철벽은 언뜻 보면 컨테이너를 이용한 거대한 설치작품으로 보이기도 한다. 멀쩡한 날을 잡아 세상에 알리고 설치하면서 은유와 상징성을 곁들인 작가의 작품 설명이 있었다면 세계적 퍼포먼스가 되었음이 분명하다. 세계적으로 훌륭한 대지예술에 버금갈 수 있었을 것이다. 만약 그것이 '예술'이었다면 말이다.

로버트 스미슨의 〈나선형 방파제〉는 수천 톤의 돌을 소금 호수에 나선형 모양으로 쏟아부었다. 문명에 대한 고발인 동시에 자연과 같이 호흡하며 변화하는 생태적 관심을 대지 위에 직접 남긴 예술작품이다. 야바체프 크리스토는 오렌지색 천으로 거대한 계곡을 가로질러 놓은 〈계곡의 커튼〉, 40km에 이르는 천을 연결한 〈달리는 울타리〉 같은 작품을 설치했다. 바람이 불면 흔들리는 형상이 장관이다. 답답한 캔버스를 벗어난 엄청난 규모의 행위이며 전통적 예술의 구분법을 전복시키는 대지를 바탕으로 한 예술 작업이다. 현대 예술사를 점유하는 작업들이다. 그러한 예술 작업은 새로운 대지와 지형을 일구어낸다.

무자지형을 보니 과연 대~한민국은 위대하다. 그 위대한 작품은 대지예술이 아닌 촛불의 행렬을 막으려는 차단 장치였다. 누군가 그것을 컨테이너 장벽이라 부르더니 이내 '명박산성'이라는 이름이 붙었다. 그런데 광화문은 평활한 곳이니 산성은 아니다. 굳이 성이라 부르려면 평지를 둘러친 읍성쯤 될 것이다. 해미읍성·낙안읍성이 평지에 성을 쌓은 예들이다. 가만히 생각하면 읍성이라 부르는 것도 마음이 편치 않다. 성이란 적의 공격에 대비하기 위하여 구축한 구조물을 이르는 것인데 아무리 정치적 견해를 달리한다 하더라도 촛불 들고 있는 시민들과 막으려는 경찰이 서로 적의 관계는 아니기 때문이다.

행정 관리들이 쇠고기 협상을 잘못한 것이 있다면 고치면 될 일을, 고치니 못 고치니 거짓이니 참이니… 말이 커지더니 급기야 촛불이 번지고 철판으로 불통의 장막을 치기에 이른 것이다. 촛불을 들고 청와대로 가니 못 가니… 물 대포 쏘고 방패로 막고, 꺼지지 않는 촛불이 몇 날을 가는지 모른다. 촛불 든 이가 밤을 샜다면 방패 들고 서 있는 젊은 전투 경찰도 몇 날 며칠 군화를 벗지 못했을 것이다. 촛불 든 딸과 방패 든 아들이 서로 노려보는 꼴이다. 촛불 켠 이가 옆집 살면 방패든 이는 뒷집 산다. 이웃끼리 생각이 달라 맞서는 것이다. 그렇지만 우리는 서로 적이 아니다. 입장이 다르다고 적이라면 얼마나 불행한 사회인가. 세상일이란 서로 다른 입장들이 충돌하되 대화하며, 싸우되 타협하고, 다르되 존중하는 사회가 성숙한 사회 아닌가. 이 사회의 수준을 그대로 보여준 명박읍성, 그 미성숙의 지형은 무자년 여름을 슬프게 한다.

컨테이너는 원래 물건을 운송하기 위해 만들어진 것이다. 철판으로 만들어 견고하고 규격화된 장점으로 물류의 이동과 운반에 효율성이 높다. 생산 공장에서 트럭으로 운반하여 선박을 통한 운송 시스템을 유지하기 알맞도록 제작되었기 때문이다. 컨테이너가 이렇게 쓰일 때는 대형 철제 상자다. 제품을 운반·보관하는 기능에는 컨테이너가 최고다. 무역의 세계화 바탕에는 컨테이너의 규격화가 한몫 하고 있다. 컨테이너의 최대 특징은 이동이 간편하고 견고하다는 것이다. 설치하는 시간도 짧은 컨테이너를 군중을 막는데 사용한 것은 그야말로 새로운 기능의 발견이다. 뭐 이런 발견이 다 있단 말인가.

컨테이너는 건축 구조물로도 활용된다. 물건만 넣을 때와 달리 사람이 쓰게 되면, 최소한의 단열재를 붙이고 창문을 낸다든가 하는 장치가 필요하다. 가설 건물이나 현장 사무실 등과 같은 임시 용도에 많이 쓰인다. 대표적으로는 이재민을 위한 임시 거주 시설로 쓰이기도 한다. 이럴 때는 컨테이너하우스가 된다. 천막보다 한수 높은 시설이지만 급조된 컨테이너하우스에서 계절을 바꾸어 살기란 쉽지 않다.

컨테이너는 검문 초소, ㅇㅇㅇ전우회 사무실, 주차장 관리소, 매표소 등에도 많이 쓰이는데 항구적인 건축물로는 어딘지 어설프다. 컨테이너의 특징을 살려 근사한 건축물로 쓰는 경우도 있지만 형태가 컨테이너이다보니 어딘지 싸보이고 임시방편의 분위기를 풍긴다.

하지만 컨테이너를 주제로 한 건축 디자인의 가능성은 많다. 단위 공간을 한없이 더할 수 있고 재료의 통일감과 색상의 다양성에서 자유롭다. 단위 형태의 단순성을 활용하면서 형태를 연출하는 방법도 여러가지가 있을 수 있다. 유행하는 미니멀 아트처럼 보여 뭔가 '있어' 보이는 분위기를 풍기기도 한다. 컨테이너의 모듈을 살려 출입문과 창문을 달고 전기와 설비를 연결하여 사용할 수 있게 만든 상자 아닌 방을 기성품으로 파는 컨테이너 제품도 있다.

몇해 전 어느 시골 성당에 컨테이너를 이용하여 사무실·교리실·식당… 등을 만든 적이 있다. 살림살이가 넉넉지 않아 컨테이너의 내부 구조 변경은 꿈도 못 꾸고, 가설용 컨테이너의 배치를 어떻게 할까를 궁리했다. 사실 건축에서의 중요한 문제는 모든 조건의 새로운 '배치'에 있다. 배치가 새로우면 새로운 개념이 된다.

컨테이너 몇 개를 ㅁ자로 배치하여 중심에 마당을 형성하니 그럴듯한 외부 공간이 만들어졌다. 컨테이너로 만드는 임시 건축은 늘 내부 공간에 급급하기 쉬운데 외부 공간이 생기니 전체적인 구성과 쓰임새의 격조가 달라졌다. 컨테이너 자체는 싸구려지만, 외부 공간을 중심으로 연결된 각각의 공간들이 적당한 관계와 질서를 형성하니 쓰기에 좋았다.

건축이란, 기능을 담당하는 각각의 공간들이 외부와 내부를 어떻게 연결하고 영향을 주고받는가의 문제가 결정적이다. 이른바 내·외부 공

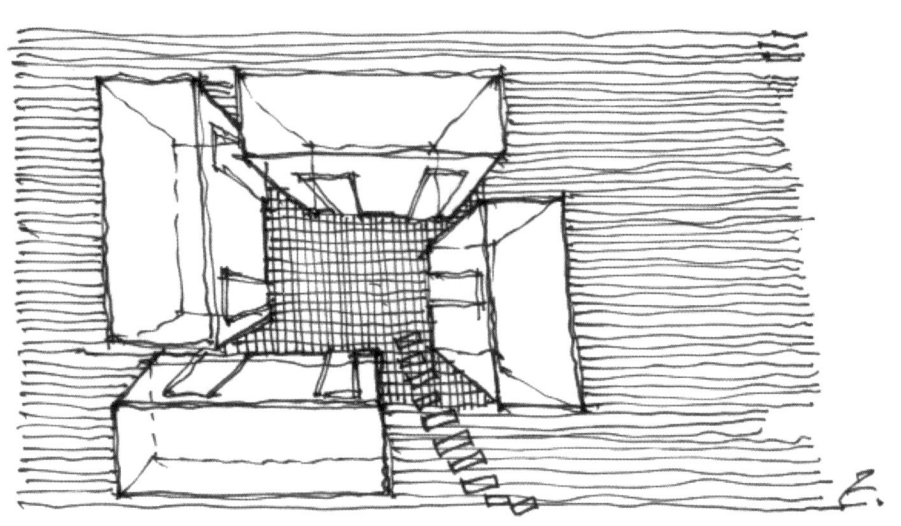

간의 유기적 연결이 관건이다. 사실 컨테이너를 건축 공간으로 사용할 때 마치 벌판에 단칸방이 던져진 형국인데, 몇 개의 단칸방이 서로 에워싸서 마당을 가운데 두고 있으니 각각의 컨테이너가 서로 편안한 외부 공간을 형성하여 제법 격식을 지닌 모습이 되었다. 아무리 임시로 쓰는 경우라 할지라도 건축은 소재의 고가 문제를 떠나, 공간을 만들고 쓰는 의식의 품격이 핵심이라는 점을 놓치지 않아야 한다. 종교 시설로 쓰기에 남루한 컨테이너를 몇 해 동안 즐겁게 사용했다는 후일담은 아직도 유쾌한 기억으로 남아 있다.

 컨테이너 상자를 방으로 쓰면 유용한 공간이 되지만 담으로 쓰면 견고한 철벽이 된다. 철은 단단하고 무겁다. 강인함의 상징이다. 담으로 쓰면 소통을 거부한다는 의미다.
 그 단단한 강철 벽 앞에 시민들의 자유 발언을 위한 연단이 세워졌다. 아, 이걸 어쩌란 말인가. 스티로폼이다. 스티로폼은 가볍고 약한 물질이다. 물에선 뜨고 불에 닿으면 녹는다. 강한 철벽 앞에 약한 스티로폼이라니. 세상에서 제일 강한 것과 제일 약한 것이 마주하니 극명하게 대비된 의외의 지형이 나타난다.
 철벽을 세운 이들은 불통이 절실하였을 터이고 스티로폼을 쌓은 이들은 소통이 절실하였을 것이다. 불통과 소통은 같은 통(通)자를 쓰지만 입장은 참으로 다르다. 광화문에 나타난 무자지형은 성벽과 연단을 형성한 재료의 물성을 뛰어넘는 간절함-철은 더 강하길 바라고 스티로폼은 더 부드럽기를 바라는-으로 이 시대의 기록이 되고, 다시 말이 된다.
 강한 단절의 철벽에 부딪치는 말들은 모두 약한 소재를 통해 말한다. 구호를 적은 종이도 약하고, 바람불면 꺼지는 촛불도 약하고, 엄마가 미는 유모차는 또 얼마나 약한가. 그 약한 말들이, 방패를 뚫는 것은 화염병이나 철근이나 각목이라는 지난 시대의 패러다임을 질타한다. 약하고 부드러운 것들이 단단한 세상을 바꾸는 것이라고 웅변하고 있는 것이다. 오, 찬사받아 마땅한 폭력 없는 함성과 연약함이여! 수없이 많은 작고 약한 존재들의 부드러운 속삭임은 세상에 새로운 지형이 펼쳐질 것을 의미하며 그 새로운 지형 또한 세상이라고 말한다(나는 새로운 지형에서 펼쳐지는 모든 위협과 불법 그리고 폭력에 반대하며 자유 의사로 양심의 자유를 표현하는 선량한 이웃을 지지한다).

광화문광장을 두고 말들이 많다. 세종로의 역사성을 살리면서 시민을 위한 광장으로 조성한다고 서울시가 야심 차게 추진한 일이다. 세종로를 둘로 나누던 중앙의 녹지대를 없애고 자동차를 양편으로 다니게 놔둔 채 중앙에 광장(?)을 만들었다. 각종 이름이 다 붙은 테마파크처럼 물·꽃·미술작품 등등이 디자인의 이름으로 장식되어 있다. 광화문과 북악산을 배경으로 하는 세종로 풍경은 서울의 상징으로 인식된다. 멋진 일이다. 광화문광장이 서울의 자랑이 되는 것은 얼마나 좋은 일인가.

광장에 꽃을 심건, 스케이트장을 만들건, 여름에 땡볕 마당이 되어 쉴 곳이 없건, 새로 만든 광장 탓에 물난리가 났다는 비판이 따르건 다 고치면 되는 일이다. 공공 시설을 만들기 전에 미리미리 차분하게 부정적 영향이 생길 요소를 검토하고 고치면 좋지만, 그렇지 못해서 완공 후에 이러저런 비판이 많다면 다시 고치면 되는 것이다. 끝까지 고치지 않으려는 고집과 독선은 문제지만 비판 그 자체는 오히려 공공 시설에 대한 시민들의 애정과 기대일 수도 있다. 역사적 광장일수록 많은 변화를 겪게 되는 것은 광장의 운명이기도 한 것이다.

하지만 나는 새로 만든 광화문광장을 볼 때마다 근본적인 개념에서 동의하지 못하는 점 하나가 있다. 그것은 광장의 대칭성이다. 대칭 구성이란 오랜 전통의 건축·조경·예술의 조형 원리로서 현대에도 그 위력이 줄지 않은 기하학적 기법이다. 어설픈 비대칭보다는 무난한 대칭이 낫다는 말은 조형예술의 학습 시기에 자주 듣는 계율이다.

대칭성은 뭔가 있어 보인다. 공공 건물이나 대형 건물들 대다수가 대칭성을 갖는 현상은 그 계율을 답습한 것이다. 공원이나 광장에서도 마찬가지다. 그러니 대칭성은 뚜렷한 비대칭의 이유가 없을 때 전가지보(傳家之寶)처럼 적용하기 좋은 기법이다. 세종로 → 광화문 → 경복궁 → 북악산으로 이어지는 광장의 지형 축(軸)은 대칭성을 지닐수록 개방적이며 시각적 효과가 높은 것처럼 보인다.

그럼 광화문광장은 비대칭의 쓸 만한 단서가 없을까. 답은 광장의 용도에 있다. 광장이 그릇이라면 무엇을 담느냐 하는 내용의 문제라는 말이다. 광장을 전시용으로 둘 것이라면 대칭성이 좋을 것이나 다양한 목적으로의 개방을 염두에 둘 것이라면 접근성을 우선해야 한다.

광화문광장은 자동차 길을 사람이 건너야 접근 가능하다. 그러니 광화문광장은 자동차로 갈린 섬에 다름아니다. 오히려 이용도가 높은 세종문화회관과 정부종합청사 영역과 광장을 연결시켜 보행자들이 자동차 길을 건너지 않고 광장에 닿게 하는 것이 더 좋은 구상이다. 양쪽에 있는 자동차 길을 합쳐 한쪽에 두니 보행자는 편해지고 광장은 섬 아닌 연결된 땅이 되는 것이다.

충무공·세종대왕 동상도 그 설치 위치가 불만이다. 광장의 한가운데를 점유하고 있어 대칭성을 지나치게 강조하며 매우 권위적이다. 동상의 예술적 수준을 떠나 장소와 도시공간을 해석하는 상상력이 전혀 없다. 광장 한쪽에 비켜서 설치한다면 훨씬 더 역사와 현대의 상상력을 풍부하게 할 것이다. 광화문광장의 대칭성은 나를 답답하게 한다.

   시민들의 적극적 참여보다 더 상징적인 공간/장소란 없다. 참여 없는 공간이란 초라한 상징일 뿐이다. 시민들의 적극적 참여와 장소의 쓰임이 도시의 광장을 진정으로 살리는 것이다. 광장은 참여와 기억을 먹고 산다.

'채나눔'으로 건축하기 - 1

　의식주는 사람 사는 데 꼭 필요하다. 입고 먹고 사는 집의 중요한 순서는 사람마다 다를 수 있다. 먹고 사는 것에 아무 걱정 없는 사람이야 옷이나 집의 꾸밈이 중요하지만, 당장 먹을 것 없는 사람은 머무는 집도 빈궁하다. 먹고 살기 힘든 걸 '생활'이 힘들다 하는데 더 힘든 경우는 '생존'이 힘든 경우다. 생존 차원의 상황에선 의식주를 좇기 바쁘니 말에 담기는 더욱 어렵다. 보통 우리가 말하는 의식주는 최소한 생존 차원을 벗어난 생활의 수준에서 언급된다. 그것도 문화적 생활을 일러 말한다. 의식주 중에서도 주-건축-는 그 중 단위와 규모가 커서 문화적 욕구와 방법 이전에 경제적인 상황이 여의해야 한다. 말하자면 집/건축을 지으려면 필요한 예산이 먼저 확보되어야 한다는 말이다.
　건축/집을 사는 일도 어렵지만 짓는 일은 더 어렵다. 건축/집에 관한 모든 일은 말처럼 쉽지 않다. 옷 한 벌, 밥 한 그릇의 돈이 아니기 때문이다. 하루 벌어 하루 먹는 돈으로는 몇십 년을 모아도 쉽지 않고, 다달이 봉급을 모아도 10년이 더 걸린다. 집을 사거나 짓는 데는 그렇게 많은 돈이 들어간다. 그래서 자기 집을 마음먹은 대로 지으려는 사람들의 마음은 어떤 경우라도 소중하고 어려움이 따르는 일이다. 나의 직업은 집/

건축을 지으려는 사람들이 필요로 하는 건축 디자인을 팔아먹는 것이다. 디자인은 그림 이전의 생각이므로, 지어야 할 집/건축에 대한 생각을 파는 것이다. 집/건축은 짓기 전에 디자인이 필요하다. 그런데 정작 더 중요한 것은 디자인 이전에 어떻게 살 것인가 하는 삶의 방식을 정하는 것이다. 그래서 건축가는 삶의 방식을 건축주와 같이 고민하는 존재다.

건축/집에 대한 나의 생각, '채나눔' 설계방법론의 근간을 말하고자 한다. 이것은 1990년대 초반부터 내가 처음으로 주창하며 작업하고 각종 건축전문 잡지, 건축학과 초청강의, 시민문화 강좌 등에서 계속되어 온 언설이기도하다.

● '채나눔'이란?

채는 '집을 세는 단위'의 우리말. 나눔은 '나누다'의 명사형. 더하여 '채나눔' 또는 '채 나눔' 둘 다 같은 의미로 쓰인다. 내가 만든 말이면서 내가 주장하는 설계방법론 중 하나다. 안채·바깥채·사랑채·행랑채… 등을 연상하면 이해가 쉽다. 우리의 전통건축의 형태는 궁궐·사찰·관아 건축 가리지 않고 단위건물/건물단위로 분절되어 있다. 특히 민가 건축 또는 주거 건축은 더욱 그러하다. 건축은 사용 가능한 재료, 구조 방식, 생활 방식의 총합으로 공간을 구현한다. 그런 전통공간 구성의 특질 중 현대적 방법으로 계승할 필요가 있는 것이 무엇일까. 또 그 특질을 현대의 삶의 방식으로 끌어와 이을 수 있는 것이 무엇일까를 묻는 것이 '채나눔' 설계방법론의 출발이다.

한국 전통건축의 공간 구성의 특징 중 눈에 띄는 것은 단연 '홑켜공간'이다. 홑켜는 공간의 켜가 하나라는 말이다. 켜는 '포개어진 물건의 하나하나의 층'이나 그것을 '세는 단위'를 이른다. 홑은 '짝을 이루지 아니하거나 겹으로 되지 아니한 것'을 이른다. 해서 '홑켜공간'은 공간이 겹쳐지지 않음을 말한다. 우리의 전통건축의 공간을 보라. 거의 모든 공간이 홑켜공간이다. 홑켜공간은 어느 방의 앞뒤에 문과 창이 있거나, 어느 방(내부 공간)에서도 외부와 직접 닿는다는 특징이 있다.

홑켜와 다른 여러 켜의 공간은 아파트의 공간 구성 방법을 생각하면 이해가 쉽다. 이른바 삼 겹, 사 겹의 공간이다. 모든 공간이 종횡으로 맞닿아 있다. 좁은 집도 여러 켜, 넓은 집은 더욱 많은 켜가 겹친다. 현대의 주거 형식이 전통적 특질을 망실한 대표적 현상이다. 현대건축은 무조건 여러 켜의 공간을 지니려 한다. 그것을 다양성 또는 편리성으로 오해한다. 여러 켜가 중복된 공간은 바람이 통하지 않고 햇빛이 들지 않는다. 심한 경우는 1년 내내 빛이 들지 않는 방이 더 많다. 빛과 바람이 통하지 않는 방은 건강한 공간이 아니다.

홑켜공간으로 구성된 모든 방은 바깥 공기와 바로 접하니 통기가 쉽고, 모든 방에 햇빛이 들어 근본적으로 쾌적성이 높다.

집/건축이란 구성원과 요구 기능과 규모가 각기 다르고 특히 집이 들어설 땅의 형세와 위치가 달라 경우마다 해법이 다르지만, 어쨌든 '홑켜공간'을 근간으로 삼자는 것이다. 특히 면적의 여유가 없는 경우는 모든 공간을 합치려는 경향이 있는데 나는 거꾸로 합치면 더 답답해지므로 가능한 한 나누자고 주장한다. 이를 '작을수록 나누자' 또는 '나누어야 더 커진다'로 설명한다. 이는 건축 공간의 구성 방법, 즉 건축물이 나누어진 단위로서의 채, 즉 물리적인 부분을 단순하게 설명하는 것이다. '채나눔'에서는 '채'가 먼저 눈에 띄지만 바탕에 있는 '나눔'이 더 많은 의미를 갖는다.

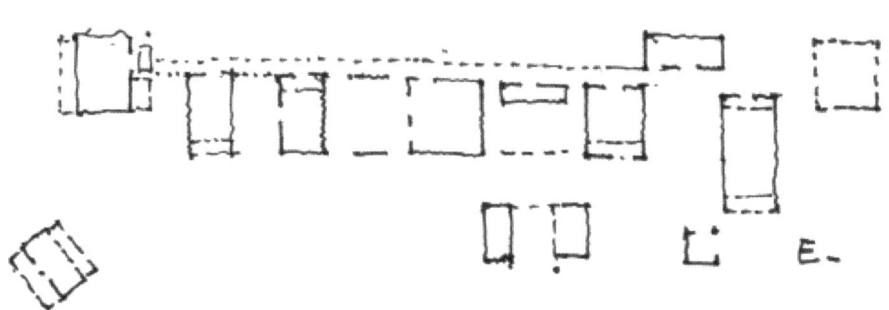

나눔의 원형인 '나누다'를 보자.

1. 하나를 둘 이상으로 가르다. 2. 여러가지가 섞인 것을 구분하여 분류하다. 3. 나눗셈을 하다. 4. 몫을 분배하다. 5. 음식 따위를 함께 먹거나 갈라 먹다. 6. 말이나 이야기, 인사 따위를 주고받다. 7. 즐거움, 고생·고통 따위를 함께하다. 8. 같은 핏줄을 타고나다.

위 중 '채나눔'의 특징을 가장 먼저 드러내는 것은 '하나를 둘 이상으로 가르'는 것이다. 하지만 나는 '분류'하고, '함께' '주고받는' 소통의 나눔에 더 큰 의미를 둔다. 왜냐하면 건축은 살기 위한 것이고 산다는 것은 여러가지의 근본적 소통의 관계망 속에 있다고 생각하기 때문이다. 사람과 사람 사이의 소통, 공간과 공간 사이의 소통, 내부와 외부 사이의 소통, 자연과 건축 사이의 소통… 등등. 삶이 소통 아닌가, 건축은 물론이고.

현대건축의 형태적 특징은 될 수 있는 대로, 가능하면 한 덩어리로 크게 만드는 것이다. 학교·교회·관공서·문화회관·체육관·철도역사·버스터미널, 대형 빌딩 등을 보면 무조건 다 한 덩어리로 만들어 왔다. 그것이 가능한 이유는 거대한 공간을 만들기 위한 거대 구조물의 시공 기술이 가능해졌기 때문이다. 경제력만 뒷받침 된다면 현새의 구조기술로 작은 도시 전체를 지붕으로 덮을 수도 있다.

현대생활에 필요한 거대 건축공간의 필요성을 인정하면서도 세상 모든 건축이 다 거대함과 한 덩어리로 치닫는 것은 이해하기 곤란하다. 세상엔 작게 나누어 지으면 더 좋을 성격의 건축물도 얼마든지 있느니 말이다.

단위 건축물이 거대해지는 근본 이유는 공간의 고밀도가 요구되기 때문이다. 공간 밀도란 일정한 대지 면적에서 차지하는 건축물의 바닥 면적을 뜻한다. 바닥 면적이 많을수록 고밀도가 된다. 고밀도를 구현하는 방식이 반드시 한 덩어리로 만드는 방법만 있느냐 하면 그렇지 않다. 같은 밀도를 여러 덩어리로 나누는 방법도 얼마든지 있을 수 있다. 문제는 '나누자'의 철학과 개념이 있느냐 없느냐이다. 한 덩어리로 만드는 방법에 익숙해지면 고밀도가 요구되지 않는 건축물도 무조건 한 덩어리로 만든다. 경험을 벗어나지 못하는 새로운 시도가 무슨 의미가 있을까.

내가 주창하는 '채나눔'은 무조건적인 한 덩어리 만들기의 건축을 반성하자는 것이다. 해서 '채나눔'이 대중적, 보편적으로 이해되길 바란다. 인터넷으로 채나눔을 검색하면 많은 사례가 뜬다. 어떤 경우는 분양 광고에도 뜬다. 그냥 의미 없이 말만 채나눔이라고 쓰기도 한다. 대부분 형태적 표현에 치중해서 이해하고 있음이 아쉽다.

'채나눔'은 소통 없는 현대건축, 아니 삶의 방식에 바치는 반성의 일환이다.

'채나눔'으로 건축하기 -2

　건축 속에서 인간·공간·시간에 대해 말하려니 이미 할 말이 다 없어졌다. 건축보다 더 근원적인 '인간'은 건축보다 앞에 있고, 인간의 둘레를 아우르는 '공간'은 더 앞에 있고, '시간'은 공간보다 더 더 더 앞에 있다. 그러니 건축은 시간·공간·인간의 뒤에 있다는, 있어야 한다는 말. 그러니 할 말은 이미 다한 셈, 지금부터는 사족이다. 건축의 앞이란 건축행위의 시원이자 본질, 건축이 그 소명을 다하는 것이란 인간·공간·시간의 총화인 환경과 얼마나, 어떻게 유익하게 관계하는가를 묻는 일이기도 하다.
　살기 위해 짓는 집/건축이 사실은 대놓고 자연/환경을 파괴하고 있음은 재론할 필요가 없겠다. 살기 위해 짓는 농사/농업이 자연/환경을 엄청나게 파괴하는 측면을 예로 들면 이해가 빠를 것이다. 먹고 살기 위해 짓는 농사가 궁극적으로 수확의 어머니인 대지/농토를 병들게 하는 농법이라면 서둘러 대지/농토를 계속 살리는 농법으로 바꿔야 하지 않겠는가. 하지만 환경에 좋은 지속 가능한 농사법이 일반화되긴 어렵다. 우선 기계화/산업화된 농사법의 경제성을 따라가기 어렵고, 상업화/대형화의 시장구조를 헤쳐 나가기가 만만치 않다. 환경에 아무리 좋다는 농법도 시장성/상업성이 없으면 널리 퍼지진 않는다. 하지만 유기농·무농약·자연농법 등의 선량한 시도는 꾸준하니 희망의 다른 이름이 사라지지 않음을 본다. 불행 중 다행이다.

건축의 현실은 슬프다. 건축이 '삶의 그릇'임에는 분명하지만, 삶의 그릇이라고 다 순수하고 건강하게 사람을 위하는 건축은 아니다. 삶의 그릇은 근본적으로 재화이며, 투기의 대상이며, 소비를 부추기는 중매인이며, 천박한 자본의 전시장이며, 불순한 권력의 욕망을 드러내는 싸움판이면서 많은 이들에겐 그림의 떡이다. 그렇지만 세상엔 건축이 필요하고 계속될 수밖에 없다. 그 속에서 불순한 욕망을 순화시키며, 환경을 덜 해치며, 공동체를 위하려는 몸짓의 건축행위는 계속되어야 한다.

'채나눔' 설계방법론은 세상의 건축에, 아니 '사람'에 거는 나의 희망이다. 건축이 바뀌려면 먼저 사람들의 생각이 변해야 하니 기대는 늘 '사람'에 걸 수밖에.

'채나눔'의 세 가지 철학적 권유는 '불편하게 살기' '밖에 살기' '늘려 살기'이다.

● 불편하게 살기

'불편하게 살기'는 인간의 의식 변화에 거는 기대다. 과거와 현재의 삶에서 큰 차이는 무엇일까. 좀더 구체적으로 100년 전과 현재를 비교하면 무엇이 달라졌을까. 인간 존엄성의 신장, 여성 권리의 향상, 평균 수명의 증가, 생활 수준의 향상, 교통 수단의 발달… 등등 이루 헤아릴 수 없는 사회적 변화가 있어 왔다. 건축 또한 이러한 변화에서 예외일 수 없다. 건축 기술의 발달은 눈이 부실 지경이고 새로운 재료의 발명과 생산, 산업화된 건축 시장의 변화는 열거하기 벅찰 정도다.

건축은 그 자체로 현대를 상징한다. 현대의 특징인 도시화 및 고밀도 현상은 고층 건물로, 대량 소비와 다수를 위한 시설은 대형 건물로 구현된다. 자동화·기계화의 흐름이 건축의 생산 구조에서부터 사용에 이르기까지 스며드는 것은 자연스러운 추세다. 이쯤 되니 건축은 삶을 담는 '그릇'을 넘어 삶을 조정하는 '기계'다. 그릇에서 기계로의 변화는 한마디로 불편함에서 편리함으로의 이동이다. 인류의 발전이란 불편에서 편리로 나아가는 것이다. 건축의 일차적 기능이 자연으로부터의 안전한 피난인데, 그 피난마저 편리하다면 사용자에겐 더없이 좋은 건축일 것이다. 그런데 과연 그럴까. 그렇지 않음이 도처에서 감지된다. 인간 중심의 편리가 자연 환경과 생태구조에 해악을 끼친다면 과연 편리한 건축이라는 관점이 좋기만한 것일까. 또 건축 속의 편리한 장치와 행동이 인간의 건강과 의식을 해친다면 과연 그 편리함은 옳은 것일까를 묻게 된다. 옳은 것을 묻는 일은 반성을 뜻한다. 재생 에너지, 환경 보호, 이산화탄소 감축, 지속 가능한 사회에 대한 관심 등은 기본적으로 새로운 패러다임의 생산이 아니라 맹목적 편리주의에 대한 반성을 뜻한다.

건축에서의 일차적 편리는 모든 공간을 종합선물 세트처럼 다 집합시켜 놓는 것으로 나타난다. 칸과 칸이 붙어 있고 방과 방이 붙어 있다. 방과 방이 붙어 있으면 거리가 가까워 분명 편리하다. 겹겹이 잇닿은 공간/방들은 붙은 것만큼 자연적 외기에 닿는 부분이 없어지는 것이다. 한마디로 햇빛이 안 들고 자연 통기/환기가 안 된다. 물론 안에서 밖이 보이지 않는 공간이 많다. 이른바 장님 방이요, 벙어리 방이다. 그런 방은 쾌적성이 떨어지니 건강하다고 볼 수 없다. 편리는 얻었으나 자연적 쾌적성을 잃은 것이다. 물론 에너지 문제가 따르긴 하지만 기계적 설비로 쾌적성을 증가시킬 수는 있다. 또 건축 마감재료를 매끄럽게 가공하면 유지 관리와 청소도 편하다. 보기에도 좋다. 그러나 미끄러운 바닥재료는 걷기에 매우 위험하고 척추 건강에도 좋지 않다. 편리와 유용성이 있어 보이나 사용자에게 좋지 않다. 건축에서 이런 경우는 많다. 이런 점을 어떻게 해결하면 좋을까?

대안은 '불편하게 살기'다. 임상적으로 불편하지만 않다면, 고통스럽지만 않다면 의식적으로 불편하게 살기를 각오하자는 것이다. 한마디로 자발적 불편함을 택하자는 것이다. 환경 오염, 생태계 파괴, 쓰레기의 증가, 자원의 과소비 등은 결국 편리함의 후유증 아닌가. 만약 건축 의지를 '불편하게 살기'로 바꾼다면 욕망은 절제로, 재료는 검소함으로, 형태는 단순하게, 기계적 장치는 최소한으로… 등등이 될 것이다. 무엇보다 건축을 통해 자연과 대립하는 자세를 조금은 줄일 수 있을 것이다. 고갈될 자원을 아끼지 않는 '편리'와 아끼는 '불편' 사이에 어느 편이 이로울까.

● 밖에 살기

'밖에 살기'는 공간 사용에 대한 인식 변화를 촉구한다. 건축이란 구조물의 구축을 통해 공간을 구획하고 한정시키는 행위다. 건축적 공간이란 근본적으로 일정한 영역을 한정적으로 확보하는 데서 출발한다. 한정적, 제한적으로 공간을 확보하려는 의식은 대체로 공간의 내부화에 몰두한다. 내부화된 공간은 작게는 방이 되고 크게는 실내 체육관이 된다. 내부 공간이 엄청난 체적으로 확장될 수 있었던 것은 건축 구조기술의 발달이 만든 성과다. 지금의 기술로 도시 전체를 비닐하우스처럼 지붕으로 덮어 내부화시키는 것도 가능하다.

하지만 기술이 발달한 현대건축이 잃은 것 중의 하나가 외부 공간이다. 현대건축은 내부 공간에 몰두한다. 인간의 생활방식은 내부와 외부의 균형 있는 사용을 필요로 한다.

전통적 집을 보자. 집엔 방들이 모여 있는 안채·바깥채 등의 내부 공간이 있고, 앞마당·뒷마당 등의 외부 공간이 있다. 이때의 내부 공간/방은 쉼터, 외부 공간/마당은 일터다. 경우에 따라 그것이 바뀌기도 한다. 집이란 내부 공간과 외부 공간이 같이 있을 때 그 다른 공간들은 서로를 확장·연장·변화시키는 영역/장소/공간이 된다. 그럴 때 비로소 좋은 건축/집이 된다.

하지만 요즘의 주택은 어떤가. 주거 형식의 구분 없이 그저 방만 크게 만들려고 혈안이다. 밖에서 할 수 있는 일도 굳이 안에서 하려고 한다. 내부 공간에서 이루어지는 크고 작은 행위들은 편리하기는 하지만 엄청난 에너지를 소비한다. 여름에 가동되는 스케이트장이나 겨울에 가동되는 실내 수영장은 현대의 삶의 방식이 내부화된 단적인 예다. 그런 사고방식은 모두에게 너무 익숙해진 풍경이 되어 모든 건축에 외부 공간이 없고 내부 공간만 있어도 당연하게 여긴다. 그러나 사계절이 있는 풍토에서는 봄부터 가을까지 밖에서 할 수 있는 행위가 많다. 밖에서 할 수 있는 행위를 밖에서 하는 것은 자연에 순응하는 일이며 환경에 맞게 사는 태도이기도 하다. 어떤 건축이라도 외부 공간의 장치가 적극적이면 전체 기능의 활용이 다채로워진다. 내부와 외부의 적절한 균형이 맞추어진 건축이 좋은 건축이다. 생활이 그러하지 않은가.

● 늘려 살기

'늘려 살기'는 시간에 대한 인식 변화를 말한다. 현대를 '스피드의 시대'라 한다. 빠르게 살아야 한다는 말로 들린다. 철학자들은 반대로

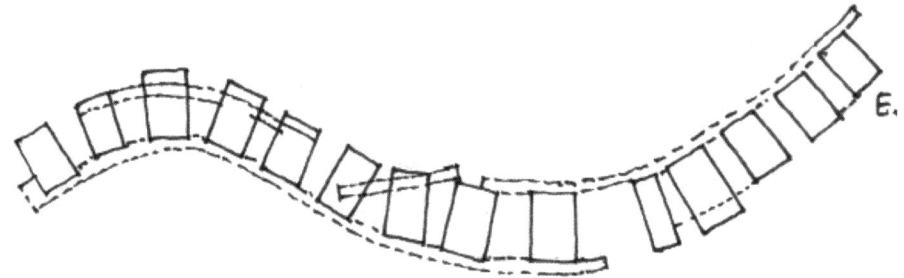

'느림'이 필요하다고 말하지만 세상은 어디 철학이 밥 먹여주냐며 웃는다. 건축에서의 시간도 다르지 않다. 빠름을 향해 빠르게 질주해 왔다. '동선은 짧을수록 좋다'는 근대건축의 기조는 모든 기능을 집약하는 데 몰두했다. 건축의 용도별 특질은 고려치 않고 무조건적인 통폐합의 공간을 구축하는 방법이다. 그러자니 바닥 면적이 한없이 넓어지는 건물이 생긴다. 하도 넓어 뛰어다녀야 할 대형 건물도 있다. 고층 빌딩을 오르는 초고속 승강기의 속도는 1분에 600m를 오르내린다. 면적은 넓히면서도 이동거리는 줄이려는 그 모순이라니. 그런 건축물에서는 짧은 동선이 좋을 수도 있다. 하지만 모든 건축이 그런 것은 아니다. 경우에 따라서는 긴 동선이 필요한 건축이 얼마든지 있다.

주거용 건축도 그 중 하나다. 작은 집에서 동선을 줄여 시간을 단축한다고 해서 그 효과가 클까? 크다면 얼마나 클까? 오히려 주거용·종교용·교육용의 건축들은 동선을 늘려 그 사이사이 여유가 깃들게 하는 것이 좋다. 방과 방 사이에 외부 공간이 끼어들어와 길게 늘어진 동선이 더 좋다. 건축 동선은 무조건 짧을수록 좋은 것이 아니라 길어서 더 좋은 동선도 얼마든지 있는 법이다.

'채나눔' 주장에서 형태/공간을 만드는 방법은 '작을수록 나누자'로 요약되고, 건축을 인식/이해/실천하는 바탕은 자발적 불편함에서 얻는 환경에 대한 겸허함을, 내부 공간에만 집착하는 자세는 내부와 외부의 적절한 융화/지향의 자세로, 무조건적으로 통합/단축하려는 동선/시간은 여유 있는 늘리기를 권유한다.

건축은 사람의 생각대로 지어진다. 바람직한 건축과 그렇지 않은 건축이 따로 있다면 그건 필시 사람의 생각이 다른 것이리라. 생각하는 가치관이 반환경적인데 친환경 건축이 지어질 리 만무하다. 건축보다 사람이 먼저이므로.